化工装置动设备故障诊断案例集

《化工装置动设备故障诊断案例集》编写组　编著

中国石化出版社
·北京·

内容提要

本书收集整理了中海化学公司各化工企业的动设备故障诊断案例，按泵类、风机类、机组类、其他类分为4类。共82个案例，每个案例包含故障概况、故障发现过程、故障分析诊断过程、故障验证情况、故障处理情况及效果、故障警示等内容。

本书适用于化工及含有动设备的各类工业企业，主要面向设备管理及技术人员、操作维护人员，供其在日常工作中进行故障识别、诊断和处理。

图书在版编目（CIP）数据

化工装置动设备故障诊断案例集 /《化工装置动设备故障诊断案例集》编写组编著 .—北京：中国石化出版社，2023.10

ISBN 978-7-5114-7326-4

Ⅰ. ①化…　Ⅱ. ①化…　Ⅲ. ①化工设备 – 故障诊断 Ⅳ. ① TQ050.7

中国国家版本馆 CIP 数据核字（2023）第 200888 号

中国石化出版社出版发行

地址：北京市东城区安定门外大街 58 号

邮编：100011　电话：(010) 57512500

发行部电话：(010) 57512575

http://www.sinopec-press.com

E-mail：press@sinopec.com

北京科信印刷有限公司印刷

全国各地新华书店经销

*

787 毫米 ×1092 毫米 16 开本 18.5 印张 448 千字

2023 年 12 月第 1 版　2023 年 12 月第 1 次印刷

定价：98.00 元

《化工装置动设备故障诊断案例集》编审委员会

主　编： 唐向阳

副主编： 乔英存　王建虎　闫志勇

审核组： 叶　飞　黄　琦　徐　敏　张庆英　贺广彦　张兵印

编写组： 张广玉　蔡　伟　李少波　陈忠伟　齐　龙　谭永刚　刘云波　李　雄　丁成华　郑小虎　胡文武　樊　帆　苏乐波　马广超　刘兵权　王云超　赵雨田　闫志勇　魏　傲

序

FOREWORD

设备是企业生产经营的物质基础，是最重要的战略资源，也是衡量一个企业生产经营能力和管理水平的重要标尺。作为化工生产企业，能否维护好、使用好各类设备设施，提升可靠性、降低故障率，是装置稳定运行、实现安全生产、完成经营目标的基础保障。尤其是化工装置中的动设备，由于其结构复杂多样，始终处于动态变化过程中，其故障具有隐蔽性、渐进性和突发性等特点，如果故障发现不及时、判断不准确，很难采取有针对性的应对措施，运行条件劣化，产生故障，将直接影响到设备的工作效率，导致出力下降、能耗上升，甚至引发严重的机械损伤或安全生产事故。

近几十年来，随着传感器技术、芯片技术、计算机软件技术、大数据分析和人工智能不断发展和成熟，设备状态监测与故障诊断技术在工业领域的应用获得了空前的发展机遇，为现场设备故障诊断提供了更为科学、准确、量化的技术手段。通过以上技术的应用，结合现场设备技术人员的经验，分析、预防、解决了众多的设备故障问题，为实现基于状态的预防性维护检修提供了更多解决方案。

进入新时代，以习近平同志为核心的党中央高瞻远瞩地提出以“创新、协调、绿色、开放、共享”为核心的新发展理念和“双碳”目标，面对世界“百年未有之大变局”的重大机遇，基于企业高质量发展的战略需求，如何维护好、使用好各类生产设备设施，不断巩固产业安全基础，持续提升生产运营能力，实现国有资产保值增值，更好统筹发展和安全，是我们每一名管理者都应该认真思考的问题。

本书凝聚了广大设备管理和技术人员的集体智慧，具有很高的实用价值和可操作性。希望各级干部员工对本书中积累的经验教训加以充分参考借鉴，不断提高对现场设备故障的识别和处置能力，提升装置运行可靠性水平，以高水平的装备管理实现企业高质量发展，为中国海油加快建设中国特色世界一流能源公司贡献更大价值。

侯晓峰

前言

PREFACE

化工行业是国民经济的支柱产业，化工涉及的业务领域广、依存度高、带动性强，在国民经济中具有举足轻重的作用，直接影响着人类生产生活各个领域，化工行业的发展直接带动了整个国家的经济发展。

化工生产装置大多采用连续性、流程化作业方式，设备运行工况复杂，可靠性要求高。同时，其介质普遍具有易燃、易爆、高温、高压及易腐蚀等特性，一旦发生危险介质泄漏，危害程度严重、波及区域大，很容易引发严重的安全生产事故。

为了及时总结化工行业在动设备故障诊断工作中的良好实践，中海石油化学股份有限公司对其所属各化工企业中发生的典型的动设备故障诊断案例进行收集整理，形成本案例集。全书收集故障案例82个，其中，泵类34个，风机类12个，机组类22个，其他类14个。每一个故障案例均详细介绍了相关设备性能参数、故障发生过程中各项指标的变化情况，据此对故障原因进行深入剖析，提出相应的处理措施，并对实施效果进行跟踪反馈，最后形成事故警示，供相关岗位人员参考借鉴，提高故障识别和处置能力，为装置的安稳长满优运行保驾护航。

本书在编写过程中得到了中国海油各级单位的大力支持，中国石化出版社对本书的编写和出版工作给予了通力协作和积极配合，在此一并表示感谢！

由于本书涵盖的设备类型复杂，现场收集的资料不够全面，加之编写组成员水平和精力有限，经验欠缺，编审难度大，书中的不足甚至错漏之处在所难免。敬请各位读者提出宝贵的意见建议，以便后续修订和扩编时予以更正和改进。

编审组

2023年10月

目录

CONTENTS

第一篇　泵类

第二篇　风机类

第三篇 机组类

第四篇　其他类

第一篇

泵类

1 高压锅炉给水泵驱动蒸汽轮机振动高故障分析案例

1.1 故障概况

某合成氨装置的高压锅炉给水泵组104-J/JT，其驱动蒸汽轮机由ELLIOTT EBARA公司设计、制造，由单缸冷凝式、双列速度级和5列反动级组成上排汽结构，型号为2DYRPG5 Ⅲ，蒸汽轮机结构图见图1-1。通过膜片联轴节与齿轮减速机、高压锅炉给水泵连接，共同安装在公共钢结构橇装底座上。

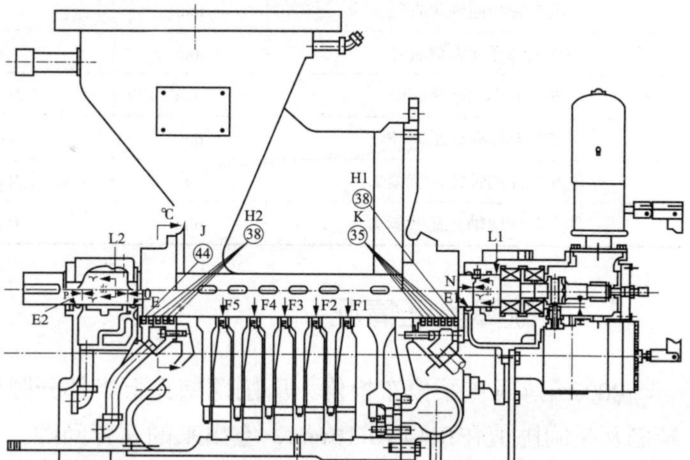

图1-1 2DYRPG5 Ⅲ型蒸汽轮机结构图

1.2 故障发现过程

2003年9月投产运行，从2006年开始，该蒸汽轮机的振动值有逐渐增大的趋势。

2006年3月，对该蒸汽轮机进行中修。检查发现进汽端薄壁滑动轴承的径向瓦有点蚀现象，瓦内巴氏合金有磨损现象；进汽端的碳环汽封有部分断裂；两端薄壁滑动轴承的径向瓦间隙值超差，瓦壁整体减薄；更换两端的薄壁滑动径向轴承轴瓦、汽封。在此次检修后，泵组开机投运，仍存在较大振动现象。

2006年7月19日，齿轮箱大修、蒸汽轮机中修后，泵组振动值有一定的下降。在此次检修中，设备本身并未发现缺陷，主要是对机组底板进行了补焊加固调整和提高机组对中精度。

从2006年11月初开始，齿轮箱侧的振动又有明显增大趋势，最大振动11.5mm/s，已达到动设备运行评价标准中的不合格条件，蒸汽轮机和齿轮箱部位底板振动剧烈。

1.3 故障分析诊断过程

蒸汽轮机两侧轴承均为薄壁滑动轴承，轴承间隙设计值为0.14~0.20mm；检修实测值为：0.23mm（进汽端）和0.26mm（排汽端）。库房全新备件试装检测间隙：均在0.22~0.23mm，均超出设计的上限值。

根据实际检修数据，认为齿轮箱轴承振动高是可能由于轴承间隙超标引起，见表1-1。

表 1-1 蒸汽轮机的径向轴承间隙值推荐表

项目	单位	设计值	实际取值
进汽端径向轴颈直径	mm	ϕ95.2	
排汽端径向轴颈直径	mm	ϕ95.2	
进汽端径向轴承间隙	mm	0.14~0.20	0.14~0.16
排汽端径向轴承间隙	mm	0.14~0.20	0.14~0.16
进汽端径向轴瓦瓦背紧力	mm	0.00~0.02	0.05~0.07
排汽端径向轴瓦瓦背紧力	mm	0.00~0.02	0.05~0.07

1.4 故障验证情况

2007年4月该泵停车检修，磨削薄壁瓦上半部分圆周水平剖分面（见图1-2），以调整控制瓦量间隙值在0.14~0.16mm，空出来的瓦背间隙，用加垫调整法，控制调整了该蒸汽轮机的径向轴承的实际间隙量，优化油膜刚度，强化了转子的稳定性，从而有效降低了蒸汽轮机的振动值。

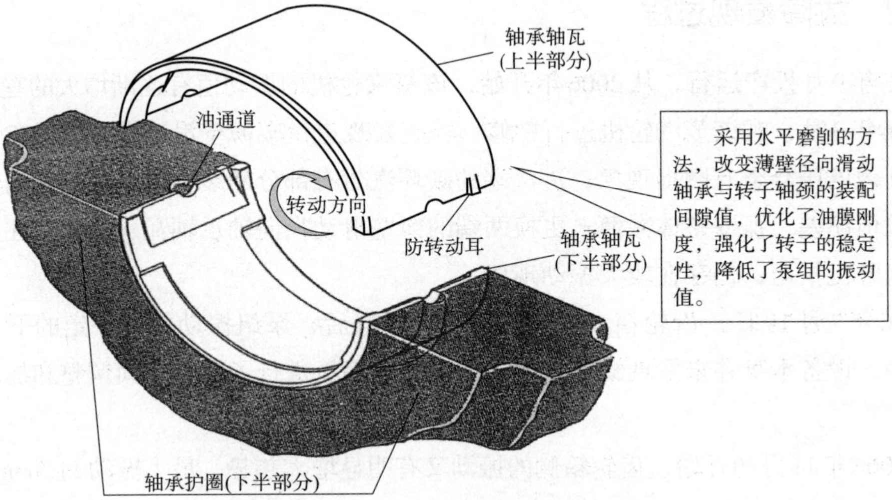

图 1-2 2DYRPG5 Ⅲ型蒸汽轮机轴承

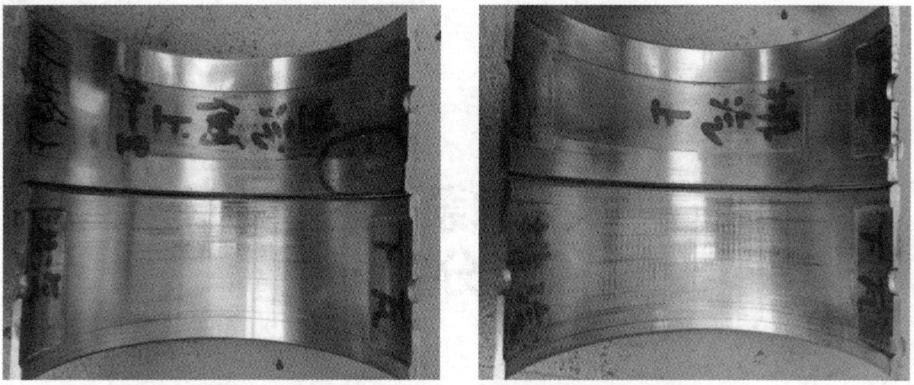

图 1-2 2DYRPG5 Ⅲ型蒸汽轮机轴承（续）

1.5 故障处理情况及效果

2007年4月17日上午试车，机组运行良好，机组振动值比检修前有明显下降，蒸汽轮机最大振动值为26μm。从运行情况看，高压锅炉给水泵驱动蒸汽轮机104-JT的振动问题得到了比较好的解决。

在后来的数次计划性年度检修过程中，始终坚持严格控制薄壁滑动径向轴承瓦量在设计值范围内。至今该泵组一直正常稳定运行。

1.6 故障警示

在设备投用初期，运行基本平稳。但随着设备实际的运行，设备原始装配的数值数据及形体、相关工艺参数可能会发生改变（如润滑油冷却器功能减弱、润滑油温会有上升），使设备运行逐渐出现一些异常，如振动增大、效率降低等故障。在实际使用中，如果碰到不明原因的故障现象，应敢于打破传统习惯思维，采取求真务实的方式方法，来解决现场设备的实际问题。

（本案例撰写人：施时楷）

2 高压锅炉给水泵蒸汽轮机振动波动故障分析案例

2.1 故障概况

某甲醇装置高压锅炉给水泵组的驱动蒸汽轮机PT-01501，为美国Tuthill（泰悉尔）RLHA-28型背压式蒸汽轮机，其结构图见图1-3。通过膜片联轴器与齿轮减速机、高/中压锅炉给水泵连接，共同安装在公共钢结构橇装底座上。设备主要参数为：

功　　率：1659kW　　　　调速范围：4348~5372r/min

额定转速：5116r/min　　　正常转速：4641r/min

入口蒸汽压力：4.8MPa（A）　入口蒸汽温度：400℃

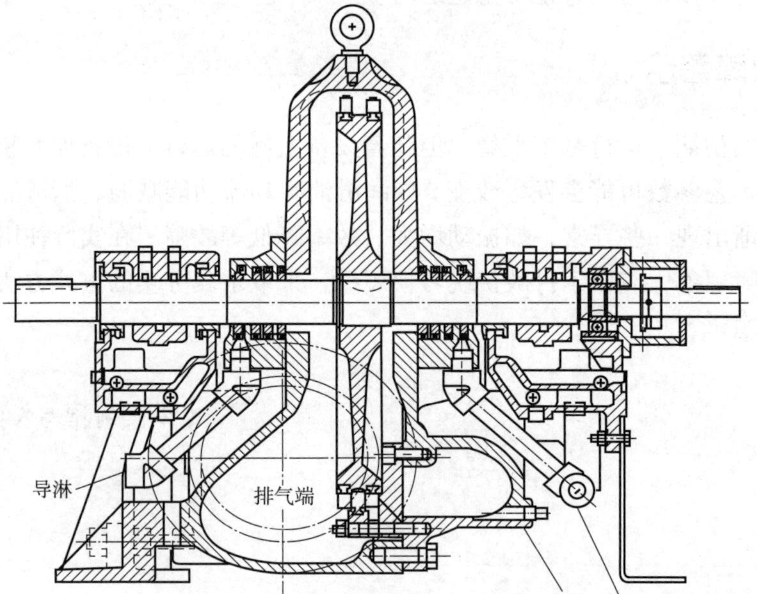

图1-3 蒸汽轮机PT-01501结构图

2.2 故障发现过程

PT-01501自2006年8月投用，一直安全平稳运行。2012年8月28日至9月10日，多次出现振动值超高波动，严重时曾出现跳机。在此过程中，经历两次解体大修，一次更换转子，故障现象依然存在。

2.3 故障分析诊断过程

根据异常振动值波动一般都发生于上午11:00至下午4:00左右，以及天气环境温度低于夏季中午最高温度时段时振动恢复正常的现象，采用保温衬板对蒸汽轮机的轴承部位进行遮挡隔热，不再发生振动波动。说明该蒸汽轮机机械系统应该是正常完好的，振动波动可能是由于径向薄壁滑动轴承间隙过大造成的。其他装置也发生过因同类型薄壁滑动轴承间隙超差引起振动异常的案例。检修测得该泵薄壁滑动轴承瓦量均在0.16~0.19mm，轴颈尺寸为ϕ76.26~ϕ76.28mm。一般该类轴承间隙应为轴颈直径的1.2‰~1.5‰，即0.09~0.11mm，很明显，泵轴承间隙过大。间隙过大导致油膜厚度增大，夏天油温随气温升高而升高，黏度会降低，油膜刚度就会下降，蒸汽轮机转子可能会失稳。

2.4 故障验证情况

薄壁瓦资料上的理论设计直径间隙一般建议取0.13~0.18mm，但是，在海南这种亚热带气候的环境条件下，比较成功的经验是薄壁瓦实际直径间隙取值0.09~0.12mm为好。

2012年8月28日至9月10日进行第4次解体大修，实测泵薄壁滑动轴承瓦量间隙值均在0.16~0.19mm。根据新、旧薄壁滑动轴承间隙值均超出厂家给出的建议值，结合滑动轴承理论推荐值和曾经从实践获得的经验取值范围，采用磨削薄壁瓦上半部分圆周水平剖分面，调整控制瓦量间隙值在0.09~0.12mm，上瓦背部加垫0.05mm的填隙片，控制调整了该高/中压锅炉给水泵驱动蒸汽轮机的径向轴承的实际间隙量，成功降低了蒸汽轮机的振动值。薄壁滑动轴承轴瓦的装配图如图1-4所示。

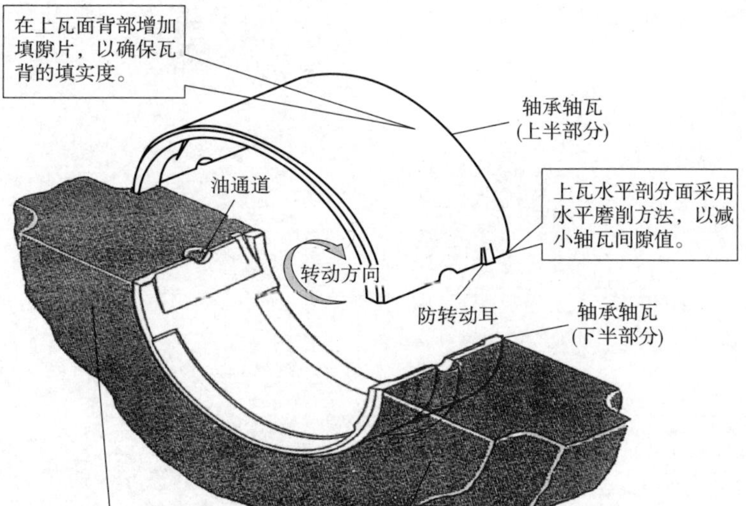

图1-4 薄壁滑动轴承轴瓦的装配图

2.5　故障处理情况及效果

2012年9月10日，检修完成，启机投用，机组运行良好，机组振动值比检修前有明显下降，并一直稳定运行。从运行情况看，该蒸汽轮机在海南夏季中午阳光直射气温条件下的异常振动问题得到了比较好的解决。

2.6　故障警示

通过本案例中设备故障的初始现象和多次检修情况可以看出：在设备建成投用初期的前2~3年里，设备运行基本平稳，但是，随着设备运行时间的延长，设备原始装配的数值数据及形体、相关工艺参数可能会发生一些改变（如润滑油冷却器功能减弱，润滑油温会有上升），使设备运行逐渐出现一些异常情况，如振动增大、效率降低等故障；同时，国外原设备厂商在设计理念、引用参考技术标准规范和技术参数值、加工、装配、制造精度等方面与我国的差异，也会给用户实际使用带来一些标准规范和参数依据引用方面的局限性、偏差感。因此，在实际使用中，如果碰到一些时限性、异常性、不明原因的故障现象，应该采用贴合实际、有理论依据、敢于打破传统习惯思维以及求真务实的方法，来解决现场设备的实际问题。

（本案例撰写人：施时楷）

3 高压锅炉给水泵透平转速异常波动故障分析案例

3.1 故障概况

某合成氨装置高压锅炉给水泵机组由汽轮机、齿轮箱和泵组成，主要作用是将来自脱氧槽，压力为0.22MPa、温度为115℃左右的锅炉水升压至15MPa，送到一段转化炉高压锅炉给水盘管进行加热后，再分别输送至高温变换出口蒸汽废热锅炉、合成塔出口蒸汽废热锅炉和工艺冷凝液汽提塔。该机组汽轮机型号为2DYRPG-5Ⅲ，设备型式为凝汽式蒸汽轮机，主要技术参数如表1-2所示。

表1-2 汽轮机设计参数

项目	正常值	额定值
进汽压力 /MPa	4.5	4.9
进汽温度 /℃	382	400
排汽温度 /℃	69	—
排汽压力 /MPa	0.02	0.03
功率 /kW	1815	1815
工作转速 /（r/min）	4890	5200
最大连续转速 /（r/min）	5460	5460
机械跳闸转速 /（r/min）	6005	6005

汽轮机调速系统采用PG-PL型机械离心液压调速器，通过其动力缸的伺服活塞输出液压信号，带动整个连杆系统的联动，前后移动杠杆，打开或关闭主汽阀，并根据调速器动力缸伺服活塞的负载调节进入的蒸汽量来控制汽轮机转速。调速器控制汽轮机结构如图1-5所示。

2018年以来，透平频繁出现转速波动异常现象，同时调速器输出轴与透平转子连接涡轮出现磨损损坏，影响到生产装置正常稳定生产。通过原因分析和检修发现，透平转速波动的原因为调速器隔离气的设定压力偏高，导致在调速器补油的过程中出现内部运行失稳，使汽轮机转速异常波动。最终通过调整隔离气设定压力，成功解决透平转速异常波动现象。

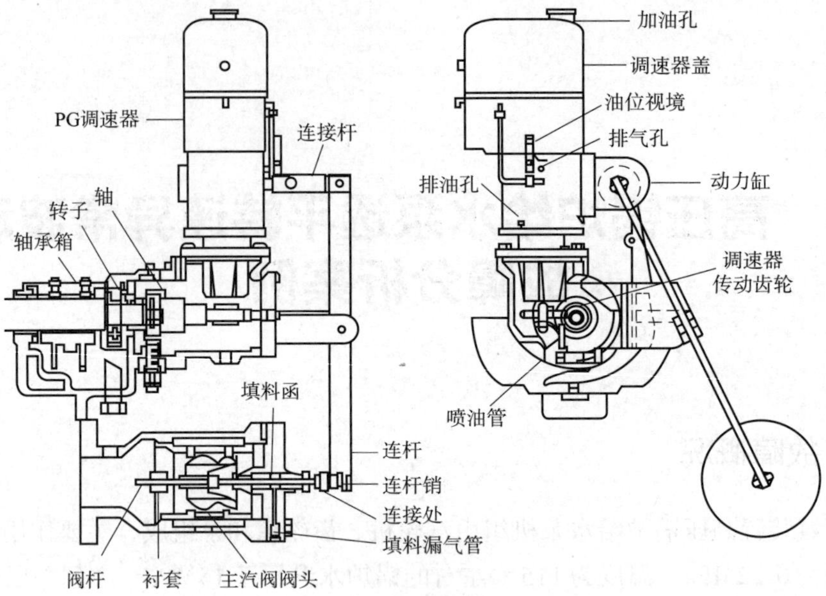

图 1-5 PG-PL 型调速器控制汽轮机结构

3.2 故障发现过程

2018年3月24日13:07，汽轮机转速突然出现波动，由4851r/min下降至4813r/min，中压蒸汽消耗由7579kg/h上升至7888kg/h。由于转速及蒸汽量波动较大，泵出口流量降低，调速器未自动调整到位，于是手动将调速器输出负荷由41.7%调整至44.3%，提高汽轮机转速至正常转速4851r/min，稳定汽包给水量和汽包液位。4月3—24日，汽轮机转速出现多次波动，经过判断，转速波动原因为调速器蜗轮故障。25日停机检修发现蜗轮严重磨损，更换蜗轮及调速器备件后，汽轮机转速恢复正常，磨损部位如图1-6所示。

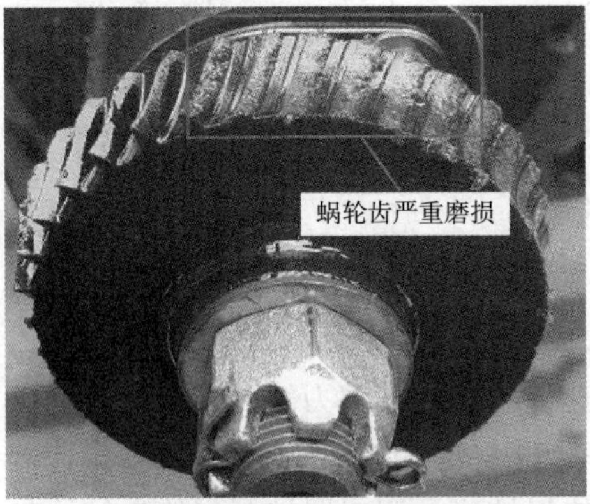

图 1-6 调速器蜗轮

2019年10月10日8:44，汽轮机转速突然出现23r/min左右的波动上涨。通过查看工艺运行数据，转速波动前，汽包上水量和汽轮机入口蒸汽量没有异常变化，初步判断此次转速波动不是因为系统自动调整，可能是调速器本身异常导致。14日，为避免转速磨损再次波动而对系统产生影响，对汽轮机进行停机检修，通过检查调速器本体和蜗轮，均未发现明显的异常情况。更换新蜗轮和调速器后开机运行。

2019年10月25日，汽轮机转速再次出现异常波动上涨，而此时操作人员正在给调速器补油，初步判断操作人员加油操作瞬间导致透平转速同步出现波动上涨。

3.3 故障分析诊断过程

根据调速器转速波动与操作人员加油操作同步关联的初步判断，并且为了验证这一判断同时排查干扰因素，对同类型的引风机汽轮机调速器进行模拟实验，然而，当打开引风机汽轮机调速器加油孔补油时，引风机汽轮机转速并未产生类似波动，由此说明上述判断不准确。

然而根据透平转速波动现象，再次对两台调速器的运行参数进行比较，发现汽轮机调速器油室隔离气压力比引风机汽轮机的高，分别是0.07MPa和0.035MPa，汽轮机调速器油室排气口有较大的气流排出，而引风机汽轮机排气口气流比较缓慢。同时发现，近期汽轮机转速输出值比正常值高出3%左右。

根据调速器结构及原理可知，油室隔离气的设置目的是保护调速器油室处于微正压状态，避免外界空气中的水汽和灰尘进入调速器本体内，起到保护和隔离外界的作用。由此初步判断，汽轮机转速波动与调速器隔离气的设定压力高有关。

3.4 故障验证情况

为了证实隔离气压力变化对转速波动的影响，分别在现场和实验室做了两个实验。现场实验在确保工艺系统其他参数稳定的前提下，打开油室加油孔，汽轮机转速瞬间出现20~30r/min波动；实验室实验中，分别将隔离气压力设定为0.07MPa、0.042MPa、0.014MPa，在调速器运行过程中，分别打开加油孔，调速器转速分别出现7r/min、5r/min和0.5r/min波动。

分析调速器隔离气压力波动大对调速器和汽轮机转速的影响，认为隔离气压力设定过大，严重影响了调速器内部运行阻力及内部压差，导致在加油孔打开时调速器内部阻力及压差变化，形成调速器转速及输出瞬间变化，引起汽轮机转速有较大输出变化。

同时，较大的隔离气压力造成离心式飞锤运行阻力增大，正常调速器输出无法实现匹配的汽轮机转速，造成泵的出口压力和流量无法满足系统需求。为了实现泵的性能，必须增大汽轮机调速器输出才可以提高转速，实现泵的正常运行性能，这也正是近期调速器输出值比正常值高出3%左右，以及蜗轮频繁损坏的原因。

3.5 故障处理情况及效果

在线对调速器隔离气的进气压力进行调整，从0.07MPa下调到0.028MPa，此时油室排气口处用手感觉到有轻微的气体外漏，既起到了隔离效果，同时也不会造成调速器油室内的压力过高。

在隔离气压力下调过程中，由于油室内的压力释放，飞锤运行阻力下降，而调速器转速输出值仍处在52%，此时汽轮机转速出现了约30r/min的上涨，主控室通过调整调速器输出值至49%，从而稳定汽轮机转速和工艺系统。

自2019年对透平调速器异常问题进行处理后，该设备至今一直运行稳定，未再出现蜗轮损坏等异常故障现象。

3.6 故障警示

通过本故障案例可以发现，旋转设备在正常运行周期内，出现零部件损坏的原因是多方面的，除了检修安装、正常损耗外，还可能受到异常运行工况的影响。当设备运行部件出现异常时，要从多方面去分析和判断，不能只更换备件和做检修处理，还应从设备的运行参数影响因素方面进行进一步分析，以确保对症下药，彻底解决设备故障难题。

（本案例已在《大氮肥》杂志2020年第5期发表，并有局部修改；本案例撰写人：侯松）

4 高压锅炉给水泵轴承温度高故障分析案例

4.1 故障概况

4.1.1 结构型式

某甲醇装置高压锅炉给水泵共3台，A/B台由单级双列蒸汽轮机直接驱动，C台由电机经齿轮箱增速后驱动（见图1-7）。

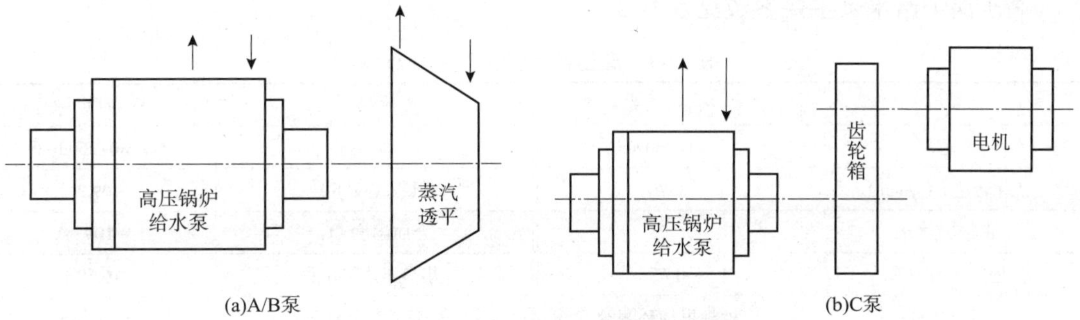

图1-7 高压锅炉给水泵A/B/C驱动型式

该泵符合API610 BB5结构的卧式、径向剖分、导叶式、多级筒袋泵，由Sulzer公司制造。筒体为铸造结构，筒体中心支撑，可以提高热稳定性和承受更高的管口载荷，筒体与筒体盖用重型螺栓/螺母连接，内部零件形成一个由穿缸螺栓固定在一起的集装单元，内部集装单元包括级壳、导叶、叶轮、轴等组件，叶轮对置排列可以消除大部分轴向力，平衡毂可以消除大部分残余轴向力，轴承只承受很小轴向力。

内部集装单元被泵送液体环绕，均匀加热，自由膨胀。排出端为内部集装单元径向定心侧。

泵驱动侧的轴承为滚柱轴承，非驱动侧轴承是一对角接触球轴承，为转子的径向轴承和止推轴承。轴承的润滑采用油环润滑。甩油环材质为尼龙材料。

泵密封形式为机械密封，冲洗方式为API Plan 23。

泵的结构图见图1-8。

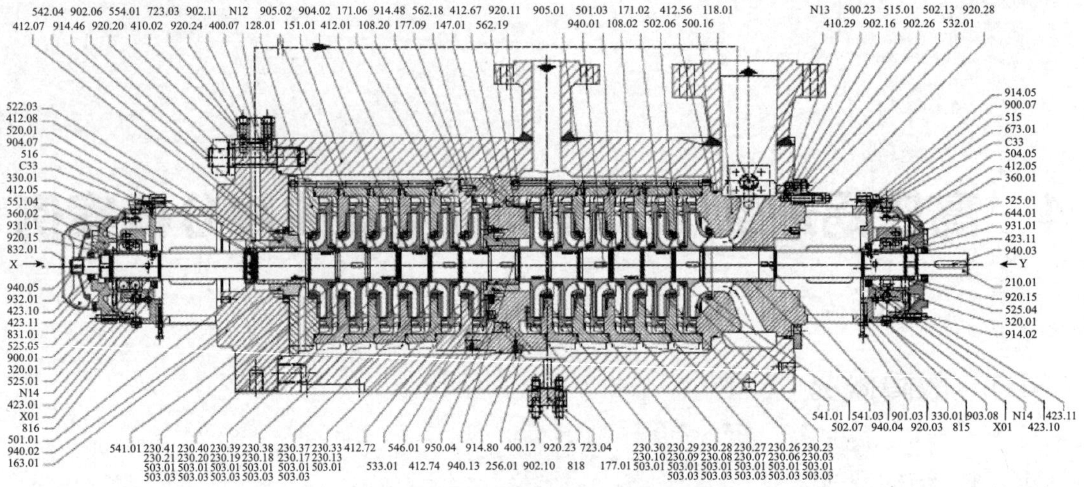

图 1-8 高压锅炉给水泵结构图

4.1.2 主要参数

高压锅炉给水泵主要参数见表1-3。

表 1-3 高压锅炉给水泵主要参数

项目	内容 / 参数	项目	内容 / 参数
制造厂	大连 Sulzer	型号	GSG80-260/6-6
工作转速 /（r/min）	3570	流量 /（m^3/h）	109.2
正常扬程 /m	1375	介质温度 /℃	109
进口压力 /MPa	0.32	出口压力 /MPa	16.10
润滑方式	油杯甩油环润滑	润滑油牌号	ISO VG46

4.1.3 主要功能

界外脱盐水经过脱盐水预热器E116换热后进入脱氧槽脱氧，经高压给水泵进入高压汽包，与转化气换热后，产生高压蒸汽。高压锅炉给水泵是产生高压蒸汽的重要设备。

4.1.4 故障基本情况

高压锅炉给水泵自投入运行以来，止推侧轴承存在温度过高现象。尽管泵端有冷却风扇，操作人员仍需用空气管吹轴承座冷却降温，确保设备安全运行。由于3台泵在开车试运行时就存在这种情况，且通过空气管冷却已达到运行范围值，就暂未检修处理。

4.2 故障发现过程

2015年7月23日，将B泵入口过滤网进行清理，操作人员按程序倒泵，停B泵启动C泵，但C泵运行不到1h，止推侧轴承温度快速上升接近报警值90℃，为防止轴抱死造成设备事故，采取停泵措施。

为此将C泵轴承径向间隙从0.05mm调整至0.10mm后试车，泵振动值为1.91g。但止推侧轴承温度还是不断上升，和未调整之前相比，温度只是上升得慢一些，约1h过后，C泵温度上升至接近报警值90℃，采取手动停车。因为高压锅炉给水泵是装置的重要设备，C泵作为备机带有故障的情况下对装置的安稳运行存在很大威胁，所以要尽快找出C泵的故障原因。

4.3 故障分析诊断过程

3台一模一样的泵，为什么只有C泵止推侧轴承温度异常高？带着疑问，重新勘查现场，注意到A/B泵是由蒸汽轮机直接驱动，C泵是由电机经增速箱驱动，这是C泵与A/B泵的唯一区别。

蒸汽轮机开车有一个低速暖机的过程，一段时间后，进入自动控制系统将转速升至3570r/min，这个过程时间较长，转速按程序呈阶段缓慢上升。而C泵电机是普通防爆高压电机（非变频电机型），启动后转速迅速上升到工作转速3570r/min，由于转速突然上升，轴与甩油环之间形成一层油膜，该油膜因高速旋转使得摩擦系数变得非常小，甩油环在轴上只是产生相对的滑动。

因此，甩油环没有被突然高速旋转的轴带动旋转。另外，泵使用的润滑油是ISO VG46，甩油环下方的一段浸在ISO VG46润滑油里，无从考证这会对甩油环具体有多大影响，但可以肯定的是，油有黏性，多少都会形成一定的阻力，特别是油黏性越大，对甩油环的黏附力就越强，阻止甩油环旋转的阻力就越大。

从高压锅炉给水泵的结构分析，介质从驱动侧上方进入，高温水经过叶轮高速旋转升压后，从中部上方流出，从转子轴向力受力分析，轴向力是指向驱动侧的。因此，止推侧的一对角接触轴承靠里的是主推力轴承，甩油环带的油较难到达里侧的轴承。

如果以上分析成立，就可以解释C泵轴承温度高于A/B泵轴承温度的原因。那么，接下来只要采取措施让轴承得到充分润滑和冷却，温度就能得到控制。

4.4 故障验证情况

经对现场润滑油位的测量，油位视镜上边和下边距离轴中心线为78~93mm，当前油液位距离轴中心线约82mm，设计要求81.5mm，这符合厂家设计值要求。止推侧轴承是一对角接触球轴承，外径为130mm，半径为65mm，也就是说轴承的外圈离油位有17mm，加上轴承外圈厚度12mm（轴承外圈的厚边在外，薄边在内），油位最少要提高29mm，润滑油才能漫入轴承内。

轴承的润滑方式有强制润滑、油浴润滑、飞溅润滑和油雾润滑等。甩油环为飞溅润滑的一种，转速在100~2000r/min滑动轴承可采用甩油环，转速太低油环不能把油带起，转速过高油会被甩掉。滚动轴承润滑中一般不采用甩油环。角接触轴承的*Dn*值（轴颈直径与转速的乘积）为25×10^4mm·r/min时，宜采用油浴润滑，高压锅炉给水泵的Dn值$60mm\times3570r/min\approx21.5\times10^4mm\cdot r/min$是适宜采用油浴润滑的，因此，厂家甩油环设计和润滑油位距离轴中心线81.5mm设计不太合理。为了使轴承得到充分润滑和冷却，最佳的润滑状态是轴承滚珠浸在润滑油里，将油液位控制在轴中心线到球轴承正下方的滚珠中心约45mm处为最佳，这时轴承的垂直正下方滚珠的一半浸在润滑油里（见图1-9）。

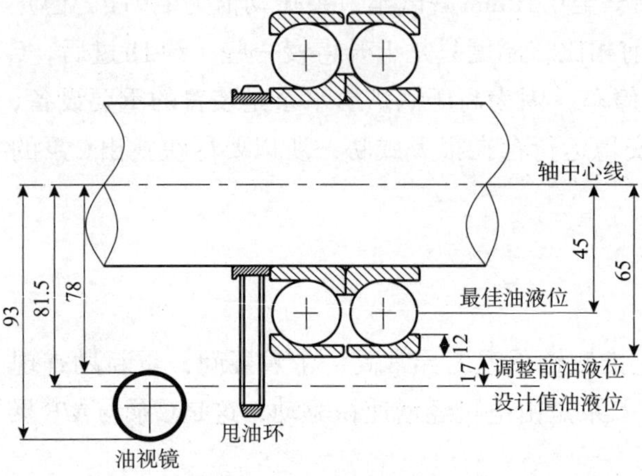

图1-9 油液位分析

经过现场拆检处理，验证了最初的分析诊断是正确的。

4.5 故障处理情况及效果

高压锅炉给水泵C泵止推侧轴承温度高故障，共采取2项处理措施：

（1）调整泵的轴向间隙，即将轴向间隙由0.05mm调整到0.10mm，试车检验没有效果；

（2）调整润滑油液位，即将油杯注油点调高约38mm，经测量油液位至轴中心线距离为43.5mm，比设计值81.5mm提高了38mm。调整后试车轴承温度最高上升至72℃不再上升，轴承温度较之前降低18℃，符合连续运行不大于80℃的设计要求。A/B泵随后也进行油位适当提高调整，最高温度都降低约5℃。

4.6 故障警示

针对高压锅炉给水泵轴承温度偏高的问题，通过详细对比剖析，准确找到产生问题的根本原因，并采取了简单而行之有效的措施，解决了该类设备一直存在的安全隐患，为生产装置“长、稳、优”运行提供保障，目前设备运行良好。

（本案例已在《大氮肥》杂志2015年第6期发表，并有局部修改；本案例撰写人：罗伟雄、李保林、刘长鑫）

5 锅炉给水泵透平止推轴承座磨损故障分析案例

5.1 故障概况

某甲醇装置锅炉给水泵透平（PT-01501）为两列复速级背压式透平，型号RLHA-28，美国Tuthill公司制造。转子支撑在两个滑动轴承之间，并用滚珠轴承轴向定位。该透平作为高压锅炉给水泵和中压锅炉给水泵的驱动机，有关额定参数见表1-4。

表 1-4 锅炉给水泵额定参数

进汽压力/MPa（A）	进汽温度/℃	出口压力/MPa（A）	排汽温度/℃	蒸汽流量/（kg/h）	转速/（r/min）
4.80	400.00	0.35	215.00	19548.00	5116

轴承振动、温度监测运行正常。该机轴位移近一年来一直缓慢增加并处于监控中，如图1-10所示。

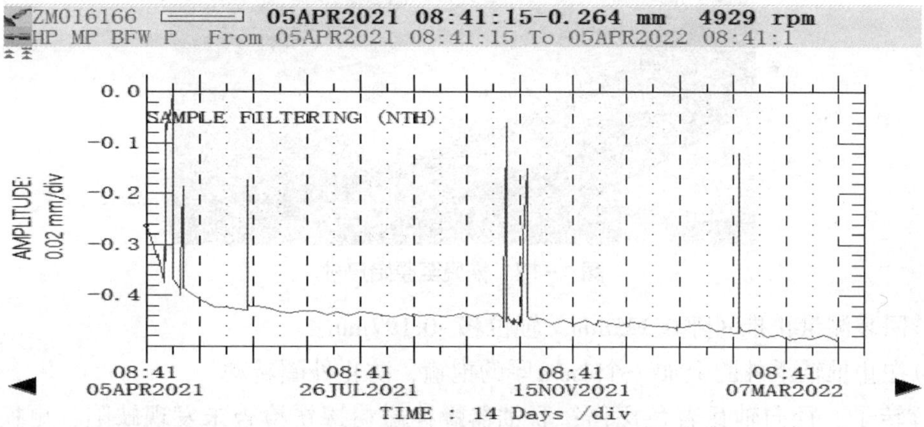

图 1-10 轴位移的增加图

5.2 故障发现过程

2022年4月5日，运行四队发现PT-01501轴位移增大到-0.49mm，接近联锁值-0.6mm。

5.3 故障分析诊断过程

（1）4月6日停车检查，维修人员现场检查转子窜量0.75mm，认为是由于机械原因

图 1-11　主推面磨损

造成轴位移增加。

（2）随即对该透平开盖检修，重点检查止推轴承部位存在的问题。

（3）透平解体后发现由于止推轴承跑外圈，止推端轴承座主推面平均磨损0.40mm（见图1-11）。

5.4　故障验证情况

经过拆检，确认止推轴承座磨损是轴位移增大的主要原因。

5.5　故障处理情况及效果

（1）4月7日，将止推轴承座拆下，轴承座磨损面由维修人员补焊，机械加工恢复至原始尺寸（见图1-12）。

图 1-12　恢复至原始尺寸

（2）回装测量止推间隙0.395mm。轴位移-0.197mm。

（3）在止推轴承外圈上加一个1mm厚的抱箍，防止外圈转动。

（4）转子、径向轴瓦着色探伤；联轴器螺栓磁粉探伤检查未发现缺陷，更换止推轴承、汽封，4月9日晚上开车，轴位移-0.197mm，运行正常。

5.6　故障警示

（1）机械设备检修时，要了解每一个零件的工作原理，注重细节。

（2）加强机组各运行参数的监控，及时发现设备存在的隐患。

（本案例撰写人：王吉法）

6 中压锅炉给水泵透平轴位移报警故障分析案例

6.1 故障概况

中压锅炉给水透平（J542A）是中压锅炉给水泵（J442）的驱动装置，主要为甲醇二期辅助锅炉提供上水，是中压蒸汽生产的关键设备;该设备是ELLIOTT公司生产的背压式汽轮机，规格型号是：DYR PE111，进汽压力3.10MPa、温度353℃，排汽压力0.5MPa、温度252℃，正常转速2430r/min，功率129kW，跳闸转速3442r/min，轴位移报警值：±0.4mm，轴位移联锁跳车值：±0.5mm，2010年10月投用。

2021年6月14日中压锅炉给水泵透平（J542A）停机检修后开车，轴位移测点ZT-6054A、ZT-6055A的监测数值处于异常波动状态，已超出轴位移设计值。

6.2 故障发现过程

2021年6月6日，中压锅炉给水泵透平检修结束，6月14日开车运行后，轴位移测点ZT-6054A、ZT-6055A频繁波动，上涨趋势明显，并经常达到报警值0.4mm。为了彻底解决问题，分别于2021年10月26日、2022年3月22日、2022年6月14日进行三次停车检查，机械部分未发现明显问题，并配合电仪调整转子位置，更换探头。

6.3 故障分析诊断过程

（1）2021年6月装置停车检修，中压锅炉给水泵透平进行中修，更换进气端止推轴承、更换碳环密封、更换飞锤弹簧，测量总窜量为0.36mm。6月14日开车运行，轴位移测点ZT-6054A开始缓慢上涨，从-0.07mm逐渐波动上涨到0.1mm后逐渐稳定，ZT-6055A短时间上涨到0.5mm后瞬间下降到0.05mm，随后逐渐稳定，但此时两数值不能正确反映位移情况。见图1-13。

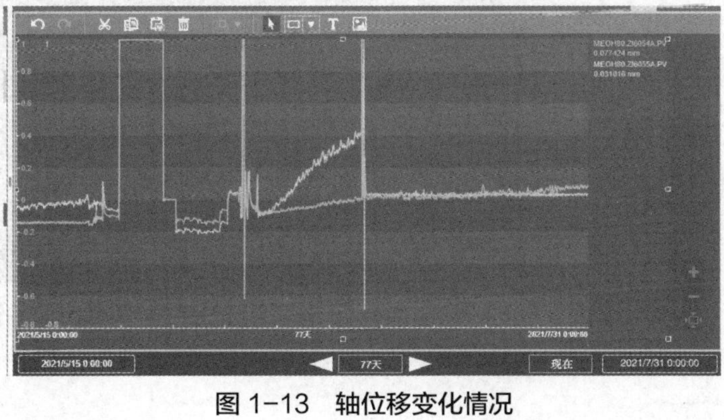

图1-13 轴位移变化情况

（2）2021年10月4日，轴位移测点ZT-6054A一直在

0.3mm左右波动，ZT-6055A从0.05mm逐渐上涨到0.4mm。10月26日停车检查，机械部分打窜量，总窜量为0.37mm。此次检修后，ZT-6054A从0.1mm逐渐上涨到0.3mm左右趋于稳定波动，ZT-6055A从0逐渐上涨到-0.35mm左右趋于稳定波动，见图1-14。

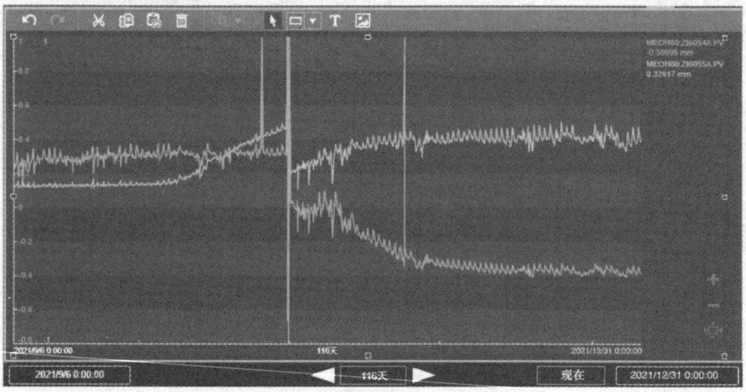

图1-14 轴位移趋于稳定波动

（3）2022年1月1日开始，ZT-6054A在-0.35mm左右波动并有上涨趋势，ZT-6055A在0.15~0.4mm波动。为防止设备损坏，2022年3月22日再次停车检查，测量转子总窜量为0.37mm，与之前测量数据一致（见表1-5）。此次检修后，两个探头测量数值在-0.05~0.15mm波动。

表1-5 J542A位移探头调校记录（2022年3月22日） mm

探头位号	总窜量			近端		中间		远端	
	设计值	机械测量	仪表测量	机械测量	仪表测量	机械测量	仪表测量	机械测量	仪表测量
ZT-6054A	0.25~0.46	0.37	0.307	0.18	0.167	0	0.03	-0.19	-0.14
ZT-6055A	0.25~0.46	0.37	0.383	0.18	0.187	0	-0.01	-0.19	-0.196

（4）从5月15日开始，ZT-6055A逐渐上涨到0.5mm；6月14日，停车检查，机械部分打窜量，总窜量为0.37mm，与之前测量数据一致。检修中，仪表更换ZT-6055A探头，开车后，ZT-6055A测量数值在-0.17mm左右波动；ZT-6054A没有更换探头，检修后在0.05mm左右波动，见图1-15、表1-6。

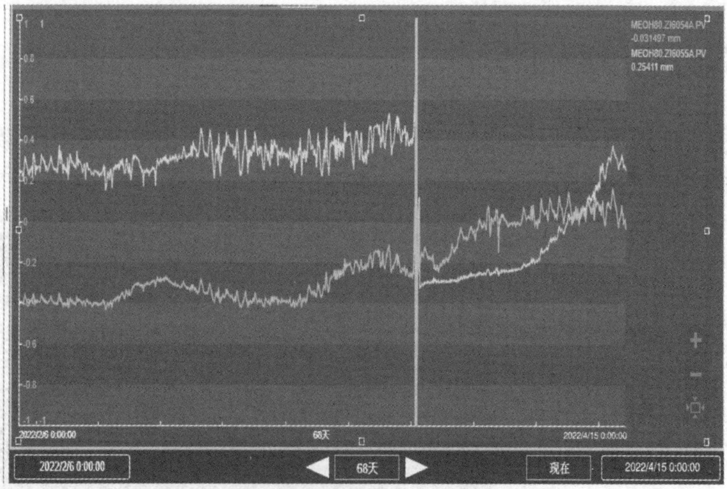

图1-15 检修后轴位移的波动情况

表 1-6 J542A 位移探头调校记录（2022 年 6 月 14 日） mm

探头位号	总窜量			近端		中间		远端	
	设计值	机械测量	仪表测量	机械测量	仪表测量	机械测量	仪表测量	机械测量	仪表测量
ZT-6054A	0.25~0.46	0.37	−7.098	0	−5.982	0.18	−7.098	0.37	−8.086
ZT-6055A	0.25~0.46	0.37	−7.1	0	5.481	0.18	−7.1	0.37	−8.56

6.4 故障验证情况

从 4 次停机检修检查情况来看，确认机械部分正常。数据波动应该是由仪表探头故障引起的（见图1-16）。

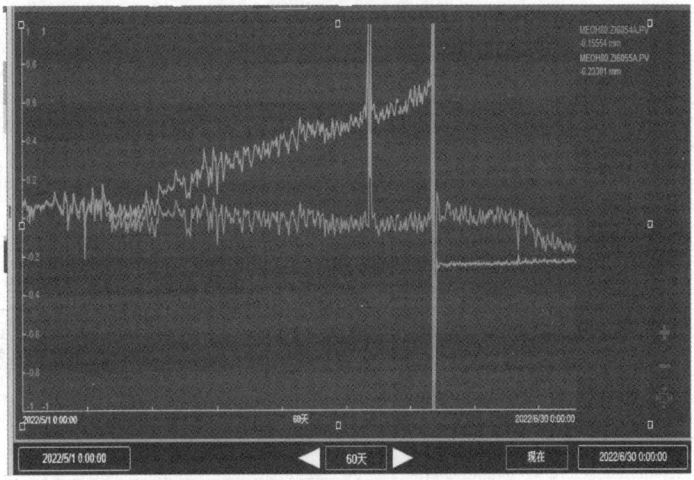

图 1-16 仪表探头故障波动情况

6.5 故障处理情况及效果

2022 年 6 月 14 日，仪表人员更换ZT-6055A探头，测量数值在-0.17mm左右波动，处于正常运行范围。ZT-6054A没有更换探头，检修后在0.05mm左右波动。此次检修后，ZT-6055A正常，可正确监测位移变化。

6.6 故障警示

（1）多次停机检修检查，未能彻底消除轴位移数据异常波动，要时刻关注两个位移探头变化的趋势。

（2）问题没有彻底消除前，不能彻底依赖探头监测数据，机械技术监督要对现场设备运行情况及时了解，根据现场测温测振情况，评估设备是否正常。

（3）机械和仪表人员要做好应急检修的准备，相关库存备件充足，在停车检修期间，更换相关部件，以待彻底解决该问题。

（4）运行班组要增加该设备巡检频次，发现问题及时沟通。

（5）成立攻关小组，紧抓不放，深入研究，直到消除问题。

（本案例撰写人：周国华）

7 高压氨泵密封水泵压力不足故障分析案例

7.1 故障概况

某尿素装置高压氨泵密封水泵304JLJ2A为日本SUNFLO（胜福罗）公司生产。该泵为单级悬臂离心泵，介质为蒸汽冷凝液，进口压力为常压，出口压力3.15MPa，电机转速2960r/min。高压氨泵密封水泵特性与参数见表1-7。

表1-7 高压氨泵密封水泵特性与参数

参数	单位	设计值	正常/操作值
介质密度	kg/m^3	1000	
介质黏度	cP	1	
温度	℃	50	
进口压力	MPa	—	
出口压力	MPa	30	3.15
压头	m	306	315

7.2 故障发现过程

2022年7月10日16:25，该尿素装置高压氨泵密封水泵304JLJ2A出现密封水压力不足报警，检查发现泵出口压力从3.3MPa降低到3.0MPa，密封水压力比高压氨泵进口压力2.95MPa高出不足0.1MPa，不满足氨泵运行条件。工艺人员进行倒泵，304JLJ2B启动，304JLJ2A停运。

7.3 故障分析诊断过程

该泵于2022年4月进行过大修，泵的轴承、齿轮、机械密封及口环均可确认没有问题。初步判断该泵故障原因为入口滤网堵塞或叶轮叶片根部冲刷腐蚀加剧导致流量不足。

7.4 故障验证情况

2022年7月12日8:30开始对304JLJ2A进行检修，检查发现泵叶轮叶片根部冲刷腐蚀，腐蚀情况见图1-17。泵叶轮腐蚀较为严重，对泵叶轮进行更换。由于泵入口滤网无法交出清理。泵更换叶轮后回装，试运行，压力正常。故判定该泵打压不足原因为叶轮冲刷腐蚀。

图 1–17 叶轮损伤图

7.5 故障处理情况及效果

304JLJ2A更换损伤的叶轮、密封件，检修后，泵运行正常。

7.6 故障警示

该泵属于高速离心泵，叶轮根部容易受到冲刷腐蚀及汽蚀。为了防止该类故障的发生，应采取以下措施：

（1）在开泵前需要排气充分，同时避免泵在出口小开度下运行。

（2）定期进行检修，发现叶轮腐蚀时应更换或修复叶轮。

（3）泵入口滤网应定期清理，同时水箱应定期检查清理。

（本案例撰写人：蓝天）

8 冷氨泵设备电流异常增大故障分析案例

8.1 故障概况

冷氨泵试泵电流异常增大，设备运行存在较大风险。

8.2 故障发现过程

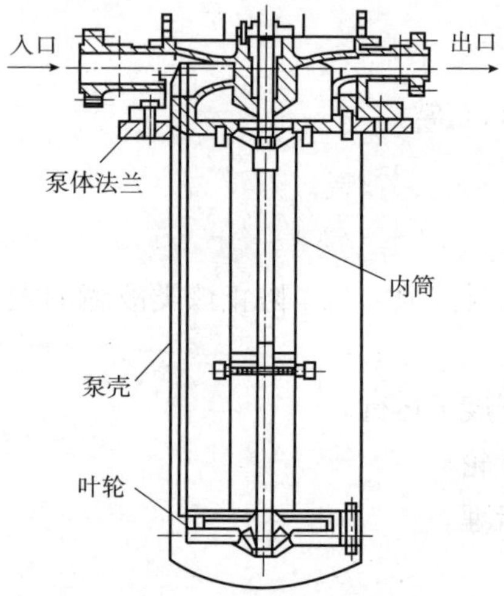

图 1-18 泵结构示意图

2020年3月29日，白班操作人员发现泵运行电流缓慢增加，当日23:33电流增大至210A当即停泵并进行置换；4月3日，检修人员在线检查机械密封、轴承，复查对中后试泵问题得不到解决；4月7日，在线调整平衡盘间隙，试泵电流仍超高接近230A联锁值，且泵盘车伴随剐蹭。鉴于以上原因，设备运行存在较大风险，如果泵体口环碾死将会对叶轮、泵轴、导叶等造成不可逆的损伤，泵的结构见图1-18。

8.3 故障分析诊断过程

通过对现场情况初步分析，判断该泵在运行过程中转动部件与静止部件发生机械性摩擦，导致叶轮口环与泵体口环产生高温表面金属软化、磨损。这样就形成了恶性循环，加剧各部件的磨损。当磨损达到一定程度后，会影响泵的效率，导致转子平衡量的改变，出现噪声增大及运行电流增长的情况，最终转动部件与静止部件碾死造成设备本体损伤。

继续分析，可能由以下5个方面原因造成：①装配原因，各部件安装间隙不合适运行时发生异常摩擦；②泵运行过程中发生“抽空”导致泵体内聚热增大，使泵体内介质温度升高，引起泵体高温内部异常磨损；③口环间隙超指标；④泵轴弯曲度过大导致口环径向累计间隙超过泵体口环间隙最小值；⑤转子动不平衡。

8.4 故障验证情况

经查实，该泵在前一次大修安装过程中，严格按照相关检修规程及制造厂提供的数据表进行安装，各部位间隙均正确，检修记录可查，并且解体检查过程中未出现安装错误或安装不到位的情况，基本排除装配原因。

通过查看泵运行情况曲线，结合生产工艺流程中泵出口流量及压力，如发生“抽空”泵出口流量及压力将大范围波动，事实上在电流升高前及升高后，泵整体运行平稳，各项运行参数均正常，可以排除“抽空”可能。

同时结合前一次设备维修时口环间隙数据及口环跳动量（见表1–8）、轴弯曲度测量数据，叶轮初装到主轴上后，其口环旋转过程中存在径向偏差，泵体的中段口环也存在径向偏差。叶轮每完成一个圆周转动，会有某个旋转角度，局部出现叶轮与壳体口环径向间隙的最小或最大间隙，且旋转的主轴会有微量的弯曲和变形，产生转子的最大挠度。这种径向跳动的极限值与最大挠度值相叠加后，某一级叶轮与壳体口环的径向间隙局部动态出现最小间隙，但仍可以满足0.40~0.45mm的口环间隙设计指标。

表 1–8 叶轮口环安装间隙及口环跳动 mm

部位	入口轴衬	一级叶轮口环	下轴衬间隙	中轴衬间隙	径向轴承间隙	二级叶轮口环	三级叶轮口环	四级叶轮口环	五级叶轮口环	六级叶轮口环	七级叶轮口环	八级叶轮口环	径向轴承间隙
口环间隙	0.3	0.5	0.3	0.3	0.3	0.44	0.50	0.44	0.44	0.41	0.55	0.55	0.26
口环跳动	—	0.05	—	—	—	0.08	0.23	0.10	0.18	0.14	0.15	0.23	0.17

在对泵深入解体发现，其起到转子径向定位作用的轴衬（石墨滑动轴承）磨损严重，其间隙超设计值0.2~0.3mm，特别是多级部分的进口段及出口段轴衬间隙达到3.61mm（见图1–19），为此，研究方向转为确定轴衬（石墨滑动轴承）异常磨损原因。

图 1–19 石墨轴衬磨损严重

8.5 故障处理情况及效果

在冷氨泵检修过程中，对所有部件配合间隙及尺寸进行确认，以符合设计值，更换新的石墨轴衬、更换超差的叶轮口环，确认三段轴的弯曲度符合要求。最根本的一点就是对三段轴的安装方式进行优化，由于测量接轴套筒与轴端安装位置的安装间隙只有

0~0.01mm，以往都是选择热拆装，即乙炔火焰加热接轴套筒使其膨胀，安装间隙增大才能顺利安装，但由于乙炔火焰加热温度不好控制，且局部温度不同，导致轴套变形不一致，安装后的三段轴再轴向形成夹角，无法保证其同心度。

经过分析，最终采用机械敲击安装法安装接轴套筒，采用较长的专用套管直接施加作用力在接轴套筒上，且在端面上均匀用力，利用接轴套筒的弹性变形，将接轴套筒安装到位，且三段轴的轴向同心度得到保证（见图 1-20）。

图 1-20　接轴套筒

8.6　故障警示

针对化工用立式多级筒袋泵电流增大问题，发现其根本原因，电机电流增大口环剐蹭只是表象，经过对设备详细分析，精准找到问题的实际原因是多段轴结合的同心度不好，并在检修过程中优化安装方式保障安装质量。

（本案例已在《中氮肥》杂志2021年第3期发表，并有局部修改；本案例撰写人：于杰鹏）

9 合成氨装置半贫液泵流量波动故障分析案例

9.1 故障概况

半贫液泵是双级卧式离心泵。共有两台，其中A台由水力透平和电机同时驱动，水力透平与电机之间设有离合器（连接顺序：水力透平→离合器→电机→泵），它们之间均用簧片式挠性联轴器连接。半贫液泵设有单独的油系统，并通过半贫液泵排出端主轴直接驱动主齿轮油泵对轴承进行强制润滑。此外，还设有一台电机驱动的辅助齿轮油泵，在开、停车或主泵出现故障时启动。此泵结构为泵壳体水平剖分式，轴承箱水平剖分式，由止口定位，用螺栓固定在密封箱体上；径向轴承为水平剖分的圆瓦轴承，止推轴承为金斯伯雷轴承，叶轮及口环都是可更换的易损件。

其主要性能参数见表1-9。

表 1-9 半贫液泵主要性能参数

<table>
<tr><td>名称</td><td colspan="4">半贫液泵</td><td>制造厂</td><td>SHIN NIPPON MACHINERY CO.LTD</td></tr>
<tr><td>型号</td><td colspan="4">12 × 30RHC</td><td>位号</td><td>05-P006A</td></tr>
<tr><td>介质</td><td colspan="4">30%（质量）HPC Solution</td><td>叶轮级数</td><td>2</td></tr>
<tr><td>项目</td><td>设计值</td><td>最小值</td><td colspan="2">正常 / 操作值</td><td>最大值</td><td>额定值</td></tr>
<tr><td>介质密度（kg/m^3）</td><td>1250</td><td></td><td colspan="2"></td><td></td><td></td></tr>
<tr><td>进口温度 /℃</td><td>121</td><td></td><td colspan="2">144</td><td></td><td></td></tr>
<tr><td>进口压力 /（kgf/cm^2 A）</td><td>3.07</td><td></td><td colspan="2"></td><td>4.037</td><td>3.07</td></tr>
<tr><td>出口压力 /（kgf/cm^2 A）</td><td>43.32</td><td></td><td colspan="2"></td><td></td><td></td></tr>
<tr><td>压头 /m</td><td>322</td><td></td><td colspan="2"></td><td></td><td></td></tr>
<tr><td>流量 /（m^3/h）</td><td>1087.7</td><td></td><td colspan="2"></td><td></td><td></td></tr>
<tr><td>*NPSHA*（R）/mH_2O</td><td>12.5（6）</td><td></td><td colspan="2"></td><td></td><td></td></tr>
<tr><td>轴功率 /kW</td><td>1586</td><td></td><td colspan="2"></td><td></td><td></td></tr>
<tr><td>转速 /（r/min）</td><td colspan="2">1485</td><td colspan="2">效率 /%</td><td colspan="2">75</td></tr>
<tr><td rowspan="3">驱动电机</td><td>型号</td><td colspan="2">MLA7500B</td><td colspan="2">转速 /（r/min）</td><td>1485</td></tr>
<tr><td>工作压力</td><td colspan="2"></td><td colspan="2">轴承润滑方式</td><td>油浴</td></tr>
<tr><td>额定功率 /kW</td><td colspan="2">1800</td><td colspan="2">制造厂</td><td>FUJI ELECTRIC CO.LTD</td></tr>
<tr><td>备注</td><td colspan="6">05-P006A 泵另有水力透平，05-MT01 驱动</td></tr>
</table>

半贫液泵转子组件主要由主轴、叶轮、轴套、止推盘、联轴器及主油泵等零部件组成。一、二级叶轮均由轴肩定位，用轴套螺母紧固，各零件以不同的配合方式装配在主轴上。为了保持密封效果良好和耐用，泵两轴端采用机械密封系统由油箱、齿轮泵、冷却器、过滤器以及控制和安全设备组成，按要求的压力和温度把润滑油输送到泵径向和止推轴承润滑回路，见图1-21。

本次主要故障为：半贫液泵二段入口叶轮口环断裂，导致机泵打量下降。

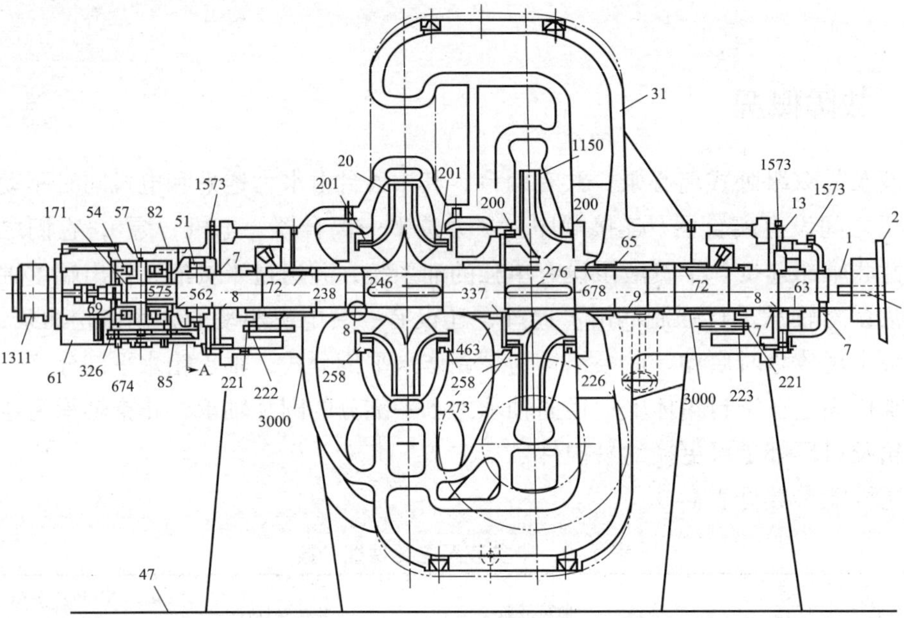

图 1-21 半贫液泵

9.2 故障发现过程

2022年9月7日18:43，半贫液泵05-P006A流量出现波动，流量从1050m^3/h下降至920m^3/h。随即班组人员对现场进行检查，将出口调节阀FV05016阀门开度从56%调节至72%，流量上涨至990m^3/h，便不再变化，随即技术人员对现场进行检查，未发现明显异常现象。20:10倒至05-P006B泵运行，流量上涨至1050m^3/h。9月8日对05-P006A进行解体检修。

9.3 故障分析诊断过程

05-P006A出现流量波动后，现场进行了以下检查：

（1）检查机泵出口压力是否出现变化；

（2）检查现场阀门阀位是否正确；

（3）检查调节阀运行是否灵活，阀位与主控是否对应；

（4）检查泵体运行声音是否正常；

（5）检查机封是否出现泄漏；

（6）检测机泵振动值是否正常；

（7）检查转子是否有轴向窜动；

（8）检查水力透平运行是否正常；

（9）检查电机电流变化情况。

检查结果表明，除了电机电流下降10A之外，其他运行参数及工况均无异常。结合该泵历史检修记录，推断可能是转子口环断裂导致流量下降。

9.4 故障验证情况

2022年9月8日对该泵进行解体检修，发现泵转子二段口环断裂，导致流量下降，与检修前推断的结论一致，见图1-22。

图1-22 转子口环断裂

9.5 故障处理情况及效果

图1-23 处理后的口环

故障处理：更换了叶轮二段入口口环，并采用间断焊的方式固定口环（见图1-23）。检修完成后，2022年9月13日试泵，发现出口压力3.92MPa小于正常运行压力4.2MPa，出口调节阀FV05016开度在70%时，05-P006A流量为1040m^3/h，电机电流150A，小于正常运行电流170A，入口压力0.2MPa小于正常情况下入口压力0.24MPa。试车后的数据无法满足正常生产的需求。为此，组织专题会议进行故障分析，决定再次试泵确认故障情况之后再解体检查。2022年9月16日，再次试泵，出口压力为3.98MPa，小于正常运行压力4.2MPa，出口调节阀FV05016开度在67%时，05-P006A流量为1040m^3/h，电机电流150A，小于正常运行电流170A，入口压力变为0.25MPa。同时发现泵体温度整体偏高。停泵后再次进行检查、检修。

再次解体后发现转子二段入口处节流衬套出现发蓝的迹象，由此推测在二段入口处出现汽化现象或者高速串流，产生局部高温从而出现上述现象。

对机泵进行解体后检查转子叶轮、流道及口环情况，发现口环段焊部位出现了局部裂纹，同时对平衡管进行了检查，未发现流道或者管道堵塞等问题。采用满焊的方式对口环进行固定。

图 1-24　更换后的叶轮口环

此外还发现二段壳体口环定位尺寸间隙为2mm，与一段一、二级口环定位尺寸间隙0.02mm相差极大，不符合通用设计标准要求。为此修正了备件尺寸，更换叶轮口环，见图1-24。

2022年9月26日，机泵回装后再次试车出口压力为4.08MPa，小于正常运行压力4.2MPa，出口调节阀FV05016开度在67%，05-P006A流量为1020m^3/h，电机电流150A，小于正常运行电流170A，入口压力为0.24MPa。仍然不满足正常生产需求。再次召开分析会确定可能导致该现象的原因有：

（1）泵出口流道至出口压力表之间堵塞，引起泵体憋压，导致介质从二段入口平衡管回流至入口。

（2）介质在进入二段之前，便出现了汽化现象。

针对上述假设，采用了以下处理方法：

（1）拆装出口止回阀和出口管道，清除管道上的碱液结晶。

（2）在段间排气管上增加压力表，观察段间压力变化。

2022年9月29日，再次试泵，段间压力稳定，约为1.9MPa，出口压力达到4.2MPa，出口调节阀FV05016开度在63%，05-P006A流量为1040m^3/h，电机电流170A，入口压力为0.24MPa，满足正常生产需求。

9.6　故障警示

通过本故障案例可以发现，在生产过程中如果出现异常工况，要及时确认，并做出相应的处理措施。口环断裂为半贫液泵运行中经常遇到的故障。口环断裂出现后，出现的特征为流量波动或者下降，需要及时处理，否则会导致装置停车或者故障扩大化，最终导致设备损坏。

（本案例撰写人：魏傲、赖财满、梁其奋）

10　甲醇装置工艺水泵转子抱轴故障分析案例

10.1　故障概况

某甲醇装置工艺水泵（P-03004B）为14级节段式多级离心泵，型号MC40A-15，由大连苏尔寿泵及压缩机有限公司制造。该泵的主要功能为：泵送精馏塔塔底工艺水至中压汽包，有关额定参数见表1-10。

表1-10　MC40A-15额定参数

介质密度/（kg/m^3）	温度/℃	进口压力/MPa（A）	出口压力/MPa（A）	转速/（r/min）
940.00	116.00	0.25	5.23	2950

10.2　故障发现过程

（1）2022年3月5日，甲醇一期运行一队例行倒泵，发现P-03004B工艺水泵备用泵盘不动车。

（2）机械专业人员联合装置保运部人员现场检查，确认P-03004B工艺水泵抱轴。

（3）2022年3月5日晚上，打开P-03004B工艺水泵入口截止阀和泵体导淋进行暖泵，并每两小时盘车检查一次，没有好转。

（4）2022年3月6日解体检修，拆下止推端轴承、机械密封及平衡毂后，发现平衡毂与平衡套卡住，其他部分盘车正常。图1-25是从平衡套中拆出后的平衡毂。

图1-25　从平衡套中拆出后的平衡毂

10.3　故障分析诊断过程

（1）P-03004B工艺水泵共14级叶轮，2021年12月7日检修试车后转为备用。刚检修完的新泵，通流间隙较小；同时工艺介质温度较高，杂质较多。

（2）平衡毂间隙是通流间隙中最小的，极有可能是精馏塔底工艺介质中的硬质颗粒进入平衡毂与平衡套间隙中，造成卡涩。

（3）发现盘不动车后，用盘车工具用力盘车，造成平衡毂拉伤。

10.4 故障验证情况

经过拆检，发现泵抱轴位于平衡毂处，其他部位盘车正常，符合最初的分析诊断意见。从图1-25看，平衡毂接近中部位置有一道较深拉痕，其他位置未有拉伤痕迹，说明不是由于转子中心调整不正确所致。

10.5 故障处理情况及效果

更换新的平衡毂、平衡套、止推轴承、机械密封后泵运行正常。

10.6 故障警示

（1）每周的例行盘车至少要确保540°。

（2）泵检修投用后，应尽可能多运行一段时间，以减少工艺介质温度对泵转子中心的影响。

（3）当发现盘不动车后，不要使用工具用力盘车，应及时通知相关人员。

（本案例撰写人：王吉法）

11 甲醇装置工艺水泵出口压力低、流量不足故障分析案例

11.1 故障概况

甲醇装置精馏塔产生的工艺水由工艺水泵P-03004A/B输送到中压工艺锅炉，用于产生工艺蒸汽，因精馏塔产生的所有的工艺冷凝液不必外输，在装置内完全用作中压工艺锅炉给水，用于产生工艺蒸汽，提高了整套装置的总体经济性，并节省了用于水处理的化学药品，也提高了整套装置的环保性。

工艺水泵P-03004A/B为BB4型多级离心式泵，共有14级叶轮，由大连苏尔寿泵及压缩机有限公司制造，采用电机驱动，主要性能参数见表1-11。

表1-11 P-03004A/B性能参数表

操作参数	单位	数值
规格型号		MC40A-15
介质密度	kg/m^3	940
温度	℃	116
流量	t/h	20
扬程	m	541
入口压力	MPa（A）	0.25
出口压力	MPa（A）	5.23
效率	%	91.5
泵转速	r/min	2950

工艺水泵P-03004B在长期运行后，出口压力、流量逐渐下降，无法满足工艺使用要求。

11.2 故障发现过程

2017年8月甲醇一期装置工艺水泵P-03004B出现出口压力低、流量不足的现象，该泵正常工作时的出口压力为5.23MPa，流量约为13.5t/h，驱动电机电流为95A，而当时，该泵的出口压力仅有4.0MPa，流量约为12t/h，驱动电机电流为110A，泵体振动、温度正

常，轴端密封无明显泄漏。因工艺水泵P-03004B出口压力和流量不足，该泵已经无法满足工艺使用要求。

11.3　故障分析诊断过程

工艺水泵P-03004B在运行过程中出现的主要问题是出口压力和流量低于正常值，造成多级离心泵出口压力和流量低的主要原因有：①入口压力不足；②入口滤网堵塞；③轴端密封泄漏；④泵体内部口环脱落；⑤泵体内部摩擦严重；⑥叶轮或壳体损坏；⑦驱动电机故障等。

根据可能的原因，检修人员对设备进行排查，确认工艺水泵P-03004B入口压力正常，入口滤网清洗干净，无堵塞；轴端密封无明显泄漏，设备盘车灵活，无卡涩，转子与定子之间无摩擦，电机单试正常。结合工艺水泵P-03004B在运行时驱动电机电流高于正常运行时电流的现象，说明此时P-03004B泵消耗的能量大于正常运行时消耗的能量，在无其他外部故障的情况下，泵做功也应多于正常运行时，但出口压力和流量却小于正常值，输出的能量减少，据此分析，认为泵体内部存在高压侧介质回流到低压侧的现象，从而造成P-03004B泵出口压力低和流量不足。

11.4　故障验证情况

通过对工艺水泵P-03004B的解体检查，发现：

（1）位于高压侧轴端的平衡毂表面严重腐蚀，最大腐蚀深度9mm，平衡毂直径55mm，腐蚀宽度29mm，总宽度51mm，腐蚀长度达到总圆周长度的4/5，见图1-26。

（2）第14级（末级）导叶端面整体腐蚀脱落，第12级、第13级导叶严重腐蚀失效，见图1-27。

图1-26　平衡毂腐蚀情况

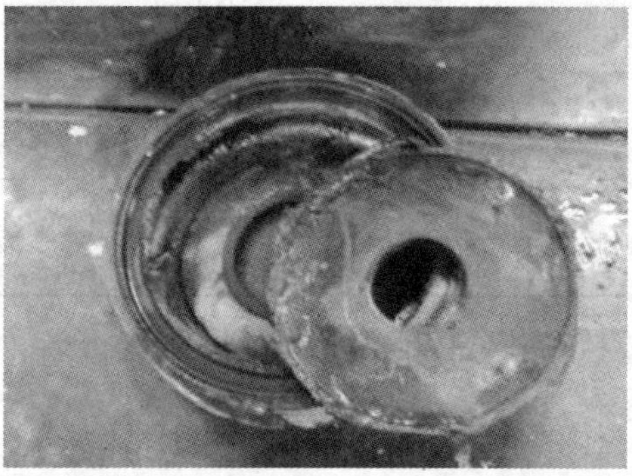

图1-27　第14级（末级）导叶端面整体腐蚀脱落

（3）第14级泵壳端面多处腐蚀穿孔，最大穿孔尺寸为30mm×20mm，第12级、第13级泵壳端面腐蚀出现较深凹坑，除前4级泵壳外，其他各级泵壳端面也有不同程度的腐蚀，泵壳安装位置压力越高，腐蚀越严重，见图1-28。

图 1-28　第 14 级泵壳端面多处腐蚀穿孔

（4）叶轮与轴无明显缺陷，泵体两端封头、轴承座完好，各位置配合尺寸符合要求。

通过对工艺水泵P-03004B的解体检查，发现造成工艺水泵P-03004B出口压力低、流量不足的根本原因是：第12级、第13级、第14级导叶严重腐蚀失效，第14级泵壳端面腐蚀穿孔，导致这三级叶轮无法起到提高介质流量和压力的作用，而真正能够做功的叶轮只有前11级，从而造成了工艺水泵P-03004B在电机电流高出正常值的情况下，出口压力和流量依然无法满足工艺使用需求。

11.5　故障处理情况及效果

工艺水泵P-03004A/B作为甲醇一期装置主流程上重要的两台多级离心泵，对装置的稳定运行起着非常重要的作用，在P-03004B泵无法正常使用的情况下，如果P-03004A泵发生故障，装置就将被迫停车。因P-03004B泵无法正常使用，工艺水泵由一开一备变成了单泵运行，对装置的安全稳定运行产生巨大的隐患，因此，在P-03004B泵无备用泵可换的情况下，需要尽快对其进行修复，使其恢复性能。

根据拆卸检查情况和设备备件情况，对设备进行以下修复：

（1）对于腐蚀失效的叶轮导叶，以及机封、轴承和其他辅助密封件，更换新备件。

（2）轴、叶轮、轴承座，以及泵体两侧封头，外观检查良好，尺寸符合要求，无明显缺陷，继续使用。

（3）对第14级泵壳进行测绘，将腐蚀严重的泵壳端面用车床车除，按照切口尺寸及泵壳端面厚度，选用10mm厚304不锈钢板，加工成新的泵壳端面，使用氩弧焊、不锈钢焊条进行焊接，焊接后待泵壳冷却，在车床上去除焊接高点，加工泵壳口环安装孔，使用黄铜加工泵壳口环，安装在泵壳上，见图1-29。

（4）对第12级、第13级泵壳端面腐蚀点进行打磨，使用氩弧焊进行补焊，增加腐蚀点强度，防止回装后短时间内发生腐蚀穿孔。因焊接热影响，进行局部补强焊接的第12级、第13级泵壳口环发生变形，为保证口环的配合尺寸，将第12级、第13级泵壳原有的口环拆除，在车床上将口环安装孔车圆，然后根据车床加工的口环安装孔尺寸，使用黄铜加工新的口环，进行回装，见图1-30。

图 1-29 修复后第 14 级泵壳

图 1-30 修复后第 13 级泵壳

（5）对于其他各级腐蚀不严重的泵壳端面，在确认不影响使用后，未做处理。

经过以上步骤修复后，对工艺水泵P-03004B进行回装、试车，设备一次开车成功，振动、温度正常，出口压力、流量均符合工艺要求，驱动电机电流降低到90A，较P-03004A泵电流值低5A，说明修复后的P-03004B泵效率高于P-03004A泵，修复后的P-03004B泵已能够满足工艺使用要求，此次多级离心式工艺水泵修复工作取得成功。

11.6 故障警示

零部件的修复是快速恢复设备使用性能、延长设备使用寿命的重要方法，在本案例中，工艺水泵P-03004B泵壳在介质的长期冲刷腐蚀下，高压侧泵壳出现多处失效，已经无法满足使用要求，但通过制订切实可行修复方案，成功完成了泵壳的修复工作，使设备在短时间内恢复性能，重新投入生产使用。

（本案例已在《化工设计通讯》杂志2020年第46卷第3期发表，并有局部修改；本案例撰写人：石宽宽）

12 甲醇装置辅锅给水泵止推轴承故障分析案例

12.1 故障概况

某甲醇装置辅锅给水泵（P-14001B）为11级筒式多级离心泵，型号为GSG80-260/11S，大连苏尔寿泵及压缩机有限公司制造。该泵的主要功能为：泵送脱氧槽炉水至辅锅汽包，有关额定参数见表1-12。

表1-12 GSG80-260/11S额定参数

介质密度 /（kg/m^3）	温度 /℃	进口压力 /MPa（A）	出口压力 /MPa（A）	转速 /（r/min）
941.00	122.00	0.20	6.00	2985

2022年7月18日上午查看故障报告时，发现15日下午甲醇一期运行三班记录了一个故障报告（P-14001A非驱动端异响声大），到现场复查时发现P-14001B止推轴承有杂音。

12.2 故障发现过程

（1）7月18日确认P-14001B止推轴承有杂音。

（2）测量止推轴承壳振均在1.8mm/s左右，轴承温度正常。

（3）7月19日更换止推轴承。拆检发现止推轴承属于均匀磨损，滚柱、滚道、保持架无点蚀、划痕迹象；轴承内外圈无跑套迹象；滚道无高温变色迹象。

12.3 故障分析诊断过程

（1）近1个月止推轴承壳体振动均在1.5mm/s左右。根据ISO 10816机泵振动级别评价A/B 2.8；B/C 4.5，机泵运行在良好范围内，见图1-31。

（2）轴承杂音的出现是轴承早期磨损的迹象。

12.4 故障验证情况

经过拆检，验证了止推轴承早期故障结论的正确性。

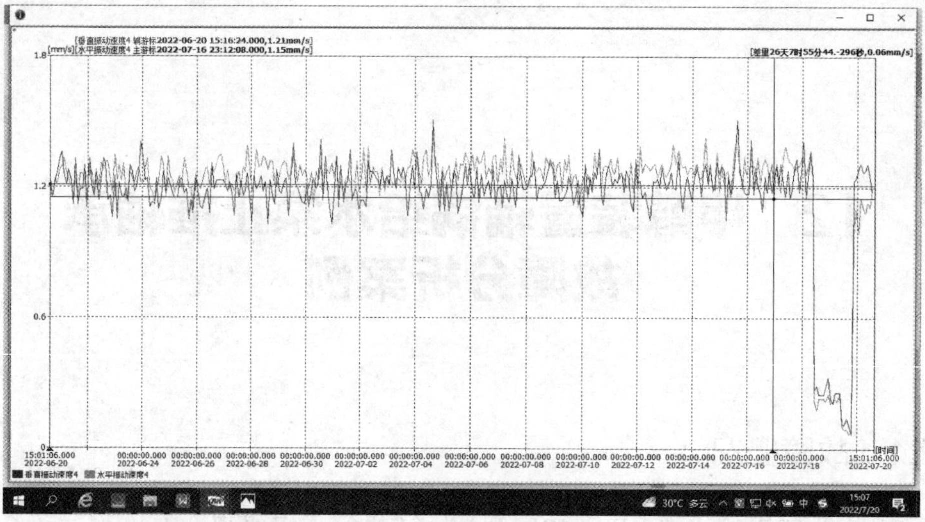

图 1-31　P-14001B 无线振动速度有效值（历史趋势图）

12.5　故障处理情况及效果

更换止推轴承后泵运行正常。

12.6　故障警示

（1）机泵振动监测只是监测手段的一种，振动杂音的监测也非常重要。

（2）对大型机泵加强润滑油维护，确保良好的润滑状态。

（本案例撰写人：王吉法）

13　脱盐注水泵机械密封泄漏故障分析案例

13.1　故障概况

13.1.1　设备结构型式

脱盐注水泵结构型式如图1-32所示。

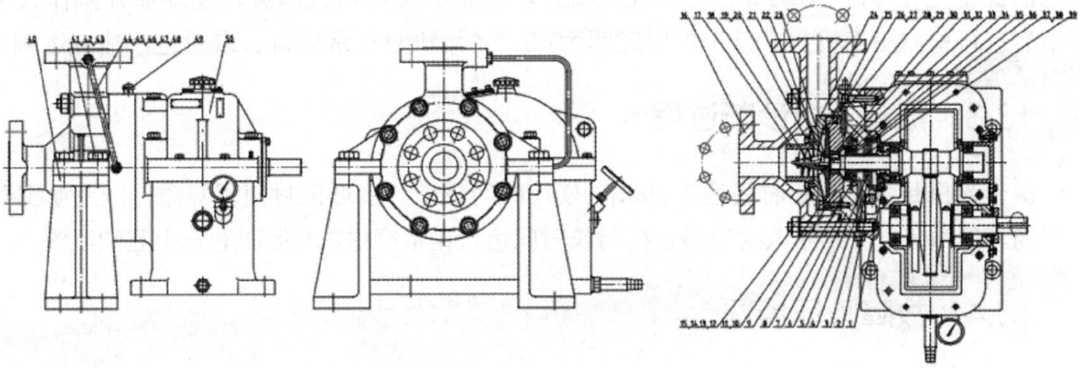

图1-32　脱盐注水泵结构型式

13.1.2　主要参数

脱盐注水泵主要参数如表1-13所示。

表1-13　脱盐注水泵主要参数

设备名称	二级脱盐注水泵	转速 /（r/min）	9022
设备型号	GSB-F-26/215	扬程 /m	220
制造单位	浙江天德	流量 /（m^3/h）	20.2
泵轴功率 /kW	29.91	介质	脱盐注水
故障密封型号	60A-51A	更换密封型号	60A-51A

13.1.3　主要功能

二级脱盐注水泵主要作用是将净化水通过机泵升压注入电脱盐系统。原油电脱盐主要是通过注水，使原油中的盐溶解在水中，同时加入破乳剂破坏乳化状态，在电场作用下，使微小水滴聚结成大水滴，在重力的作用下，使油水分离。因此二级脱盐注水泵对电脱盐系统的脱盐效果及结果起到关键作用，脱盐效果恶化可直接使装置的生产负荷提高，导致后续设备的腐蚀速率增大，所以此机泵的安全平稳运行尤为重要。

13.1.4 故障基本情况

P-1113A此前运行比较平稳，无其他异常现象，直至2022年1月4日介质端机封微漏，1月6日巡检发现机封泄漏量增大，随即更换机封，拆开发现机封O形圈老化、密封面磨损、静环卡死。

13.2 故障发现过程

2022年1月4日，巡检人员发现机泵运行过程中机封微漏，故障发生后查询了设备档案，该机封累计运行时间为21600h，同时向专业主管及工程师汇报泄漏情况，因该泵所输送介质为水，对环境及生产无太大影响，泄漏量也较小，工程师要求对该泵加强观察、注意泄漏量变化情况，1月6日巡检发现机封泄漏量有明显增大趋势，随即通知操作人员切泵后进行检修更换机封。整个检修时间为6h，备用机泵正常运行，未对生产造成影响。

13.3 故障分析诊断过程

由于该机封累计运行时间达21600h，使用时间较长，接近机封使用寿命，经专业主管和现场工程师分析，判断该次泄漏是机封长时间运行正常磨损或O形圈老化引起的泄漏。

13.4 故障验证情况

检修前复查对中在正常范围内，拆卸发现机封O形圈老化严重无弹性，动静环密封面磨损严重，静环密封面与新静环对比低0.1mm，动环接触面磨损沟槽深度约为0.2mm，如图1-33、图1-34所示，机封位置轴颈无磨损。静环与压盖间油泥锈渣较多，按压静环无弹性，起不到回弹补偿作用。机封密封腔泥垢较多，容易进入动静环密封面引起泄漏，检修后对中数据如图1-35所示，解体检查发现实际故障原因跟专业主管和工程师现场分析相吻合。

图1-33 机封静环磨损

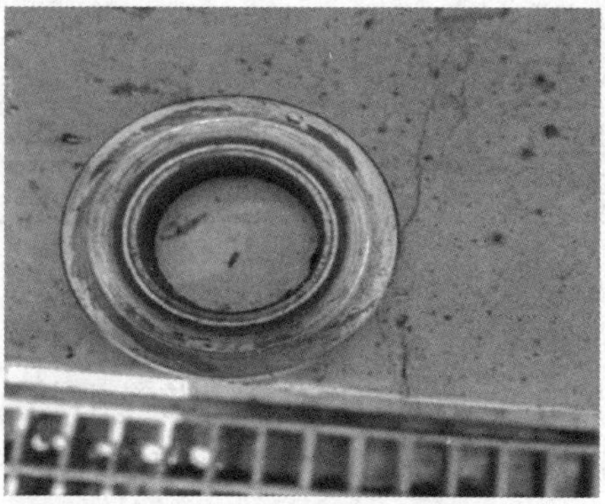

图1-34 机封动环磨损

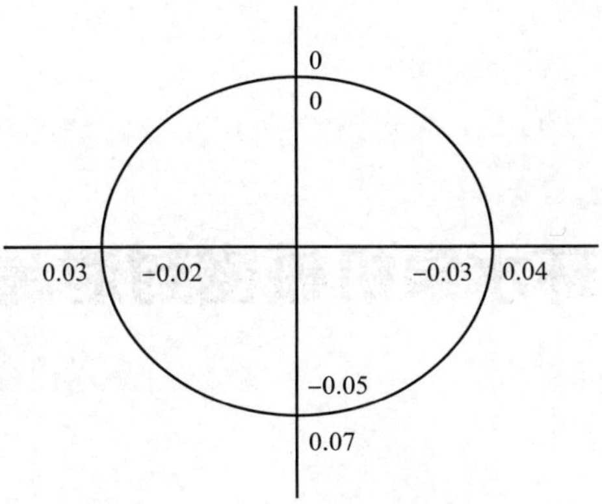

图 1-35　检修后对中数据

13.5　故障处理情况及效果

因机封密封面磨损严重不能继续使用，对机封进行更换，检修后机泵运行正常，新机封没有泄漏。由于此泵介质较脏，机泵入口过滤器经常堵塞，易引起机泵抽空，缩短机封使用寿命。今后定期进行预防性过滤器清理，防止过滤器堵塞引起机泵抽空，减少杂质对机泵机封寿命造成的影响。

13.6　故障警示

（1）关注自冲洗管线是否畅通，确保机封运行环境良好。

（2）对机封运行时间较长的设备加强监控，及时进行预防性维修。

（3）增加过滤器清理频次，防止机泵抽空引起设备故障。

（本案例撰写人：邹恩操、张常亮）

14　BFW循环水泵机械密封泄漏故障分析案例

14.1　故障概况

尿素装置BFW循环水泵的作用是将低压蒸汽汽包产生的蒸汽冷凝液输送到高压池式冷凝器管侧，从而带走高压池式冷凝器壳程工艺侧的气相冷凝以及甲胺生成反应所放出的热量，并形成低压蒸汽。该泵为单级单吸悬臂式离心泵，采用膜片式联轴器与驱动电机连接，在泵的驱动端轴径处设置有一对型号为7310、安装方式为背对背（BD）角接触球轴承。该轴承采用卡簧定位，并起到支撑泵轴和止推的作用，在泵的非驱动端安装有一个型号为NU310的圆柱滚子轴承，主要用来支撑泵轴。该泵密封形式为单端面集装式机械密封，机械密封冷却冲洗采用泵本身输送的介质从出口引入到外加换热装置冷却后，再输送到机械密封内部对动静环进行冷却和冲洗。BFW循环水泵性能参数如表1-14所示，其结构如图1-36所示。

表1-14　BFW循环水泵性能参数

项目	参数
型式 / 型号	离心泵 /ZE8 250-3315
温度 /℃	155
进口压力 /MPa	0.631
出口压力 /MPa	0.756
流量 /（m^3/h）	384
轴功率 /kW	19.3
转速 /（r/min）	1470
扬程 /m	13.8

14.2　故障发现过程

2020年5月，BFW循环水泵由于机械密封泄漏而停车检修，拆检发现机械密封动静环磨损、机械密封内部有大量结垢和杂质，于是对机械密封的动环、静环、弹簧座、弹簧及各辅助O形圈进行了更换，并对静环座、轴套、叶轮、泵盖进行了除垢、清洗和吹扫。更换机械密封后，按照工艺操作要求进行灌泵对机械密封做静压试验，机械密封不泄漏，且在手动盘车的过程中机械密封依然不泄漏，由此判定更换的机械密封保持了自身良好的密

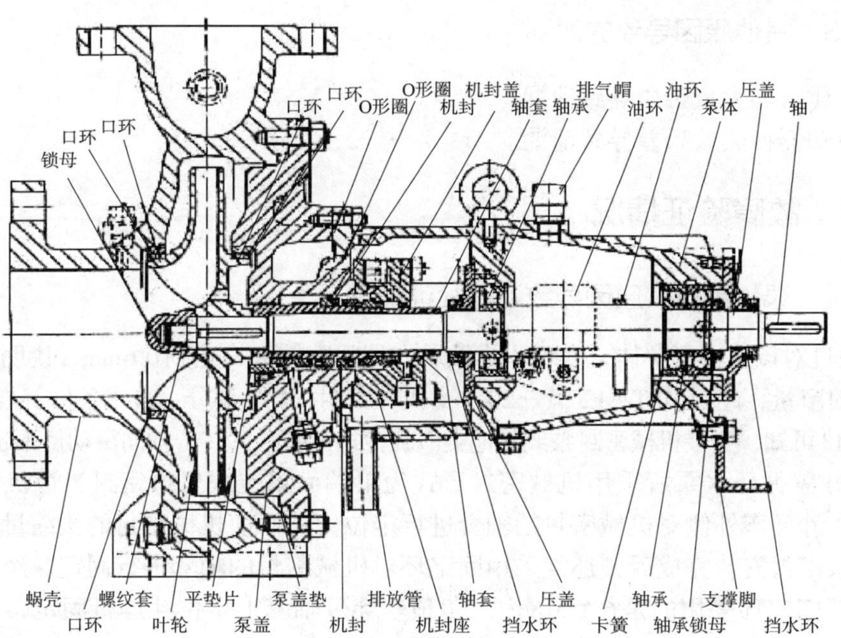

图 1-36 BFW 循环水泵结构示意图

封性能，达到开车的条件。当开车运行后机械密封开始泄漏且泄漏量越来越大，介质从轴套表面大量漏出，由于泄漏量大，被迫停泵再次检修；第二次更换机械密封后，对机械密封做静压试验，机械密封不泄漏，当开车运行后机械密封开始泄漏且泄漏量越来越大，介质从轴套表面大量漏出，停泵再次更换机械密封；第三次更换机械密封后试车与第一次更换机械密封后试车和第二次更换机械密封后试车结果一样。

14.3 故障分析诊断过程

经过多次对机械密封进行更换并对机械密封进行解体检查，根据该泵工艺流程，结合现场实际情况，对造成机械密封泄漏的原因进行分析并逐一排查确认，主要有以下几点：

14.3.1 泵轴窜量大原因导致泄漏

(1)轴承末端间隙大，导致泵在运行时，泵轴来回窜动量较大，当泵轴的窜量过大时机械密封的压缩量将发生改变，压缩量的改变不能稳定地维持机械密封所需端面比压，导致机械密封面不能起到密封作用，要保证机械密封有一个恒定的端面比压，泵轴的窜量必须达到要求。

(2)轴套固定不可靠，导致泵在运行时由于介质压力、流量波动、泵振动、泵轴窜动等原因导致轴套带动动环来回窜动，造成机械密封泄漏。

14.3.2 辅助密封圈原因导致泄漏

轴套O形圈不合格，与轴套O形圈槽不匹配，造成机械密封泄漏。

14.3.3 其他原因导致的泄漏

（1）介质含有大量杂质导致泄漏；
（2）冷却器换热效果差导致泄漏。

14.4 故障验证情况

14.4.1 泵轴窜量大原因导致泄漏验证情况

（1）通过对该泵进行解体，发现止推轴承末端间隙较大，达到0.6mm，说明泵在运行时有0.6mm的窜量，超过JB/T 4127.1—2013《机械密封　第1部分：技术条件》规定。由JB/T 4127.1—2013可知，安装机械密封泵或其他类似旋转式机械时，转子轴向窜动量不超过0.3mm。

（2）BFW循环水泵所采用机械密封形式为单端面集装式机械密封，该机械密封采用定位卡片在静环座外侧对机械密封的轴套进行定位，从而使机械密封的压缩量达到设计要求。当机械密封安装完成后，还需采用固定环对机械密封的轴套进行固定。经过测量发现机械密封的固定环采用的是6个M8内六角顶丝穿过轴套上定位孔进行固定，而轴套上定位孔直径为8.8mm，而M8内六角顶丝大径约7.8mm，导致轴套存在1mm的活动量，造成泵在运行时轴套窜量较大，造成机械密封泄漏。

14.4.2 辅助密封圈原因导致泄漏验证情况

通过对轴套O形圈、动环O形圈、静环O形圈检查，与图纸型号对比发现轴套处O形圈尺寸偏差大，其线径明显小于轴套上O形圈槽宽，O形圈内径偏小，停车后能够直观地看见介质从轴套与泵轴配合面之间漏出。

14.4.3 其他原因导致的泄漏验证情况

（1）通过对机械密封进行解体，发现介质中含有大量硬性颗粒杂质，这些杂质附着在动静环外圆表面、弹簧座内部、叶轮六道、蜗壳内部等。在开车过程中，这些杂质随着介质直接进入动静环密封面之间，产生局部点摩擦，使密封断面产生磨损和破坏，从而造成泄漏。另外，这些杂质也会进入补偿弹簧之中，造成弹簧补偿不及时、弹力不均匀，导致补偿失效，造成机械密封泄漏。

（2）通过对机械密封冷却器清理，发现换热管外表面有大量结垢，这些结垢堵塞在整个冷却器中，导致循环水流动受阻，造成机械密封冷却水热量不能被及时带走，动静环得不到良好冷却和冲洗，无法带走动静环旋转摩擦产生的热量，加上介质自身温度较高（155℃），进一步加剧机械密封运行环境恶化。

14.5 故障处理情况及效果

14.5.1 处理措施

（1）调整轴承末端间隙，使其符合设计要求

为了消除窜量对机械密封运行的影响，需要对轴承的安装技术要求进行优化调整，将

轴承末端间隙调整至设计要求，保证泵轴的轴向窜动量不超过0.3mm。经测量轴承末端间隙为0.6mm，决定在轴承外圈端面加0.5mm厚不锈钢垫片，控制轴承末端间隙在0.1mm，使其符合设计要求。

（2）相对固定轴套与轴

为了消除轴套因没有完全固定而产生1mm窜量，决定在机械密封固定环上增加3个顶丝孔，使6个顶丝作用在轴上，3个顶丝作用在轴套上，确保轴套固定可靠，达到消除轴套窜量的目的。

（3）更换合格轴套O形圈

为了保证机械密封各辅助密封圈的密封性能，必须采用与设计图纸材质、尺寸等规格参数相同的O形圈。

（4）清理BFW循环水泵入口滤网

为了解决介质中杂质多的问题，清洗该泵入口滤网，并提出将滤网目数适当提高的建议，保证滤网对进入泵内介质中的杂质进行有效过滤。

（5）清理机械密封冷却器

为了保证机械密封良好的冷却和冲洗，带走动静环旋转摩擦产生的热量，解体清洗冷却器，清理换热管外表面结垢，同时对冷却器出口管和入口管采取疏通、吹扫等措施，保证机封冷却器高效运行。

14.5.2 处理效果

通过分析BFW循环水泵机械密封频繁泄漏原因和处理措施的实施，有效地消除了机械密封运行中存在的不利因素，保证了BFW循环水泵一次开车成功，并安全平稳运行至今。

14.6 故障警示

通过本故障案例对后续该泵的运行维护建议如下：

（1）定期清理机封冷却器；

（2）定期清理入口过滤网；

（3）通过工艺方面操作、排查，提高介质的清洁度；

（4）检修时，按照规程操作，保证机械密封各项安装达到技术要求，保证机械密封的安装质量。

（本案例已在《大氮肥》杂志2022年第45卷第5期发表，并有局部修改；本案例撰写人：廖智全）

15 柴油加氢装置进料泵断轴故障分析案例

15.1 故障概况

15.1.1 结构型式

柴油加氢进料泵P-1101B为单级、单吸、悬臂、齿轮箱增速、辅助油泵强制润滑、卧式结构的高速离心泵，其结构如图1-37所示。

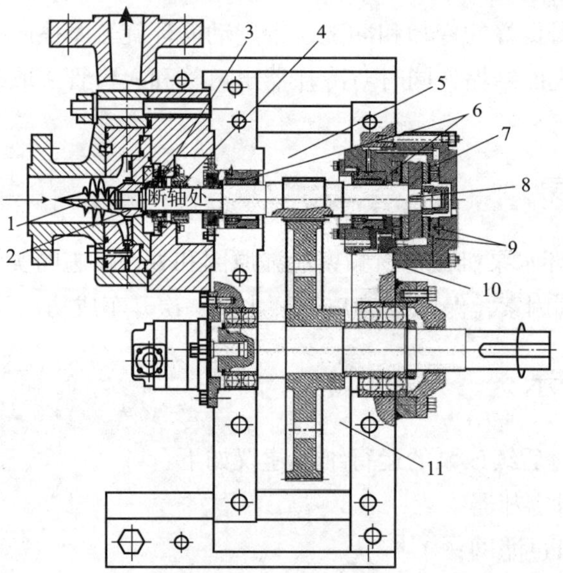

图1-37 高速泵P-1101B结构图

1—诱导轮；2—叶轮；3—机械密封；4—梳齿密封；5—泵体；6—径向轴瓦；7—平衡毂；8—泵轴；9—推力瓦；10—增速齿轮；11—增速箱

15.1.2 主要参数

高速泵P-1101B设计及运行参数如表1-15所示。

表1-15 高速泵P-1101B设计及运行参数

型号	流量/(m^3/h)		扬程/m		效率/%	叶轮直径/mm	转速/(r/min)		轴功率/kW
	设计	实际	设计	实际			低速轴	高速轴	
GSB-Q-47/1000	47	33	989	992	47	142	2980	15800	280

15.1.3 主要功能

高速泵P-1101A/B/C是某柴油加氢装置的关键设备，其主要作用是将原料罐中的催化柴油，经高速泵P-1101A/B/C升压后与反应系统循环氢混合，通过加热炉加热后进入加氢精制反应器进行脱硫、脱氮、脱氧、烯烃饱和等反应。高速泵P-1101A/B/C为一开二备使用，其平稳运行是装置长周期运行的重要保障。

15.1.4 故障基本情况

高速泵P-1101B高速轴断裂发生在润滑油密封位置附近，开始并未完全断裂，机泵检修时在拆卸诱导轮过程中高速轴完全断裂；高速轴的未完全断裂导致转子非同心运转，造成诱导轮、叶轮、轴套磨损损坏。其泵轴断裂位置见图1-38。

图1-38 泵轴断裂实物及断裂位置

15.2 故障发现过程

2019年11月25日23:17，高速泵P-1101B故障停运，机封泄漏，泵出口流量由33m^3/h降至0，电机电流由13A降至0，加热炉联锁停炉，外操现场立即关闭进料泵P-1101B出口阀，切换至备用泵P-1101C运行，反应系统重新点炉升温，逐步恢复生产，此次高速泵故障停运对柴油加氢装置造成短时间原料中断的影响。

15.3 故障分析诊断过程

高速泵P-1101B故障停运后，根据现场高速泵P-1101B机封泄漏情况对机泵进行盘车，发现盘不动车，初步判断高速泵P-1101B可能会出现抱轴、轴弯曲、轴断等故障。

15.4 故障验证情况

15.4.1 机泵的拆检过程

对高速泵P-1101B机泵进行拆检，拆检过程中发现诱导轮、叶轮、隔板磨损，一开始，高速轴并未完全断裂，高速轴的完全断裂发生在拆卸诱导轮时候。泵轴断裂处的轴径为ϕ32mm，泵轴断裂为一短一长的两个部分，分别标记为A面和B面，且断轴处存在明显的磨损痕迹，见图1-39。

图1-39 断裂泵轴实物及断裂位置

裂纹源区在泵轴断口的一侧表面处，裂纹由泵轴表面向内扩展；裂纹扩展区的断口平坦，没有明显的塑性变形，断口上有“贝纹状”

的疲劳弧线，其大小约占整个断口的2/3；断裂区（即瞬断区）较为粗糙，其大小约占整个断口的1/3，仅在泵轴边缘处有小小的剪切唇，见图1-40。

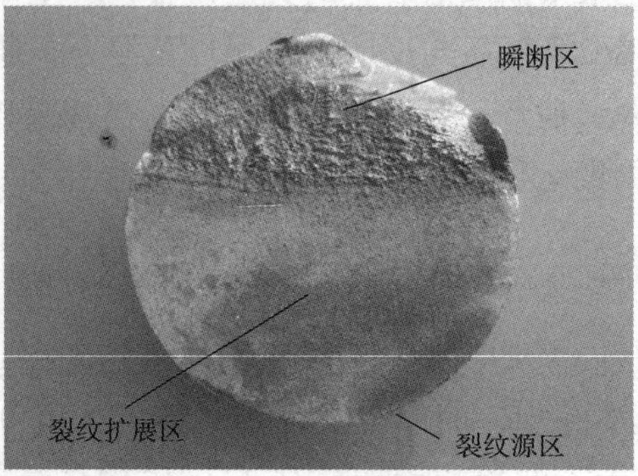

图1-40　泵轴断裂面（A）

15.4.2　断轴故障的原因分析

（1）机泵断轴前的运行状态检查

高速泵P-1101B在高速轴断裂前，机泵出口压力、出口流量均在正常范围内，机泵运行无异响，机身振动在允许范围内，并未出现振动过大等现象，说明机身振动并不是造成高速轴断轴的原因，高速泵P-1101B运行状况见表1-16。

表1-16　高速泵P-1101B断轴前机泵运行状况

项目	泵出口流量/（m^3/h）	泵出口压力/MPa	高速轴自由端/（mm/s）		
			水平振动	垂直振动	轴向振动
P-1101B	33	10	2.8	1.5	2.3

（2）高速轴制造质量缺陷

高速轴断裂部位一般集中在应力集中的变径点或螺纹部位，而此次在非应力集中部位断裂，可能与泵轴锻造后加工质量存在缺陷，诸如加工过程中出现表面环向划痕等因素有关。图1-39显示断轴部位有环向摩擦痕迹，可能是出现断轴的诱发因素。

（3）高速轴材质与出厂资料要求不符

依据相关标准，从泵轴断裂面上取块状样品，使用光谱仪等仪器，对泵轴材质进行化学成分分析，结果表明该泵轴材质为20CrMnTi钢。

泵轴材料原始设计为42CrMo钢，通常为调质态（淬火+高温回火），其金相组织为回火索氏体，其综合力学性能（强度、韧性、冲击功等）均高于淬火+低温回火态的20CrMnTi钢，也就是说20CrMnTi钢的综合力学性能不如42CrMo钢，尤其是脆性要大于42CrMo钢。泵轴的实际材质与出厂资料要求的材质不符，可能是造成泵轴断裂的主要原因，泵轴材质的化学成分见表1-17，20CrMnTi与42CrMo材质力学性能对照参数见表1-18。

表 1-17 泵轴材质的化学成分 %（质量分数）

项目	C	Si	Mn	P	S	Cr	Ti	Mo
泵轴	0.217	0.235	0.819	0.0163	0.0018	1.08	0.0534	
20CrMnTi	0.17~0.23	0.17~0.37	0.80~1.10	≤ 0.030	≤ 0.030	1.00~1.30	0.04~0.10	—
42CrMo	0.38~0.45	0.17~0.37	0.50~0.80	≤ 0.030	≤ 0.030	0.90~1.2	—	0.15~0.25

表 1-18 20CrMnTi 与 42CrMo 力学性能对照表

项目	抗拉强度 R_m	下屈服强度 R_{elb}	断后延长率 A	断面收缩率 Z	冲击吸收能量 $KUzc$	硬度
单位	MPa	MPa	%	%	J	HBW ≤
20CrMnTi	1180	850	10	45	55	217
42CrMo	1080	930	12	45	63	229

（4）高速泵的疲劳损伤

高速泵P-1101B实际运行参数偏离了设计工艺参数运行工况（设计流量47m^3/h，实际运行流量33m^3/h），产生短期激烈振动或长期振动。

使用扫描电镜，对泵轴断口（A）进行微观形貌观察和元素成分能谱分析。裂纹起源于泵轴表面处，向内扩展；在裂纹扩展区断口平坦，有明显的裂纹扩展方向；能谱分析表明，泵轴断口处并未受到腐蚀性元素的影响，元素构成为Fe、Cr及少量的O，见图1-41、图1-42。

在泵轴断口的瞬断区，有大量的韧窝存在，见图1-43。可见，泵轴断裂性质是单纯的机械疲劳断裂。

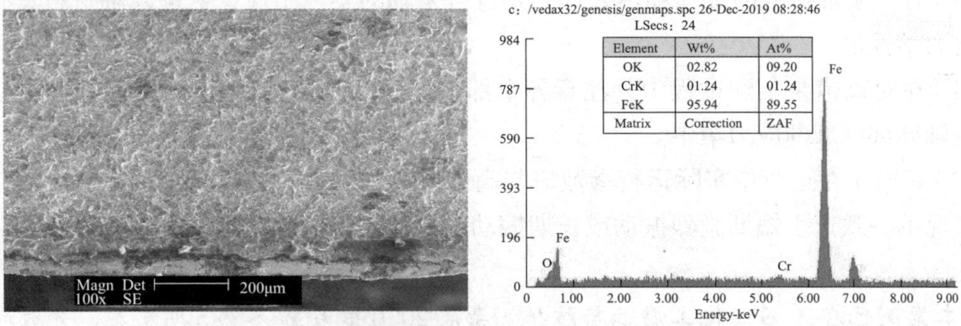

图 1-41 泵轴断口的 SEM+EDS（裂纹源区）

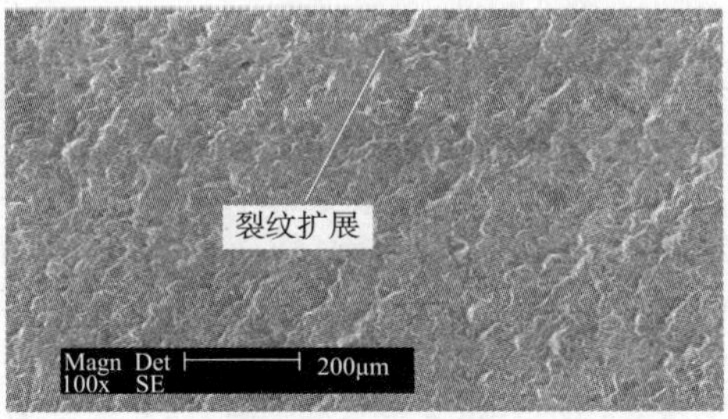

图 1-42 泵轴断口的 SEM（裂纹扩展区）

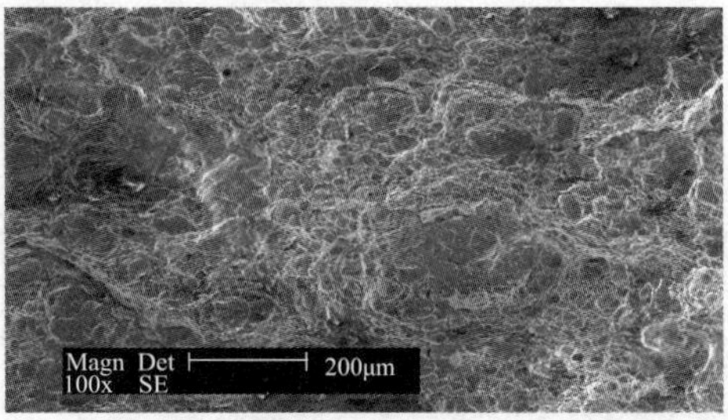

图 1-43 泵轴断口的 SEM（瞬断区）

15.5 故障处理情况及效果

15.5.1 高速泵的检修处理

高速泵P-1101B在运行过程中发生泵轴断裂故障，更换了新的高速轴、诱导轮、叶轮、前轴套、后轴套、隔板等设备配件。

15.5.2 高速泵的更新改造

为了让高速泵P-1101B更加贴合实际的运行工况，对该泵进行更新改造，将设计流量由47m^3/h减至35m^3/h，更换了导流套、叶轮、泵体、泵盖、诱导轮、导叶、隔板。

2022年6月9日，高速泵更新改造完成，更新改造后高速泵运行6个月以来，机泵出口压力、出口流量均正常，机身振动在标准范围内，改造后机泵运行状况见表1-19。

表1-19 改造后高速泵P-1101B机泵运行状况

项目	泵出口流量/(m^3/h)	泵出口压力/MPa	高速轴自由端/(mm/s)		
			水平振动	垂直振动	轴向振动
P-1101B	33	10	2.7	1.4	1.7

15.6 故障警示

(1)对于泵轴材料的选择和热处理，要符合泵轴的实际工况，保证泵轴材料具有良好的综合力学性能。

(2)在对高速泵装配过程中，注意各个部件之间的配合，防止局部产生较大的磨损，造成泵轴局部区域的应力集中。

(3)高速泵在运行中实际运行参数应与高速泵设计工艺参数运行工况保持一致，避免因为工况不一致产生短期激烈振动或长期振动，可能会造成高速轴断裂。

(本案例已在《石油化工腐蚀与防护》杂志2020年第37卷第5期发表，并有局部修改；本案例撰写人：张大勇、王兴能)

16 磁力泵轴抱死故障分析案例

16.1 故障概况

16.1.1 结构型式

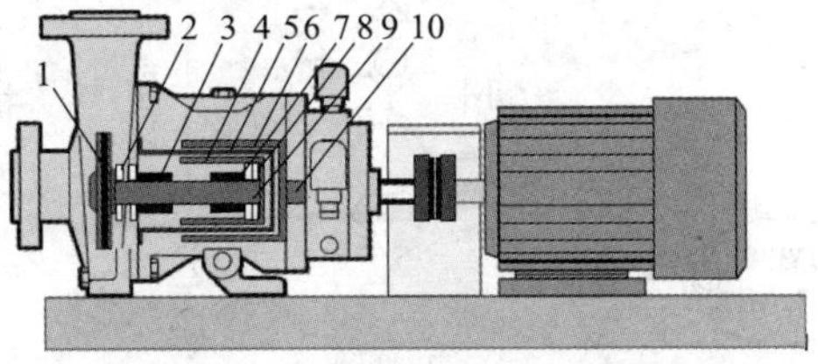

图 1–44 J433A/B 磁力泵结构图

1—叶轮；2—前推力轴承；3—前径向轴承；4—内磁缸；5—隔离罩；6—外磁缸；7—后径向轴承；8—后推力轴承；9—泵内轴；10—泵外轴

J433 A/B磁力泵是由泵、磁力传动器、电动机三部分组成，如图1–44所示。磁力泵的叶轮、泵内轴、内磁缸、前后径向轴承和前后推力轴承组成内磁转子，被隔离罩密闭在工作腔内，隔离罩与泵体的静密封取代轴端密封达到零泄漏，隔离罩外的外磁缸和泵外轴组成外磁转子，由电机通过联轴器传递扭矩，内磁缸与外磁缸磁力相互作用，使叶轮同步高速旋转工作。

16.1.2 主要参数

J433 A/B磁力泵性能参数如表1–20所示。

表 1–20 J433A/B 磁力泵性能参数

制造厂家	英国汉胜工业	型号	8 × 6 × 11.5–F–A7 ESS
转速	2900r/min	流量	366m³/h
介质	精甲醇	温度	120℃
进口压力	0.8MPa	出口压力	1.5MPa

16.1.3 故障基本情况

J433 A/B磁力泵在检修后开车反复出现轴抱死情况：磁力泵B泵倒为A泵运行操作时，A泵抱死，但检修后A泵在开车几分钟内，轴再次抱死，反复两次情况基本一样。

16.2 故障发现过程

2015年1月17日，工艺操作人员在将运行的B泵倒为A泵运行操作时，A泵抱死，检修人员随即展开检修。根据经验，磁力泵传动轴抱死，基本上都是内磁转子抱死，而内磁转子抱死都是碳化硅轴承损坏造成的。经解体检修故障泵，发现碳化硅轴承损坏，特别是后轴承损坏较重。但检修后的泵在开车几分钟内，轴再次抱死，反复两次情况基本一样。磁力泵J433A/B不能同时停1h，否则D332罐将溢罐，装置被迫停车。

16.3 故障分析诊断过程

厂家现场技术员之前曾多次和维修人员一起检修，厂家技术员认为整个检修过程的程序很规范，质量控制很到位，检修质量是没有问题的。如果检修质量没有问题，那么就是开车环节了。通过对磁力泵结构特点，以及设备操作手册要求和现场开车程序的梳理，初步认为问题应该出在开车方面。

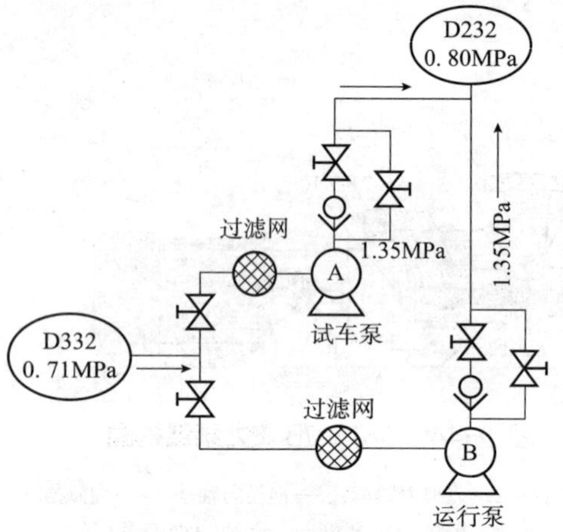

图 1-45 磁力泵工艺流程图

如图1-45所示，普通离心泵即轴端密封为机械密封的开车程序：B为运行泵，A为检修好的试车泵，操作人员首先将A泵出口阀关闭，将入口阀缓慢打开进行灌泵，入口压力低的可打开出口旁路阀灌泵，同时打开高处排气阀排气，之后关闭旁路阀，盘车检查正常后启动A泵，当出口压力正常后，缓慢打开A泵出口阀，同时关闭B泵出口阀。待A泵正常运行后，才关停B泵。

磁力泵的内磁转子是依靠介质本身来润滑冷却的，设备操作手册强调，任何情况下不允许小流量运行，特别是严禁出口阀处于关闭状态，因为当泵的流量为零时，叶轮所吸收的功率就转变为热能传给所输送的介质，这将使甲醇汽化，缺乏润滑液的碳化硅轴承将很快磨损并损坏，因此要求，磁力泵启动前出口阀先开启1/4。

众所周知，化工装置工艺流程特点是连续、稳定的运行，工艺人员在倒泵和试车操作时，为保险起见及确保工艺的运行稳定性，通常要求试车泵运行正常后，才关停另一台泵。问题就出在这里，如图1-45所示，首先看泵入口管道设计，A、B泵共用一根入口管线，如果B泵运行状态下启动A泵，势必出现两台泵抢流量而造成入口流量不足，而B泵一直处于正常运转状态，并且磁力泵是由变频电机驱动，启动过程是个逐步升速的过程，在这段时间里，正在启动的A泵由于转速较低，入口流量抢不过正常运行的B泵。再看出口管道的布局，A、B泵出口管线也是汇合到一根管线上，正常运行的B泵出口压力高达1.35MPa的甲醇，完全将A泵出口止逆阀死死顶住，只有A泵出口压力也达到1.35MPa才能顶开止逆阀。因此，在A泵止逆阀打开之前这段时间里，A泵一直处于无流量运行，此时泵的流量虽然为零，但叶轮所做的功并不为零，这使叶轮做功产生的热能及碳化硅轴承摩擦产生的热能，全部给甲醇吸收，吸收大量热能的液体甲醇，温度一旦超过饱和气化温度将迅速气化，无液体润滑的碳化硅轴承很快损坏。不断膨胀的气态甲醇，使转子轴向力变大，同时电机升速的过程也使转子轴向力加大，二者变大的轴向力叠加，造成后止推轴承片最先损坏。

故得出结论：倒泵时先关停B泵再启动A泵。

16.4 故障验证情况

倒泵时先关停B泵再启动A泵，两台泵就不会出现入口争抢流量的情况，而且A泵的出口止逆阀的压力就不是B泵的出口压力1.35MPa，只要达到精馏塔D233的操作压力0.80MPa，A泵就可顶开出口止逆阀。计算可知，停B泵再启动A泵，泵只需要升压0.8–0.71＝0.09MPa；而不停B泵就启动A泵，泵则需要升压1.35–0.71=0.64MPa，B泵停和不停两种情况下启动A泵，打开止逆阀二者的压力相差约6倍。因此，该磁力泵不能按普通离心泵操作程序进行倒泵和开车。

经过拆检或相应的措施，验证了最初的分析诊断意见是正确的。

16.5 故障处理情况及效果

16.5.1 故障的处理情况

因确定磁力泵J433A/B检修后开车易发生抱轴的主要原因是不正确的开车程序后，对该泵的开车及倒泵程序进行了以下改进：

（1）利用管道上最高排气阀或在泵体上加装的排气阀彻底灌泵排气；

（2）由于介质温度太高，适当进行暖泵；

（3）进口阀保持全开状态，泵出口已经有止逆阀，所以出口截止阀也全打开；

（4）盘车检查无卡涩现象，同时也能搅动液体，排气更有利；

（5）特别强调，只有当运行泵按操作程序停止运行后，才能开始启动试车泵。

16.5.2 处理后的效果

按改进后的开车程序及一些辅助措施，磁力泵J433A/B顺利启动，并投入生产装置中。这次故障的成功处理，解决了困扰的生产问题，消除了给生产造成的不稳定因素，为今后出现类似故障提供解决思路。

16.6 故障警示

通过本故障案例可以看出，磁力泵J433A/B检修后开车程序是和普通离心泵有区别的。通过对磁力泵运行原理进行透彻的分析后，我们打破了这种因循守旧的机泵开车和倒泵程序，并且成功地解决了问题。因此，这起故障警示我们，在理论正确的基础上，要敢于突破和创新。

（本案例已在《化工设计通讯》杂志2016年第5期发表，并有局部修改；本案例撰写人：罗伟雄、卢志勇、陈钟）

17 甲醛循环泵盘车卡涩故障分析案例

17.1 故障概况

P1006B甲醛循环泵采用悬臂式单级离心泵，制造厂家为大连耐酸泵厂，型号为IH150-125-250，泵主要参数见表1-21，该泵主要功能为1#吸收塔打循环，介质为37%的甲醛溶液。P1006B甲醛循环泵盘不动车。

表1-21 P1006B甲醛循环泵主要参数

参数	单位	设计值	参数	单位	设计值
介质密度	kg/m^3	1110	压力	mH_2O	24.8
介质黏度	cP	—	流量	m^3/h	120
温度	℃	常温	*NPSHR* A/R	mH_2O	—
进口压力	MPa	常压	轴功率	kW	15
出口压力	MPa	0.248	转速	r/min	1460

17.2 故障发现过程

2022年10月20日，巡检发现P1006B甲醛循环泵机封处有部分甲醛聚合物，对机泵进行盘车，发现盘车存在卡涩现象，手动盘车已无法转动。由于P1006B是1#吸收塔唯一的备用泵，第一时间安排检修，降低对装置生产造成的影响。如果不及时发现备用泵问题，一旦在用泵时出现问题，装置将无泵使用，造成装置系统停车。

17.3 故障分析诊断过程

采用排除法对卡涩现象进行分析：

(1)机封位置存在大量甲醛聚合物且聚合物存在时间比较久。认为甲醛循环泵内部出现大量聚合物，导致叶轮无法转动，即盘车受限，导致盘车困难，直至卡死。

(2)近期雨水比较丰沛，检查轴承润滑油的状态，发现润滑油变成黏稠状态并存在乳化现象且含有部分水。认为轴承润滑出现问题，轴承生锈无法正常转动，导致盘车困难，直至卡死。

(3)通过经验判断，有可能是机封动静环破碎，导致轴被卡死，无法转动。

17.4 故障验证情况

经过拆检机泵发现，泵壳内没有发现甲醛聚合物、机械密封完好。打开轴承压盖，发现轴承箱内存在大量乳化的润滑油，且轴承生锈无法转动（见图1-46）。

泵壳内无甲醛聚合物

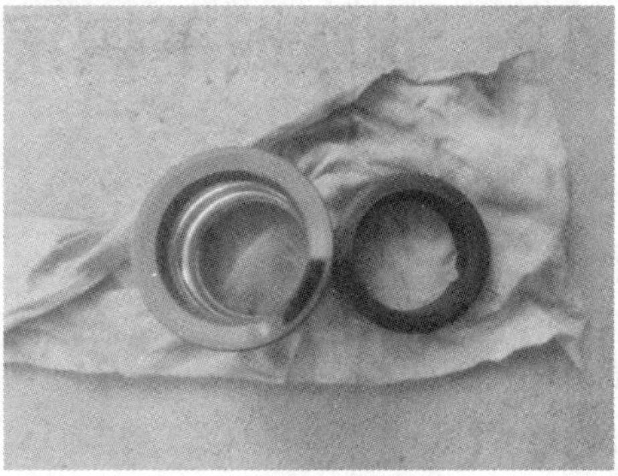

拆解机封未发现破碎

轴承箱内存在大量乳化润滑油

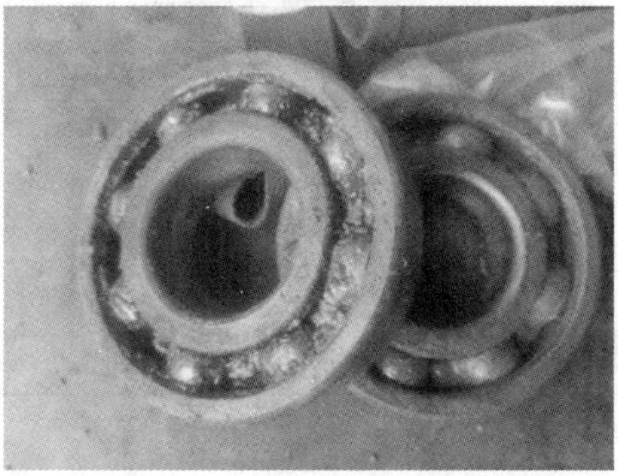

轴承生锈

图1-46 甲醇循环泵拆检情况

17.5 故障处理情况及效果

将卡涩的轴承进行更换，清洗轴承箱内部，直至洗掉全部乳化的润滑油。回装后，盘车无卡涩现象，备用处理。

举一反三：工厂所在地进入水分丰沛期后，要加强轴承润滑油、润滑脂的检查，防止油脂乳化，润滑效果下降，甚至失效，导致转动设备卡涩。

17.6 故障警示

通过本故障案例，应按时检查润滑油、润滑脂的状态，雨水丰沛期加大检查力度和频次，及时发现设备故障隐患。

（本案例撰写人：王明强）

18　滤液地下槽泵振值高故障分析案例

18.1　故障概况

试车时，滤液地下槽泵振动值突然升高，声音杂乱。

滤液地下槽泵主要参数如表1-22所示。

表 1-22　滤液地下槽泵主要参数

设备名称	滤液地下槽泵	设备位号	P03308A
设备型号	80LJYA-25	结构型式	离心泵
规格尺寸 /mm × mm × mm	1500 × 700 × 640	设备总重 /kg	1000
介质	黑水	流量 /（m^3/h）	25
操作压力 /MPa	常压	扬程 /m	25
操作温度 /℃	60	转速 /（r/min）	1459
电压 /V	380	功率 /kW	7.5

18.2　故障发现过程

前一次检修对泵轴、叶轮、背板等部件进行更换，试车刚开始时振动值为2.0mm/s，1min以后振动值突然升高，泵体轴承箱位置水平振动值为29mm/s，设备内发出的声音很杂乱。

18.3　故障分析诊断过程

18.3.1　外部检查

根据试泵现象进行分析，怀疑泵刚启动时未能将介质正常吸入，1min后正常打量时振动突然增大，造成这种现象的原因可能是管路不通。对出口管路进行检查，将泵出口阀法兰打开检查堵塞情况，未发现异常情况。将泵出口止回阀打开检查堵塞情况，未发现异常情况。对泵管路进行检查仍未发现异常。由于泵入口堆积了大量的污泥，泵回装过程中下接管及滤网已经插入泥中，为排除此项影响因素，对池内污泥进行清理。污泥清理后，重新启动泵，泵振动值未见减小。

18.3.2　数据分析

针对此情况，完全排除了外部影响因素，为此对泵进行解体检修。为更加准确地判断故障，决定利用频谱分析仪进行数据采集并分析故障。频谱图为典型的两个峰值，分别为：25Hz处峰值为24mm/s，50Hz处峰值约为9mm/s。电机转速为1459r/min，工频为25Hz，同时出现了1倍频故障频谱和2倍频故障频谱，从中可知故障原因为不对中、轴弯曲、不平衡等相关故障（见图1-47）。

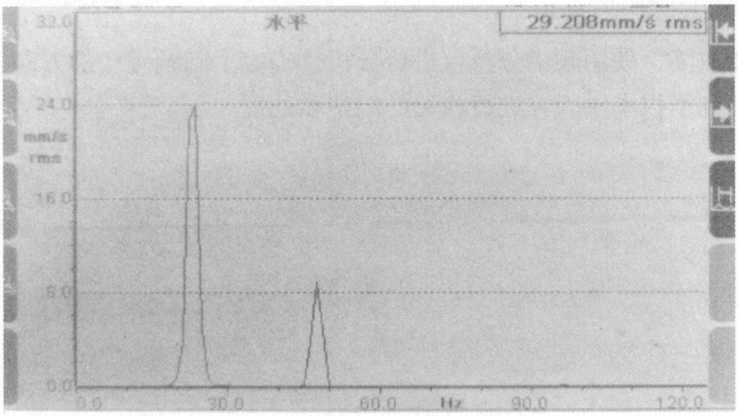

图1-47　频谱图

18.4　故障验证情况

拆解滤液地下槽泵检查发现以下问题（见图1-48）：

（1）检查轴与电机支座的同轴度最大为0.60mm；

（2）轴承箱支撑座上出现8道长度不一的裂纹；

（3）两个角接触轴承以及滚柱轴承均完好；

（4）叶轮背面口环及背板口环出现轻微磨痕；

（5）对轴进行弯曲度检查，结果为0.03mm。

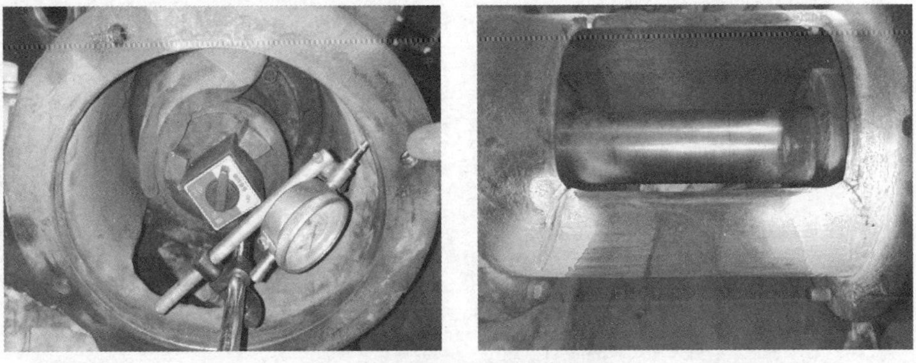

图1-48　滤液地下槽泵拆解

18.5 故障处理情况及效果

（1）针对电机支座的两个法兰端面进行平行度检查。更换新的电机支座，经检查新备件平行度为0.03mm。新机座与靠背轮之间的同轴度为0.02mm。

（2）针对轴承箱出现裂纹问题，更换新的轴承箱，并对轴承箱两个端面的平行度进行检查，平行度为0.02mm。

经试车轴承座水平振动值为1.2mm/s（检修前振动值为29mm/s）。温度、声音正常。

18.6 故障警示

此次泵振动故障，使用频谱分析仪进行分析，确定了问题查找的方向，有了针对性的检查、测量，找到了根本原因并进行相关的调整和处理。

（本案例撰写人：冯宝）

19　硫酸装置B系列干燥酸循环泵振动故障分析案例

19.1　故障概况

19.1.1　概述

干燥酸循环泵负责给干燥塔连续供酸，实现相关气体干燥，是硫酸装置的关键设备，其运行质量以及稳定性对于整个装置的连续生产起着至关重要的作用。

19.1.2　干燥酸循环泵结构型式

干燥酸循环泵的结构如图1-49所示。

19.1.3　相关参数

①设备名称：B系列干燥酸循环泵；
②型式：立式离心泵（液下泵）MTH-2258；
③位号：P2401；
④流量：570m³/h；
⑤扬程：20m；
⑥电机：110kW，380V；
⑦转速：1475r/min；
⑧功能：给干燥塔连续供酸，实现相关气体干燥。

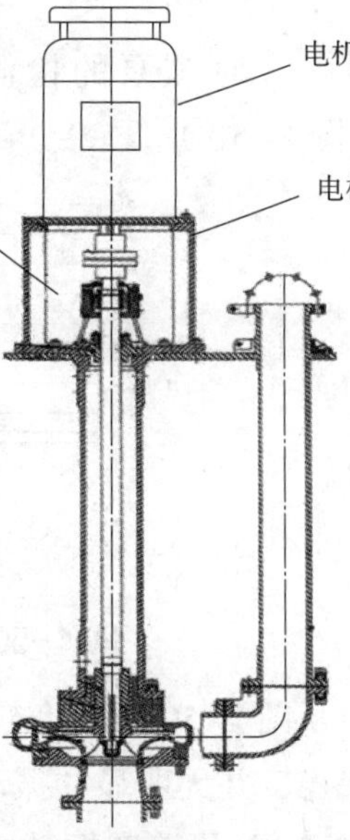

图1-49　干燥酸循环泵结构图

19.1.4　设备运行状态标准

①立式离心泵振动标准按照JB/T 8097《泵的振动测量与评价方法》;
②立式离心泵轴承运行温度标准按照JB/T 5294《大型立式单级单吸离心泵技术条件》。

19.1.5　故障基本情况

硫酸装置B系列P2401干燥酸循环泵，2022年1月11日在进行例行巡检时，监测到该泵轴承位处振动值从平时的4.5mm/s增大至9.4mm/s，超过振动值合格标准7.5mm/s，轴承位温度32℃。经过对该泵轴承座、电机座（电机与泵连接处）、电机尾端进行振动值检测，初步判断为电机损坏引起的泵振动。

19.2 故障发现过程

2022年1月6日，使用vm-63a型号测振仪、62MAX型号红外测温仪进行例行巡检时，检测到该泵轴承座处振动值6.3mm/s，轴承位温度30℃。技术人员使用听诊器对轴承进行触听无杂音、手触摸轴承座轴承转动振感无明显顿挫，初步判断轴承无故障，采取提高巡检频次，特护运行措施。

2022年1月11日，对该泵轴承座处检测时发现振动值升高至9.4mm/s，轴承位温度32℃，振动值超过了振动值合格标准7.5mm/s。技术人员随后对轴承座、电机座（电机与泵连接处）、电机尾端进行振动值检测。检测发现电机座（电机与泵连接处）振动值达到了34.5mm/s，电机尾端振动值达到了62.2mm/s，振动值严重超标，确定振动原因为电机振动过大引起的泵振动。

19.3 故障分析诊断过程

（1）对该泵的检测数据趋势图进行分析可知，该泵运行状态一直都较为平稳（见图1-50）。

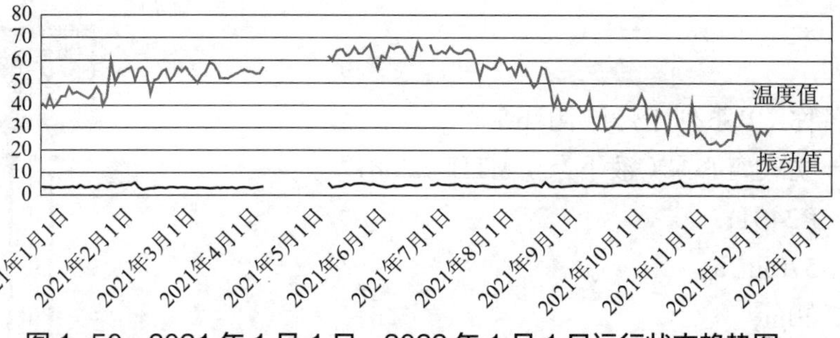

图1-50　2021年1月1日—2022年1月1日运行状态趋势图

从图1-50运行状态趋势图可以看出，该泵2021年1月1日至2022年1月1日全年运行较平稳，并无明显的振动上升趋势。

（2）为了确定振动原因，现场使用vm-63a型号测振仪对轴承座、电机座（电机与泵连接处）、电机尾端三处部位进行振动值检测。检测数据见图1-51。

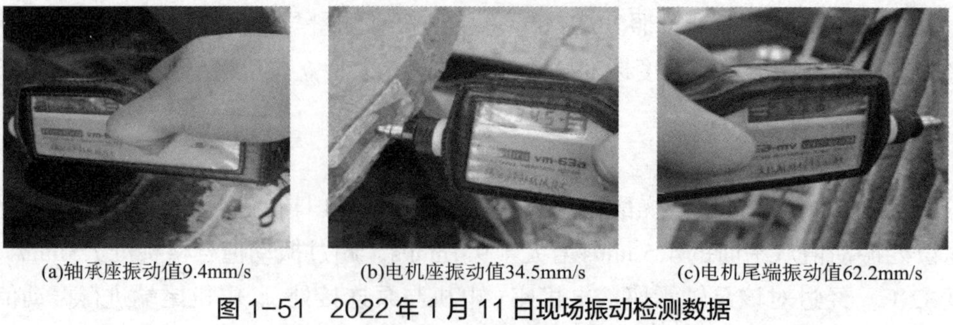

(a)轴承座振动值9.4mm/s　(b)电机座振动值34.5mm/s　(c)电机尾端振动值62.2mm/s

图1-51　2022年1月11日现场振动检测数据

从图1-51现场振动值检测数据可以确定振动源来自电机，主要是因电机振动过大导致的泵轴承座振动值超标。

19.4 故障验证情况

2022年1月12日，计划停车对该泵电机进行了更换。更换电机后该泵轴承座处振动值明显下降，并趋于平稳。证实了当初电机振动过大导致泵振动的诊断结论。更换电机后泵轴承座振动值、温度值趋势见图1-52。

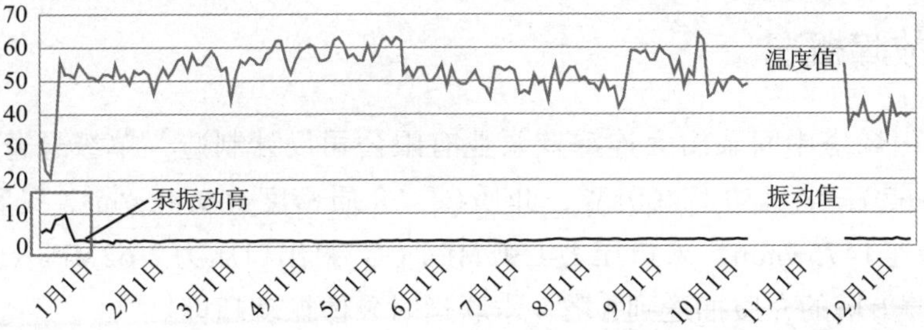

图1-52　2022年1—12月干燥酸循环泵更换电机后的运行状态趋势图

从整年的运行状态趋势图中可以看出，该泵运行11个月，泵轴承座处振动值为2.0mm/s左右。

19.5 故障处理情况及效果

2022年1月12日计划停车更换电机后截止到2022年12月，该泵运行平稳，泵轴承座处振动值为2.0mm/s左右，长期处于正常运行状态。

19.6 故障警示

（1）日常巡检必须对设备的运行状态数据进行检测并上传检测数据记录。

（2）运用简易数据采集仪进行数据采集及数据统计分析，可以较为直观、明显地判断设备振动的故障原因，为检修人员提供准确的指导。防止盲目对设备进行解体、更换维修。既缩短了故障检修时间，也降低设备维修费用，更重要的是保障了装置长期稳定运行。

（本案例撰写人：杨蓓）

20 精丙烯塔中间泵负荷试车振动故障分析案例

20.1 故障概况

某装置精丙烯塔中间泵由大连深蓝泵业有限公司设计制造，单级悬臂式结构，型号EAP9 300K6-630，电机功率400kW，介质C_3，介质密度460.8kg/m^3，扬程145m，流量853.3m^3/h，转速1475r/min，入口压力1.95MPa（G），出口压力2.62MPa（G）。其主要作用是将精丙烯塔B塔的介质抽送到A塔。水联运时泵体振动超标。

20.2 故障发现过程

该设备在用水进行负荷试车时，发生振动严重超标，泵体前轴承处水平振动达23mm/s，入口过滤器及法兰等处振动超过3mm/s，出口管道支撑及单向阀处振动达到15mm/s。

20.3 故障分析诊断过程

20.3.1 基础与管线施工质量存在问题

作为转动设备，离心泵本身会有一定的振动，如果管线和泵体没有固定好，这些微振会通过流体的流动由泵传递给管线，在管路系统刚度不够的情况下，发生一种结构共振。

如泵的基础重量太轻或固定不牢靠，当泵本身的振动和基础的振动频率一致时，也可引起振动，形成激烈的共振。

图1-53 泵现场配管图

20.3.2 管路设计存在问题

离心泵的入口管路直管段过短，不符合规范要求（见图1-53）。

（1）泵入口前的直管段长度不应小于入口直径的3倍（见图1-54）。

（2）入口容器的破沫器、过滤器、管道等被异物堵塞，阀门未全开，就可能使管道压力降增大。介质到泵入口处的压力已经小于或等于介质的饱和蒸汽压，造成介质汽化，发生汽蚀现象。

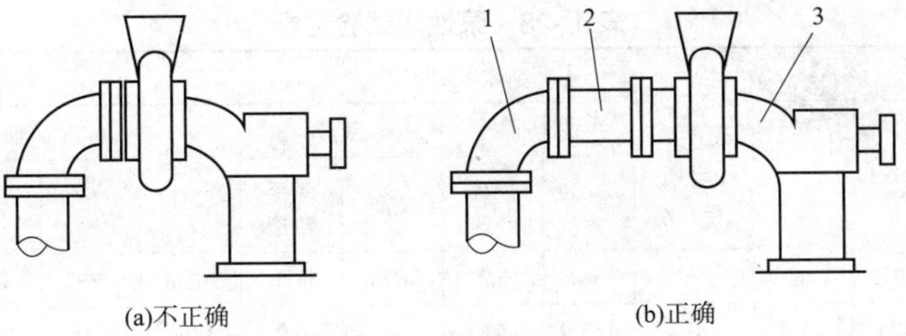

图1-54 吸入管安装

1—弯管；2—直管段；3—泵

20.3.3 转子不平衡

转动件由于本身形状不对称、加工制造上存在公差、组装安装不当、运转时产生变形、转动件破损磨耗及转动件附着异物等造成了转子的不平衡，即使静态平衡了，转子在旋转时，其上每个微小质点产生的离心惯性力不能相互抵消，从而产生了不平衡的离心力，造成了动态的不平衡，从而产生振动。

20.3.4 转子与壳体的同心度

泵的壳体受外力作用及其他因素的影响发生变形，或安装时未正确进行电机找正，造成转子与壳体不同心。

20.3.5 叶轮口环间隙过小

拆检发现叶轮口环处有6处呈对称磨损的痕迹。应属口环间隙较小，开工初期，泵前容器及管线内存在焊渣、铁锈等杂物，冲刷至泵内，磨损叶轮口环，造成泵体振动。

20.3.6 介质流量不在最佳工作区

任何一台离心泵都有一个最佳工作范围，体现在泵的性能曲线上。离心泵的振动随流量而变化，通常在最佳效率点流量附近其值最小，并且随着流量的增大和减小而增加。

泵的运行应处于优先工作区。此工作区位于所提供叶轮的最佳效率点流量的70%~120%。额定流量点应当位于所提供叶轮最佳效率点流量的80%~110%。从设备随机资料的性能试验记录中可以看出，该泵的最佳效率点流量为981m^3/h，故该泵的优先工作区流量为686.7~1177.2m^3/h。

在负荷试车时使用的介质是水，其密度远大于正常工作时介质C_3的密度，在电动机超负荷400kW运行的情况下，泵的流量（见表1-23）在500m^3/h左右，小于泵的最佳工作范围，泵始终在偏小流量下运行，因此产生较大振动。

表 1-23　泵性能试验记录

试验实测值													
出口压力		入口压力		速度头（动压力）差	总扬程		流量		实测转速	轴功率			效率
					实测	额定转速	实测	额定转速		功率表	实测	额定转速	
MPa	m	mmHg	m	m	m	m	m^3/h	m^3/h	r/min	—	kW	kW	%
1.488	151.78	−125	−1.7	0	153.9	153.1	0	0.0	1496	321	300.3	297.9	0.0
1.481	151.06	−135	−1.84	1×10^{-17}	153.3	152.7	341.3	340.6	1495	373	348.9	346.8	40.8
1.471	150.4	−160	−2.18	0	152.7	152.5	512	511.6	1493	420	392.9	392.1	54.2
1.447	147.59	−225	−3.06	0	151.1	151.1	853.3	853.3	1492	511	478	478.0	73.5
1.43	145.86	−265	−3.6	9×10^{-17}	149.9	150.1	981	981.7	1491	533	517.3	518.4	77.4

20.4　故障验证情况

该泵经多次试验，拆解测量各部装配尺寸未发现明显超标现象。最终判定为泵水力试验不合格。需要重新制作符合要求的叶轮。

20.5　故障处理情况及效果

（1）重新垫平泵座基础，把紧地脚螺栓后二次灌浆。出、入口管道法兰重新拆卸安装，达到接管上的所有法兰螺栓在自由状态下全部可以在螺栓孔中顺利通过，法兰密封面间的平行偏差及间距符合无应力安装标准（见表1-24）。

表 1-24　法兰密封面间的平行偏差及间距　　mm

管道级别	平行偏差		间距
	DN<300	*DN*>300	
SHA	<0.4	<0.7	垫片厚 +1.5
SHB、SHC、SHD	<0.6	<1.0	垫片厚 +2.0

（2）对管道设计问题分别进行分析处理。

①考虑到装置现场其他多数泵的入口管道直管段长度的设计也存在不大于泵入口直径3倍的情况，而那些泵在负荷试车时并未发生振动超标的情况，因此可排除泵入口直管段长度不够非泵振动的主要原因，加之现场空间有限，故该项未做整改。

②反复用水冲洗泵入口容器及管道，清除异物；打开过滤器，清除堆积物；全开阀门。在泵出口管线转弯高点处加排气阀，开泵前灌泵排尽管道内的空气，避免发生汽蚀现象。

（3）检查转子情况，重新做转子动平衡，消除转子不平衡的因素。

（4）重新安装，按设备随机资料要求进行电机找正。

机组对中后，利用百分表检测安装盘的外圆及端面，外圆及端面的跳动均不大于0.05mm。

（5）修磨叶轮口环，按厂家提供的拆装检修说明书的要求调整口环间隙（见表1–25）。

表 1–25　叶轮口环间隙

mm

叶轮与泵体（泵盖）口环处转动件直径		<50	50~100	100~150	150~200	200~250	250~300	300~350	350~400	400~450	450~500	500~550	550~600	600~650
新零件的直径间隙	非咬合性材料*	0.25	0.35	0.43	0.48	0.53	0.58	0.63	0.68	0.73	0.78	0.83	0.88	0.95
	咬合性材料**	0.37	0.47	0.55	0.60	0.65	0.70	0.75	0.80	0.85	0.90	0.95	1.00	1.07
旧零件的直径间隙	非咬合性材料***	0.45	0.55	0.68	0.73	0.80	0.85	0.93	0.98	1.08	1.13	1.23	1.28	1.35
	咬合性材料****	0.60	0.70	0.83	0.88	0.95	1.00	1.10	0.15	1.25	1.30	1.35	1.40	1.47

注：* 非咬合性材料为铸铁、碳钢、马氏体不锈钢、双向不锈钢（PH50）等；

** 咬合性材料为奥氏体不锈钢、镍、高镍基合金、钛、钛合金等；

*** 一对口环中只要有一个是非咬合性材料就可以采用非咬合性材料直径间隙，如果两个都是咬合性材料需要采用咬合性材料直径间隙；

**** 当泵送温度大于 150℃时，泵口环直径间隙增加 0.125mm，以后增加 100℃，口环直径间隙增加 0.125mm。

（6）从泵出口增设回流管线到泵入口的容器内，在小流量操作时开回流线；根据现场实际状况，由泵厂家大连深蓝泵业有限公司重新设计制造两个新叶轮，新叶轮高效点流量为850m³/h，高效点扬程为135m，泵最小流量低至250m³/h，使泵的运行处于优先工作区。

经过前述一系列处理，使该泵泵体及管道各处的振动值均降到3.0mm/s以下，满足了该泵购买技术协议中轴承箱振动速度≤3.9mm/s的要求。

20.6　故障警示

通过本故障案例分析，泵基础、管线、转子、同心度、叶轮等各部设计、制造、安装的检查调整及改造，均有可能成为引起该装置精丙烯塔中间泵负荷试车时振动超标的原因。

（本案例已在《化工装备技术》杂志2015年第2期发表，并有局部修改；本案例撰写人：李斌）

21 脱盐水泵轴承箱连接支撑断裂故障分析案例

21.1 故障概况

某公用工程装置P0503B脱盐水泵是沈阳水泵厂九分厂制造的单级悬臂式离心泵，其转速为2900r/min，于2003年投用至今，该泵主要功能是将脱盐水箱中的脱盐水输送至混床D0506。2021年9月P0503B脱盐水泵轴承箱连接支撑处断裂。

该设备性能参数见表1-26。

表1-26 设备性能参数

设备位号				P0503A/B/C		
设备名称	脱盐水泵		制造厂	沈阳水泵厂九分厂		
型式/型号	AF125-100-200A		介质	脱盐水		
安装台数	3		叶轮级数	1	比转数	
参数		设计值	最小值	正常/操作值	最大值	额定值
介质密度	kg/m^3			1000		
温度	℃	40			45	
流量	m^3/h			150		179.8
轴功率	kW	37				
转速	r/min	2900				

21.2 故障发现过程

2021年9月30日21:47，机械监督接工艺班长电话：P0503B（脱盐水泵）振动值10.5mm/s，工艺倒泵。经检修人员拆解发现，轴承箱连接支撑处疲劳断裂，轴承损坏，油箱内润滑油变质（见图1-55）。

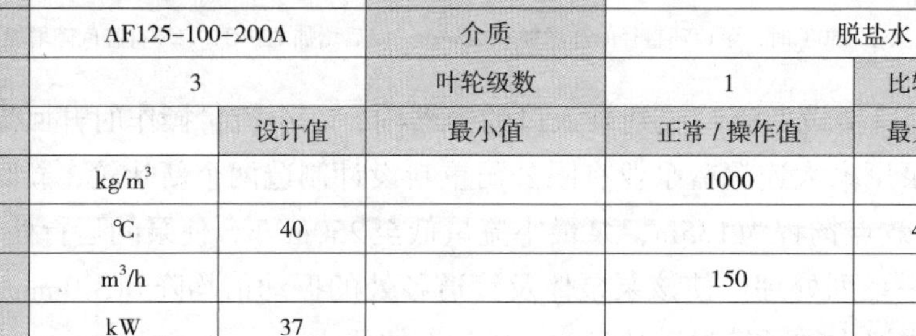

图1-55 轴承箱故障

21.3 故障分析诊断过程

主要原因：泵使用年份较长，振动疲劳导致轴承箱连接支撑断裂；轴承超周期运行，轴承更换不及时。

次要原因：点巡检不到位、巡检质量不高、维护保养不当，在日常巡检过程中对轴承振动、温度、声音的缓慢变化趋势没有提早发现，提前干预，油箱内润滑油变质，没有及时更换，最终导致泵轴承保持架损坏。

21.4 故障验证情况

经检修人员拆解发现，轴承箱连接支撑疲劳断裂，轴承损坏，油箱内润滑油变质。事故泵已投用18年，驱动侧轴承油封渗油，泵长期振动，点巡检不到位、维护保养不当，轴承箱连接支撑处疲劳断裂（见图1–56）。

图 1–56　轴承箱连接支撑处疲劳断裂

21.5 故障处理情况及效果

（1）更换损坏的轴承和密封。

（2）定时对轴承箱轴承进行检查，根据检查结果做好轴承的预防性检修工作。

（3）运行周期年份较长设备增加巡检频次，对其振动、温度、声音等加强测量检查。

21.6 故障警示

本次事故是由于设备使用年份较长，长期振动导致轴承箱连接支撑疲劳断裂的机械事故。此次轴承箱连接支撑处疲劳断裂及轴承损坏，如果发现不及时会造成泵轴弯曲甚至断裂，导致叶轮口环磨损或损坏叶轮，严重时可能发生泵体腔体损坏。

在今后工作中按制度要求做好巡检和预防性检修工作，零部件超过使用周期，不能及时更换要增加巡检频次，采取测温、测振等措施，保障设备安全运行。

（本案例撰写人：张技军）

22 精馏塔真空泵轴承故障分析案例

22.1 故障概况

22.1.1 结构型式

真空泵形式为CBW1系列液环真空泵，泵由以下几部分组成：①泵体；②转子；③分配板；④阀板部件；⑤轴封部件；⑥轴封及冲洗系统（见图1-57）。

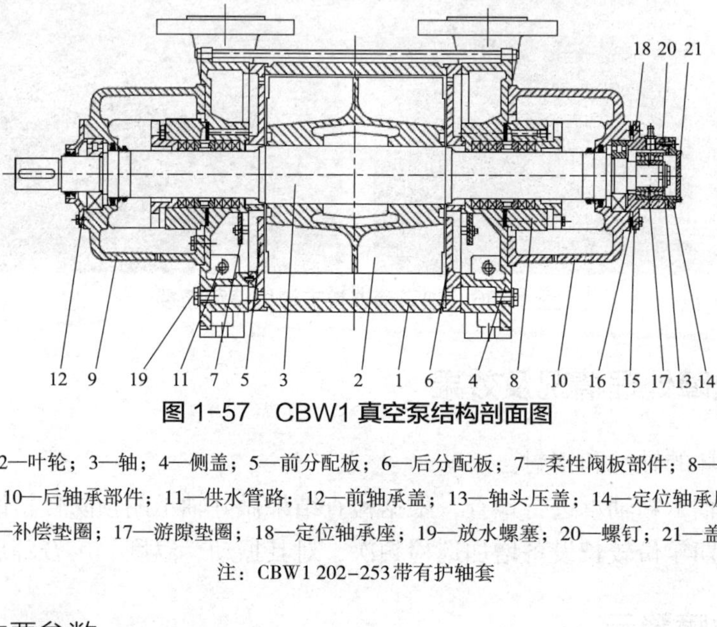

图1-57 CBW1真空泵结构剖面图

1—泵体；2—叶轮；3—轴；4—侧盖；5—前分配板；6—后分配板；7—柔性阀板部件；8—轴封部件；9—前轴承部件；10—后轴承部件；11—供水管路；12—前轴承盖；13—轴头压盖；14—定位轴承压盖；15—螺栓；16—补偿垫圈；17—游隙垫圈；18—定位轴承座；19—放水螺塞；20—螺钉；21—盖板

注：CBW1 202-253带有护轴套

22.1.2 主要参数

精馏塔真空泵和电机主要参数如表1-27所示。

表1-27 精馏塔真空泵和电机主要参数

真空泵参数		电机参数	
设备型号	2BW6203-4BD5（Ⅱ）	设备型号	YB3 250M-6WTHFl
抽速/（m^3/min）	14~18.4	功率/kW	37
吸入绝压/hPa	33~1013	绝缘等级	F
排出绝压/hPa	1013~1813	电压/V	380
供液量/（m^3/h）	4.4~11	额定电流/A	71.11
转速/（r/min）	980	转速/（r/min）	980

22.1.3　主要功能

该真空泵用于抽吸苯乙烯精馏塔内不含固体颗粒、不溶或微溶于工作液的气体，使苯乙烯精馏塔保持负压状态。

22.1.4　故障基本情况

真空泵运行声音异响，测量振动加速度值较高。

22.2　故障发现过程

22.2.1　故障发现过程

2022年11月18日，动设备巡检人员在日常监测中发现P-4121B运行声音异响，泵非驱动端轴承测加速度值58m/s^2。部门接到汇报后到现场核实，确认振动加速度值超标，安排班组切泵检修。

22.2.2　故障对生产造成的影响

由于真空泵一开一备，发现异常后及时切至备用泵，未对生产造成影响。

22.3　故障分析诊断过程

2022年9月，此轴承离线监测数据上升至4.5mm/s，部门将其列为重点监护设备，每天测量一次振动值和加速度值，2022年11月18日，振动速度值上升至6.4mm/s，加速度值58m/s^2，需要进行检修。查看检修记录，此轴承更换时间为2017年4月，达到轴承使用寿命。

综合以上信息初步判断，该振动是由于轴承运转时间较长，轴承正常磨损后间隙增大导致。

22.4　故障验证情况

打开前后轴承压盖轴承检查润滑油脂正常，拆下轴承清理润滑脂，发现轴承存在多处磨痕，轴承滑道磨损，轴承内外圈磨损痕迹（见图1-58）。

(a)轴承内圈与轴配合间隙大　　(b)轴承内圈磨损情况

图1-58　轴承故障

(c)轴承滑道磨损情况

(d)轴承外圈磨损情况

图 1-58　轴承故障（续）

22.5　故障处理情况及效果

（1）清理检查其他各部件未发现异常情况，更换新轴承，检修完成后，测量此处振动值正常。

（2）检修后设备运行数据见表1-28。

表 1-28　检修后设备运行数据

设备位号	联轴端 /（mm/s）			自由端 /（mm/s）			备注
	水平	垂直	温度	水平	垂直	温度	
24-P-4121B	1.3	1.1	42	1.2	1.3	33	

22.6　故障警示

（1）加强巡检，提高巡检质量，操作规范，监测设备运行数据，发现设备异常及时汇报检查，定期更换油脂。

（2）梳理检修记录，找出轴承运行时间超过25000h的泵，提前做好预防性维修。

（本案例撰写人：马德文、吴淑培）

23 催化装置酸性水泵轴承故障分析案例

23.1 故障概况

23.1.1 结构型式

催化装置酸性水泵结构如图1-59所示。

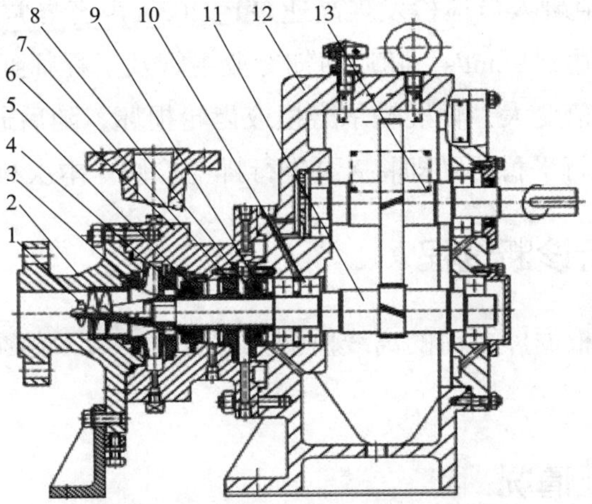

图1-59 催化装置酸性水泵剖面图

1—诱导轮；2—泵体；3—叶轮；4—前轴套；5— 一级机封；6—泵盖；7—迷宫密封（或机封）；
8—后轴套；9—油机封；10—角接触轴承；11—高速轴；12—增速箱；13—低速轴

23.1.2 主要参数

催化装置酸性水泵主要参数如表1-29所示。

表1-29 催化装置酸性水泵主要参数

设备名称	酸性水泵	转速 /（r/min）	8500
设备型号	GSB-Q-81/210	扬程 /m	208
制造单位	浙江天德	流量 /（m^3/h）	81.69
泵轴功率	77.5kW	介质	酸性水
机封型号	B129A（b）-40/50-116/CM017B-050	轴承型号	7309C/P4

23.1.3 主要功能

高速泵0209-P-203A是催化装置的关键设备，其主要作用是将催化装置产生的所有酸性水通过机泵升压，外送到酸性水汽提装置进行处理，若机泵故障则直接影响酸性水外送，导致汽油带水，严重影响装置生产安全平稳。高速泵P-203为一开一备使用，其平稳正常运行是装置长周期运行的重要保障。

23.1.4 故障基本情况

高速泵P-203A运行时高速轴振动大，振动值从平时3.1mm/s增大至9mm/s。检修时拆开发现高速轴两端轴承滚动体及内外圈有坑疤，由于高速轴振动大引起机封泄漏。查询设备档案记录，此泵上次更换轴承日期为2020年10月28日，累计运行时间为5520h。

23.2 故障发现过程

2022年2月6日，值班人员巡检发现高速泵P-203A声音异常，用测振仪测振发现高速轴振动变大，振动值达到9mm/s，随后通知专业主管及工程师到达现场进行分析。由于轴承声音异常加上振动值变大，怀疑轴承磨损或齿轮损坏，随后通知外操将P-203A切至P-203B运行，待B泵运行平稳后随即将A泵进行排空检修。本次故障未对生产造成影响。

23.3 故障分析诊断过程

专业主管及工程师根据停泵前的离线监测数据分析，以及停泵后盘车时轴承有异响，判断为轴承损坏。

23.4 故障验证情况

（1）解体检修发现，高速轴两端轴承滚动体及内外圈有不同程度磨痕及坑疤，如图1-60、图1-61所示，故障验证基本和专业主管和工程师分析诊断相吻合。高低速齿轮无断裂及损伤情况，拆卸下来的介质侧机械密封摩擦副受损密封面有划痕，油侧密封弹簧内部结垢，基本无弹性，随即一同更换。

图1-60 轴承内圈磨损

图1-61 轴承外圈磨损

（2）P-203A入口存在汽蚀现象，长时间运转导致诱导轮及叶轮汽蚀严重，高速轴两端轴承负荷交替变化，加速轴承磨损。

（3）打表检查高速轴轴弯曲数值均在正常范围内，具体数值见图1-62。

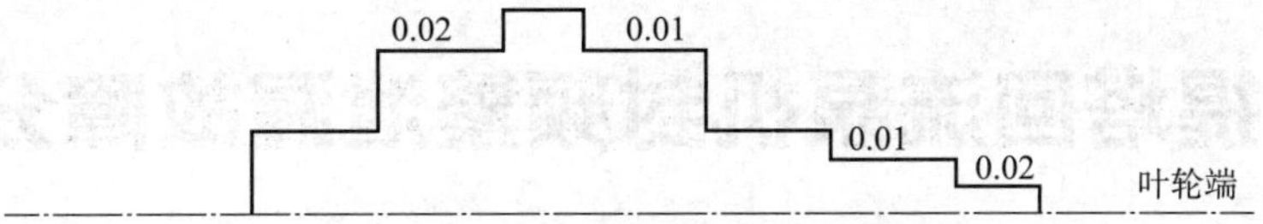

图1-62　高速轴轴弯曲打表数值

23.5　故障处理情况及效果

对高速泵P-203A的轴承、介质端机封及油端机封进行更换后，设备运行正常。针对酸性水泵P-203A/B目前存在入口汽蚀问题，与介质带油有关，已与工艺专业沟通，排查酸性水罐带油原因，并采取措施，增加油水分离时间，提高分离效果，降低酸性水中油含量，解决机泵入口汽蚀问题。

23.6　故障警示

（1）增加巡检，防止抽空，及时发现设备异常状况。

（2）加强与外操人员的沟通，及时调整设备运行工况，避免出现机泵长时间抽空现象，损坏设备。

（3）对入口管线进行改造，降低入口管线压降，改善设备运行条件，延长轴承使用寿命。

（本案例撰写人：王国昇、张常亮）

24 汽提塔回流泵机封频繁泄漏故障分析案例

24.1 故障概况

24.1.1 结构型式

某汽油加氢装置汽提塔回流泵P-202A为单级、单吸、悬臂、卧式结构的普通离心泵，机封冲洗方式为PLAN11+52，其结构见图1-63。

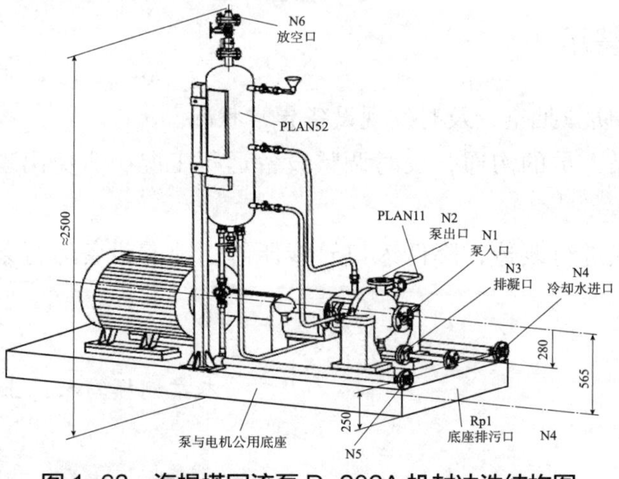

图 1-63 汽提塔回流泵 P-202A 机封冲洗结构图

24.1.2 主要参数

汽提塔回流泵P-202A设计及运行参数见表1-30。

表 1-30 汽提塔回流泵 P-202A 设计及运行参数

型号	流量 / (m^3/h)		扬程 /m		效率 /%	叶轮直径 /mm	转速 / (r/min)	轴功率 /kW
	设计	实际	设计	实际				
ZHYA 40-315	35.2	10	88	85	43	290	2950	12.6

24.1.3 主要功能

机泵P-202A作为某汽油加氢装置汽提塔回流泵，其主要作用是将汽提塔回流罐中的含硫轻烃经P-202A升压后，作为塔顶回流打回汽提塔，为汽提塔的传质传热提供液相，使汽提塔传质传热达到理想的效果，其平稳运行是装置长周期运行的重要保障。

24.1.4 故障基本情况

汽提塔回流泵P-202A第一次发生机械密封泄漏故障，拆检发现机械密封O形圈有腐蚀损坏现象，机封动环、静环端面有轻微磨痕，机械密封运行时长5000h左右。第二次发生机械密封泄漏故障，拆检发现机封动环、静环端面有轻微磨痕，机械密封运行时长8000h左右。

24.2 故障发现过程

汽提塔顶回流泵P-202A发生机械密封泄漏故障，都是通过密封油罐液位、压力上涨报警发现。两次机封泄漏故障发现及时，切泵处理，并未对装置生产造成影响。

24.3 故障分析诊断过程

汽提塔回流泵P-202A机械密封在装置平稳运行的过程中，在工况未有大幅变化的情况下机械密封频繁发生泄漏故障。根据机泵的运行状态及机械密封泄漏情况，初步判断造成机械密封频繁泄漏的原因有：机泵机身振动异常、机泵输送介质不干净、输送介质具有腐蚀性造成机封O形圈腐蚀损坏、机封自冲洗量不足。

24.4 故障验证情况

24.4.1 机械密封泄漏前机泵的运行状态检查

汽提塔回流泵P-202A机械密封发生泄漏故障前，装置工况未有大幅度波动，机泵出口压力、出口流量均在正常范围内，机泵运行无异响，机身振动在允许范围内，并未出现振动过大等现象，说明机身振动并不是造成机械密封泄漏的原因，其机泵的运行状态见表1-31。

表1-31 汽提塔回流泵P-202A运行状况

型号	机泵连接端/(mm/s)			机泵自由端/(mm/s)		
	水平振动	垂直振动	轴向振动	水平振动	垂直振动	轴向振动
P-202A	1.5	1.07	0.6	0.8	0.9	0.8

24.4.2 机泵过滤网拆检

汽提塔回流泵P-202A机械密封泄漏故障，拆除泵前过滤网，过滤网干净，无其他固体颗粒。拆除机封密封，在动环与轴之间、弹簧与弹簧座之间、密封面间也没有发现其他固体颗粒，说明并不是因为机泵输送介质不干净、带有固体颗粒物造成机械密封泄漏。

24.4.3 机械密封O形圈腐蚀

汽提塔回流泵P-202A输送介质为含硫轻烃，其组分包含硫化氢等腐蚀性介质，而该机械密封O形圈材质为丁腈橡胶，丁腈橡胶的耐腐蚀性较差，机械密封在含有硫化氢等腐蚀性介质的长时间冲洗下，O形圈极易受到腐蚀损坏从而造成机械密封泄漏。

24.4.4 机械密封自冲洗流量不足

汽提塔回流泵P-202A机封冲洗采用的是PLAN11+52，机封自冲洗线上限流孔板的存在，再加上输送介质组分较轻(轻于汽油组分)，具有容易汽化的性质，引发机封冲洗量的不足，造成动静密封面磨损从而导致机封泄漏。其动环、静环磨损情况见图1-64。

(a)动环　(b)静环

图1-64 汽提塔回流泵P-202A机封动环、静环磨损情况

24.5 故障处理情况及效果

24.5.1 机械密封O形圈材质升级

汽提塔回流泵P-202A第一次发生机械密封故障泄漏发生后，拆检发现O形圈腐蚀损坏，将O形圈的材质由丁腈橡胶升级为更加耐腐蚀的氟橡胶。第二次机泵机械密封泄漏，拆检发现O形圈完好，没有被腐蚀的现象。

24.5.2 增大机封冲洗流量

汽提塔回流泵P-202A第二次机械密封故障泄漏后，拆除冲洗管线上的限流孔板，增大机冲洗流量，以及增加布液环的措施下，更换P-202A的机封密封，机泵运行至今，机械密封并未发生泄漏故障，机械密封运行时长大大增加。

24.6 故障警示

(1)机泵输送介质如果包含硫化氢等腐蚀性介质，机械密封O形圈的材质应该选择更加耐腐蚀的氟橡胶或者全氟醚材质。

(2)机泵输送介质如果具有蒸汽压较高、易汽化等特性，应考虑增大机封冲洗量，通过拆除冲洗线上的限流孔板，在机封冲洗线入口新增布液环，可以解决因机封冲洗液不足造成机械密封泄漏的问题。

(本案例撰写人：张大勇、王兴能)

25 拖六轮海水冷却泵吸空故障分析案例

25.1 故障概况

拖轮作为港口生产不可或缺的装备，用于协助大型船舶进出港口、靠离码头，具有“个子小、力气大”的特点，是保障码头生产的主要辅助设备，以八港拖六为例：

（1）此拖轮为全回转拖消轮，具有对外消防功能，配备泡沫剂为6%氟蛋白，总容量12t；

（2）该船总长30.5m，形宽9.9m，形深4.5m；

（3）主机型号为卡特3516，总功率2700kW（3672hp）；

（4）满、空载吃水分别为3.5m和2.78m，总重量为292t。

拖六轮的主发动机海水冷却泵在行驶过程中，因螺旋桨打水产生气泡，导致海水冷却泵在吸入海水时也会吸入空气，产生气阻，无法有效对主发动机进行冷却，造成发动机温度升高，无法正常工作，船舶在航行作业过程中无法得到安全保证。

25.2 故障发现过程

2017年1月4日，拖六轮作业完成返航时，突然出现高温报警，若不能及时处理，将导致主发动机熄火，失去动力，无法有效控制船舶，严重时甚至影响到船舶与船员的安全。船上机工立即下机舱检查冷却管阀门工作是否正常，在排除阀门故障原因后，机工观察到船舷外排水口没有海水排出。机工立即下机舱检查海水冷却泵，并对海水冷却器排气阀进行排气。在排除空气后，海水冷却系统立刻恢复正常工作状态。

25.3 故障分析诊断过程

技术员观察船体外的出水口，没有海水排出，经检查分析，造成此现象的原因有：

（1）海水冷却泵叶轮损坏；

（2）水泵截止阀损坏或未开启；

（3）海水冷却泵管道堵塞；

（4）海水冷却泵管道有空气进入。

通过原因排查，技术员发现海水冷却泵叶轮正常，无破损，水泵截止阀开启正常，水泵管道疏水正常，无堵塞。但在检查海水冷却器的排气阀时，技术员发现有大量的气泡冒出，因此产生气阻，导致冷却水无法正常循环冷却，使得发动机温度异常，失去动力。

25.4 故障验证情况

为了验证是否因海水冷却泵有空气进入形成气阻，造成冷却水无法正常循环冷却，技术员通过航行观察得出结论：海水冷却器的排气阀需经常排放空气才能够正常工作。之前，从第一装卸区行驶到第二装卸区的作业时，需要排放空气4~5次，拖六轮才能安全抵达目的地。技术员提出对海水冷却泵管道进行改造，以便空气能自行排出。

改造方法如下：在海水泵的吸入口附近和冷却器的末端新割1in孔，焊上斜弯钢管，用胶管把两孔连起来。

优点：施工方便，材料便宜，用胶管连接可以随时查看胶管内冷却水回流情况，直观明了，且能彻底解决八港拖六轮主机海水冷却泵吸空造成冷却循环淡水不及时造成的主机高温报警、主机骤停现象。

原理：用胶管连接海水泵吸入口及海水冷却器末端，在出现吸空后，利用海水冷却泵吸空时冷却器与海水泵吸空处的压力差，海水水位自动回流补差，消除海水泵吸入端内出现积存的空气，导致海底吸入阀压力不够，进而吸空现象。

25.5 故障处理情况及效果

经过技术研究小组讨论，对八港拖六轮海水泵抽空导致主机高温报警现象进行改造，具体分析及实施步骤如下：

（1）对海水泵结构及进出口位置进行分析，发现海水泵吸空时进口端出现真空，有异常水流声，确定开口位置为海水泵的吸入端处。

（2）观察发现冷却器比海水泵的水平面高，确定开口方向为海水泵吸入口底部，这样压力差更明显，冷却器内水更容易回流补位。

（3）冷却器开口位置选择：冷却器进口端离海水泵出水口距离较近，在海水泵环形腔产生的空气容易造成憋压，不能回流；而冷却交换器出水口末端处在主机及冷却水排海阀处，都有一定的压力差，更容易把冷却水压至海水泵吸入口处，无限循环，最终把空气排空，故选择冷却器开口的位置为其末端处。

（4）在海水泵和冷却器所选位置开1in胶管口，设计焊制1in的75° 斜弯管，并用1in胶管用夹箍进行绑扎连接。

（5）选用1in胶管，冷却水更容易导流至海水泵吸入口。

（6）按设计改造方案进行安装调试、试运行。

经过一个月的改造，2017年2月8日下午，拖六轮从乐东国电助泊完毕开船返回八所，航行途中起风，浪涌增大，船舶横摇超过20°，主机没有出现抽空高温报警。改造费用低，只要几十元材料费，改造所起的效果较为明显。

25.6　故障警示

通过本故障案例，从中得到以下几点启示：

（1）在作业生产过程中，机械设备可以通过功能优化、技术改造等方法，来提升设备的可靠性与安全性，降低使用成本。

（2）在处理故障时，应学会举一反三，不断验证各种故障原因，采用最佳的解决方法来进行处理。

（3）在处理问题的过程中，要充分调动大家的积极性，发挥头脑风暴，集思广益，统一思想，共同处理好所存在故障。

（本案例撰写人：符玉超、羊圣良）

26 原油管线抽残泵吸力不足故障分析案例

26.1 故障概况

26.1.1 结构型式

原油管线抽残泵采用的是XTB80型凸轮转子泵，通过电机带动，两个同步运转的转子，由箱体内一对同步齿轮进行传动。转子在主副轴的带动下，进行同步反方向旋转，使泵的容积发生变化，从而构成了较高的真空度和排放压力，有效地输送介质。转子与转子、转子与泵保持一定的间隙，相互间无摩擦，不破坏输送的介质成分，不起任何理化反应，将介质从入口端泵至出口端。结构型式和工作原理如图1-65所示。

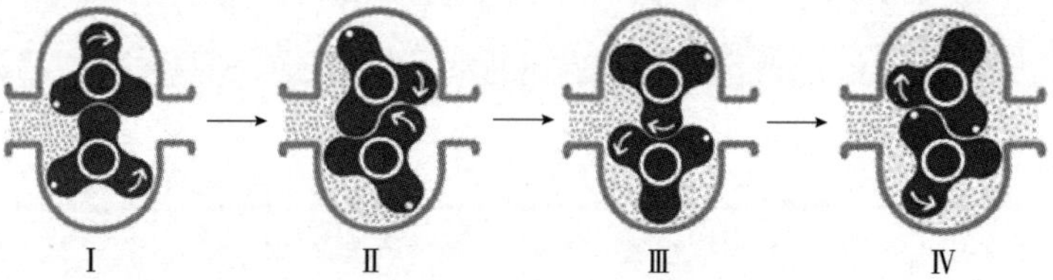

图1-65 凸轮转子泵

26.1.2 主要功能

由于原油管线末端未配置伴热系统，在原油卸船作业结束后，需将装卸臂立柱内的残余原油泵至主管线内，防止残余原油固化，造成装卸臂立柱管道堵塞或膨胀，造成设备故障或发生安全事故。

26.1.3 主要参数

（1）原油参数：

①工作温度：≥50℃；

②密度：863kg/m³；

③黏度：7.6mm²/s。

（2）转子泵参数：

①流量：30m³/h；

②扬程：60m；

③安装方式：水平安装；

④使用方式：间断式操作；

⑤转子：三叶螺旋型，转子芯为GGG40，外层包覆FPM氟橡胶；

⑥轴密封：单机械密封，有润滑油起到润滑作用，机械密封单独固定。

（3）电机参数：

①额定电压：0.38kV ± 10%；

②额定频率：3相/50Hz ± 2%；

③中性点接地方式：TN–S；

④防护等级为IP55；

⑤防爆等级为Exd II BT4；

⑥电机功率为9.2kW，具有过电流保护功能。

26.1.4 故障基本情况

原油船卸船结束，启动抽残泵按流程对装卸臂立柱内管道原油进行抽残，最后检查管道时，发现残余量较大，未达到抽残要求，多次操作后仍无法到达抽残标准。

26.2 故障发现过程

2022年2月23日，“远池轮”原油船卸船作业结束后，对泊位电动球阀至装卸臂前端管道内原油介质进行管道抽残，经过抽残流程操作后，打开检查口查看管线内残余量时，发现管内仍留有较多原油，未达到抽残标准。在未确认抽残泵是否存在故障情况下，安排操作班组反复抽残，且延长抽残时间，但问题仍未解决。最终采取的措施：采用氮气按扫线流程将残油顶线回船舱，收回装卸臂，结束作业。本次故障对生产造成延长作业时间约2h的影响。

26.3 故障分析诊断过程

26.3.1 故障原因

通过故障现象分析可知，电机功率不足、泵转子内泄、管路堵塞、安全阀起跳等主要原因会造成设备故障。

26.3.2 故障原因验证

（1）电机故障验证：现场排查，电机外部完好、接地完整，线路完好，不存在缺项，电压符合电机运转要求，电机运转时无异响，保护功能未动作，说明电机不是本次故障的原因。

（2）安全阀启跳验证：将安全阀离线检查，发现安全阀完好，未见启跳痕迹，将安全泄压管路隔离后，问题仍未解决，故判断安全阀非本次故障原因。

（3）管道堵塞验证：现场检查管路相关工艺阀门，均处于工艺要求相应位置，首先排除阀门造成的管路堵塞问题，而后在未启动抽残泵情况下，往抽残管线注入氮气，氮气经抽残管线到抽残泵再到主管线，主管线有明显压力上升趋势，故判断抽残管道系统未存在堵塞，不会造成本次故障发生。

（4）泵转子内泄验证：在排除以上原因后，最终将原因锁定于泵转子故障，打开泵体观察孔，发现转子有破损痕迹，但由于转子橡胶与原油颜色相近，无法判断是否存在故障，为进一步确定问题所在，需将抽残泵离线，进行解体检查。解体后发现转子破损、裂纹。

26.4　故障验证情况

经过对抽残泵离线拆卸检查，发现转子侧边凹坑、点蚀、裂纹，断面老化分层；对主、副转动轴承窜量进行打表测量，窜动量均在合格范围内。最终确定故障原因是转子破损、破裂导致转子与转子、转子与箱体间隙过大，造成泵的容积发生变化，从而降低泵的真空度和排放压力，无法有效地输送介质（见图1-66）。

图1-66　破损转子

26.5　故障处理情况及效果

更换转子后恢复正常作业，故障消失。针对转子破裂、破损原因进一步分析调查，经过与转子生产厂家及泵生产厂家咨询、共同分析得出，原油对转子橡胶层有较大的腐蚀作用，导致转子破裂破损、老化分层。为避免故障再次发生，需明确转子使用周期，达到使用寿命前进行更换检修。

26.6　故障警示

通过本故障案例，对所有可能存在的因素逐一排查，最终确定主要因素，虽然耗时耗力，但等于对抽残系统全面“体检”，找出“病因”，对症下药，并提出后期管理方案，初步制定了抽残泵转子使用周期，同时对各类转子的使用情况进行全面排查和统计，后期将对统计的数据制定准确的转子使用周期，并建立健全的设备配件使用周期数据库，充分掌握设备配件使用周期，为设备定期检维修提供坚实的数据基础，保证设备完好，为安全生产保驾护航。

设备故障的发生，可能是由人为操作造成，也有可能是设备自身存在的缺陷，或是外部环境导致的，甚至是多种因素共同造成的。每一次故障的发生都是技术人员的一次成长，必须理性看待故障。

（本案例撰写人：符家崇、吴山、王健生）

27 洗涤液循环泵故障分析案例

27.1 故障概况

（1）某公司洗涤液循环泵型号为LC200/400的离心泵，该泵主要部件有叶轮、副叶轮、副叶室、泵轴、泵壳、托架、填料压盖、轴承箱。

（2）该泵的流量为517m^3/h，扬程为57m，驱动电机Y314MYC-4功率185kW，泵与电机通过弹性套柱销联轴器连接。

（3）该泵的主要功能是将洗涤液打到造粒文丘里，再经过气液分离器罐返回泵入口，完成洗涤液循环。

（4）2022年9月23日，该泵出口管线振动摇晃，泵壳内异响。

27.2 故障发现过程

（1）2022年9月23日9:00，工艺操作人员发现该泵出口管线振动摇晃，泵壳内异响，后联系机修人员到达现场。

（2）机修人员到达现场后，与工艺操作人员沟通，先停泵初步检查。断电手动盘泵，泵转动灵活，并无明显卡阻，联轴器柱销完好，地脚螺栓无松动。

（3）为进一步判断故障原因，泵重新启动，泵出口管线开始出现振动摇晃迹象，并且越来越严重，泵体震动加大，泵壳内异响，并时而伴有金属剐蹭壳体的声音。电机电流不稳定，在100~200A波动，正常电流值在250A左右，电流偏低。

（4）本次故障经过4.5h得到处理，因当天其他原因停产，未对生产造成影响。

27.3 故障分析诊断过程

（1）手动盘车灵活无卡阻，泵启动后对轴承温度及振动值进行测量，测量仪器显示轴承状态为良好，可以排除轴承故障。

（2）有金属剐蹭泵壳体的声音，可以判断出泵壳内有异物。

（3）离心泵及泵出口管线振动加大，且电流低波动大，造成此种现象的原因是离心泵抽空。结合现场情况分析，造成抽空的原因主要有：

①叶轮堵塞；

②泵填料密封漏气；

③泵入口处过滤网桶堵塞；

④气液分离器罐下方管线入口堵塞。

27.4 故障验证情况

（1）泵停机断电后，检查填料密封完好。

（2）将泵出、入口软接拆下，检查泵叶轮处无堵塞，进一步检查发现，泵叶轮叶片小部分破碎。

（3）工艺清理人员将泵入口过滤网桶拆出，并无堵塞。

（4）将气液分离器罐体上方人孔打开，发现下方管线入口几乎被结疤等杂物完全堵塞。

因为有异物进入泵壳，导致叶轮叶片小部分被打碎，碎片与泵壳剐蹭，出现异响。其次叶轮叶片破碎，破坏原叶轮的动平衡，高速旋转下也会导致泵体的振动加剧。

罐体下方管线入口堵塞，导致泵抽空，造成电流低且波动大，泵及出口管线振动摇晃（见图1–67）。

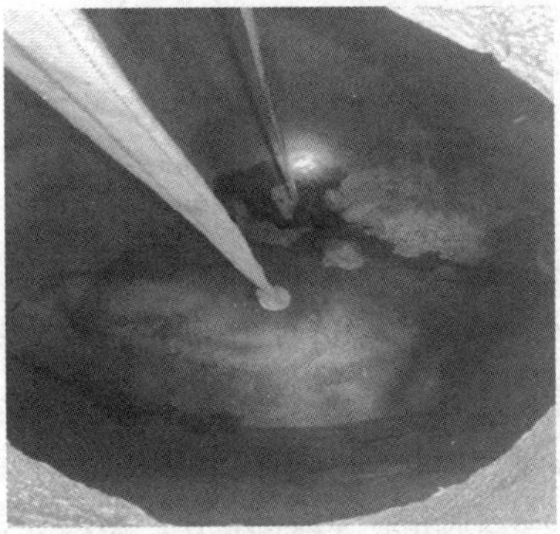

(a) 罐体内杂物

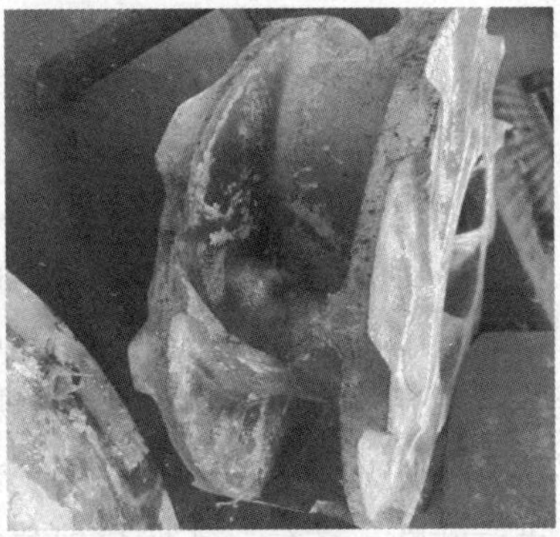

(b) 损坏的叶轮

图 1–67 罐体内杂物和损坏的叶轮

27.5 故障处理情况及效果

（1）因叶轮叶片破损，无法修复，更换新泵。

（2）工艺安排清理人员清理管线入口杂物。

更换新泵，完成清理，泵运转正常。

27.6 故障警示

（1）应定期检查罐体内部结疤情况，并定期清理结疤等杂物。

（2）清理完成后，清理人员做好检查，不要将工具等物品遗留在罐体内。

（本案例撰写人：吴海龙）

28 磷酸装置蒸发器循环泵振动故障分析案例

28.1 故障概况

（1）设备名称：蒸发器循环泵；

（2）型号：轴流泵LH-60430；

（3）参数：Q=7315m^3/h，H=4.6m；

（4）电机：HC型，260hp，6000V，50Hz，1485r/min；

（5）功能：对稀磷酸进行强制循环，在系统中蒸发浓缩作用；

（6）故障情况：泵轴后轴承位磨损。

28.2 故障发现过程

2022年2月21日，在日常的定检监测过程中，发现后轴承座水平方向振动有增大趋势，由之前1.6mm/s增加至2.4mm/s，峰值接近3.0mm/s；在该泵正常转速450r/min状况下，目测泵轴皮带轮有跳动现象。持续监测该设备过程中振动值有上升趋势，但在临界值范围内。该设备为磷酸浓 缩关键设备，自2019年开始为了节能降耗，优化生产方式，进行间断式运行，按照目前趋势综合判断，计划在下一次停车清理期间对其进行检修。

28.3 故障分析诊断过程

2022年3月18日，利用浓缩计划停车，对该设备进行检查，该设备后轴承座轴承为圆锥滚子轴承，轴承型号为H924045，轴径ϕ111.125mm，前轴承位轴承型号NU226，轴径ϕ130mm。在轴承箱后压盖处采用百分表检测轴的径向跳动为0.20mm，超出0.06mm正常值，结合振动值偏大，经分析初步判断可能由以下因素造成：

（1）泵皮带轮与电机皮带轮不对中，或者皮带张紧度不足，产生跳动；

（2）浓缩系统垮垢，造成滤网堵塞，电流升高，产生振动；

（3）轴承或轴承位磨损；

（4）叶轮磨损严重，破坏了转子的动平衡，产生跳动。

论证：

（1）对皮带轮组进行平行度检测，测得数值为1mm，小于正常值1.3mm（$d\times 1/1000$），d：两皮带轮中心距。手压法检测皮带张紧度，张紧度适中。

（2）对泵轴皮带轮端使用百分表进行圆跳动检测，最大圆跳动值0.15mm，大于0.05mm的临界值，判断泵轴轴承游隙偏大。

（3）通过开人孔盲板，检查发现叶轮磨损腐蚀、系统垮垢及滤网堵塞等未见异常，排除因叶轮动平衡失衡和系统垮垢故障因素。

综上分析，产生振动的因素是泵轴的轴承位磨损或者轴承磨损，决定进行解体检修。

28.4 故障验证情况

利用系统计划停车，局部解体设备对相关部位进行检测：（1）轴承箱与轴承外圈接触部位 无明显磨损；（2）后轴承配合的轴表面有明显的摩擦痕迹，经测量，泵轴后轴承位有0.25mm磨损；（3）检查前后轴承滚珠与滚道发现局部有轻微磨损痕迹；（4）前轴承止推垫片损坏。

结合设备振动值及圆跳动值，分析主要原因是由于轴承位磨损和轴承磨损导致设备振动偏大（见图1-68）。另在进口设备国产化过程中，国内不同机械加工的备件配合公差有差别，导致后期安装过程中设备配合精度下降，也是造成设备振动偏大的原因之一。

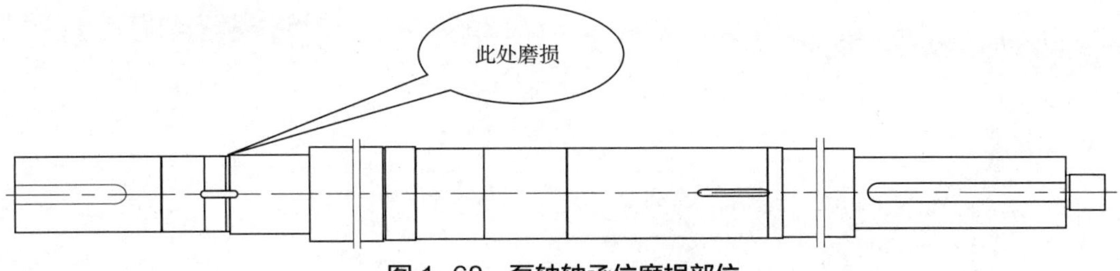

图1-68 泵轴轴承位磨损部位

28.5 故障处理情况及效果

使用轴承位修补剂，对泵轴轴承位磨损部位进行均匀涂抹，待位修补剂固化8h以后，再进行后续安装，以保证轴承安装精度；同时更换轴承止推组件一套。检修完试运行，测量泵振动值最高1.5mm/s，温度正常，设备整体运行正常。

28.6 故障警示

（1）平时“三定一巡”工作中，使用便携式振动仪、测温仪等专业设备做好状态监测，并做好数据记录，作为发现隐患的重要依据。

（2）了解新材料新技术，应用于日常的检修工作中，针对此设备使用的轴承位修补剂，应了解其修补范围，合理正确应用。

（3）针对本设备，随时关注监测数据，当振动值超过2.4mm/s并且呈增长趋势时，应当引起高度重视，注意隐患排查。

（4）设备各部件的材质、配合尺寸公差、性能要求都要有标准，便于对比和检测，备件严格验收；出现故障现象要及时分析查找真正的原因，尽快改善并解决问题。

（本案例撰写人：叶世清）

29 污泥进料泵联轴杆断裂故障分析案例

29.1 故障概况

29.1.1 结构型式

污水预处理装置离心脱水间是污泥机械脱水的一道工序，采用离心脱水机脱水。卧螺离心机是一种螺旋卸料沉降离心机，污泥进料泵P-08是离心脱水机的进料泵，为德国西派克SEEPEX公司制造的单螺杆BN型容积泵。电机驱动减速机带动螺杆泵（见图1-69）。

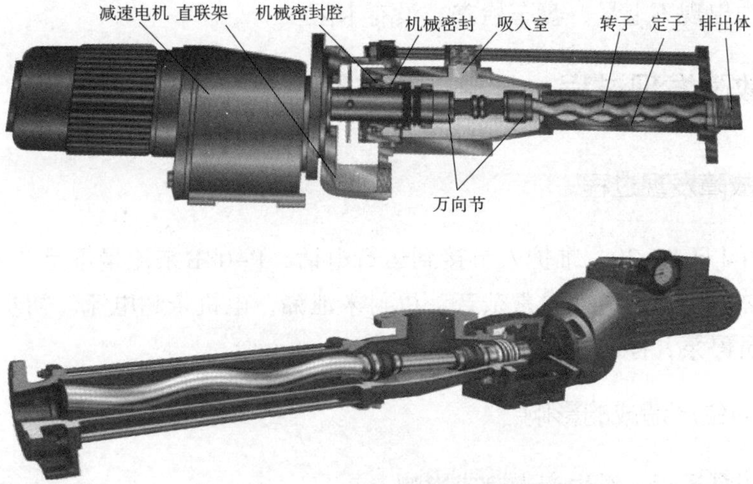

图1-69 污泥进料泵结构及实物图

29.1.2 主要参数

西派克单螺杆泵BN 5-6L主要参数见表1-32。

表1-32 西派克单螺杆泵BN 5-6L主要参数

西派克单螺杆泵	BN 5-6L		
性能数据	流量	压力	速度
	$1m^3/h$	2bar	73r/min
	$5m^3/h$	2bar	358r/min
最大功率	0.79kW		

续表

出口压力	2 bar
联轴杆材质	不锈钢 304
转子材质	不锈钢 304
定子材质	NBR – Perbunan
额定输出	1.5kW
电压 / 频率	220~240 / 380~420V / 50Hz
防护等级	IP55
泵转速	358r/min
电机转速	1400r/min

29.1.3 主要功能

污泥泵P-08是离心脱水机的进料泵。

29.1.4 故障基本情况

泵在运行中出现不上量，盘车检查，没有卡阻。

29.2 故障发现过程

29.2.1 故障发现过程

2022年4月4日16:30，维护人员接到运行电话，P-08B泵流量不足。人员到现场后，泵运行中，泵体温度不高，有异常杂音，机封未泄漏，电机未超电流。初步判断为定子套磨损，运行人员停泵，停离心脱水机。

29.2.2 对生产造成的影响

切换至备用泵运行，对生产未造成影响。

29.3 故障分析诊断过程

29.3.1 故障分析

单螺杆泵不上量的原因一般有：

（1）螺杆磨损。

（2）定子橡胶套磨损。

（3）联轴杆连接部位断裂传动失效。

（4）机封泄漏。

（5）泵入口堵塞。

29.3.2 故障判断

根据现场泵运行情况，泵是运行中突然流量减小，不应是螺杆磨损导致；另外，定子橡胶套磨损导致流量减少也是个渐变过程，现场机封未泄漏；泵停后盘车轻松，最终判断是联轴杆传动失效或者泵入口污泥堵塞导致流量变小。

29.4 故障验证情况

29.4.1 拆检过程

维护人员先拆检泵入口管路，检查管路污泥沉积堵塞情况，打开后未发现异常。随后解体泵，发现泵联轴杆传动销孔处断裂。

29.4.2 故障产生原因

根据拆检情况，泵不上量是因为联轴杆销孔部位断裂，导致传动失效，泵螺杆不能旋转造成泵不能上量。销孔处壁厚2mm，强度较弱，影响部件使用寿命。

29.5 故障处理情况及效果

根据泵联轴杆断裂情况，结合泵所输送物料情况，外委加工联轴杆。为了加强联轴杆销孔强度，在泵腔体尺寸允许的情况下，增厚销孔部位尺寸。

根据现场环境与条件，将原来联轴杆销孔配合的销套材质进行了更换，从铸铁更换为黄铜材质，把联轴杆原来销孔壁厚从2mm加厚为3mm，提高销孔强度。外委加工配件到后，组装后试车运行良好。

29.6 故障警示

通过本次故障，对本设备的运行和维护提几点警示建议：

（1）建议优化操作，由于泵输送介质为污泥，每次运行后，加强停泵后的泵体冲洗，避免泵启动时超负荷。

（2）联轴杆销孔部位横截面积较小，强度偏低，不能满足长周期运行的要求，需改进做加强。

（3）依据运行时间长短，建议定期检查联轴杆销套部位的保养与润滑。加强万向节组件薄弱环节的检查，有问题及时发现。

（本案例撰写人：谭占宾）

30 蒸汽透平主油泵轴承损坏故障分析案例

30.1 故障概况

某甲醇装置一段炉鼓风机蒸汽透平J501主油泵为一台三螺杆油泵，由天津泵业机械集团制造，型号为SNGF440R40Q，结构见图1-70，其作用是在鼓风机蒸汽透平正常运行情况下，为鼓风机蒸汽透平提供润滑油和控制油。该主油泵安装于鼓风机蒸汽透平进汽侧末端，由鼓风机蒸汽透平转子经齿轮箱减速后驱动主油泵转动，其设计流量为40.2m³/h，设计转速为2363r/min；主油泵主杆轴承采用深沟球轴承；主油泵与齿轮箱通过齿式联轴器连接，齿轮箱为二级减速齿轮箱，齿轮箱轴承为径向轴向一体的滑动轴承；主油泵通过螺栓固定在齿轮箱端盖止口上。

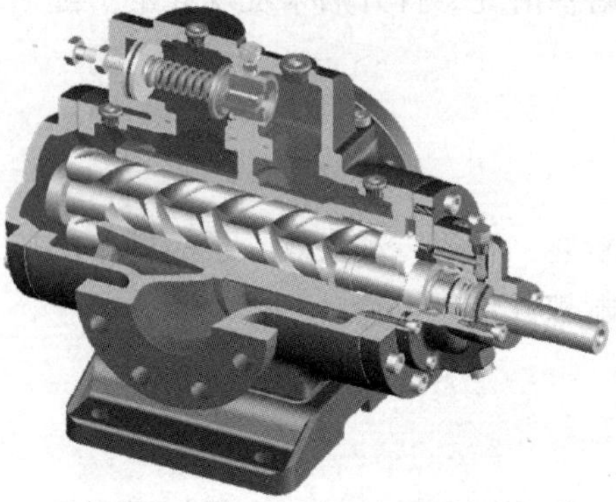

图1-70 三螺杆油泵结构图

鼓风机蒸汽透平J501主油泵自2010年投产以来，每次检修后运行一段时间，都会出现异常振动和噪声，用测温枪测量主油泵轴承位置温度也偏高。在每次的装置停车检修时，对主油泵进行拆解，都会发现主油泵主杆轴承出现严重磨损，甚至会出现轴承保持架断裂成数节、轴承完全散架的情况，同时与主油泵相连的减速箱轴承表面也会出现严重磨损。

30.2 故障发现过程

2015年3月，鼓风机蒸汽透平J501主油泵出现异常振动和噪声，用测温枪测量主油泵轴承位置温度也偏高。根据故障现象和历史故障情况，认为主油泵轴承出现损坏。

30.3 故障分析诊断过程

对鼓风机蒸汽透平J501主油泵主杆轴承损坏进行分析，可能的原因有：

（1）轴承润滑不良。该主油泵本身就是润滑油泵，内部设计有润滑油流道，使润滑油经过螺杆泵加压后可以通过润滑油流道进入主油泵主杆轴承安装腔体，对轴承进行润滑，在每次的检修中未发现润滑油流道存在堵塞的情况，对润滑油进行分析，润滑油品质合格。故认为润滑不良不是造成轴承损坏的主要原因。

（2）轴承质量不合格。由轴承质量不合格造成轴承损坏一般是偶发事件，但该主油泵每次检修更换轴承后都会出现轴承磨损情况，故认为轴承质量不合格造成轴承磨损的可能性不大。

（3）轴承安装不当。轴承安装过程中的不文明操作会造成轴承在使用前出现缺陷，在轴承运行一段时间后缺陷扩大，使轴承出现磨损。在每次检修安装该轴承时，都是按照轴承正规安装规程操作，进行了清洗和配合间隙测量，安装时使用轴承加热器，使轴承内圈膨胀之后进行安装，不存在野蛮敲打轴承的情况，故基本可以排除因轴承安装不当造成轴承损坏。

（4）对中不良。主油泵和齿轮箱输出轴通过齿式联轴器连接，在回装主油泵时，需先完成齿轮箱回装，主油泵通过螺栓安装在齿轮箱端盖的止口上。该止口为主油泵安装定位止口，齿轮箱端盖上加工有定位销，以保证齿轮箱端盖止口与齿轮箱输出轴的同轴度，进而保证主油泵固定在齿轮箱端盖上后，主油泵主杆与齿轮箱输出轴的对中情况符合设计要求。在齿轮箱的回装过程中，未检查齿轮箱输出轴与齿轮箱端盖止口的同轴度，主油泵回装后的对中情况依靠设备制造过程中厂家加工的齿轮箱端盖定位销保证，如果定位销孔存在偏差，就会造成主油泵主杆与齿轮箱输出轴的对中不良，进而造成轴承在使用一段时间后出现严重磨损。

经过对以上原因分析论证，认为齿轮箱输出轴与齿轮箱端盖止口的同轴度偏差较大，使主油泵主杆与齿轮箱输出轴出现对中不良，进而造成主油泵主杆轴承损坏的可能性较大。

30.4 故障验证情况

2015年3月15日，在对鼓风机蒸汽透平J501进行例行检修时，对主油泵进行拆解，发现主油泵主杆轴承保持架破损，齿轮箱滑动轴承磨损严重。检修人员在拆除主油泵后，在齿轮箱输出轴端架百分表（见图1-71），测量齿轮箱输出轴与轴承箱端盖止口的同轴度，发现齿轮箱输出轴与轴承箱端盖止口存在严重的不同心情况，其中心偏差值表值高达1.2mm。通过测量确认，主油泵主杆轴承坏原因为：主油泵原始安装时，齿轮箱输出轴与齿轮箱端盖止口同轴度偏差过大，造成主油泵主杆与齿轮箱输出轴对中不良，从而造成主油泵主杆轴承损坏。

图1-71 打表测量齿轮箱输出轴与齿轮箱端盖止口同轴度

30.5 故障处理情况及效果

检修中更换了新的主油泵主杆轴承，对齿轮箱端盖止口与齿轮箱输出轴同轴度进行了调整，方法如下：

（1）在不安装定位销的情况下，回装齿轮箱端盖，打表调整齿轮箱输出轴与齿轮箱端

图 1-72 对销孔扩孔铰孔定位

盖止口的同轴度，待同轴度偏差表值小于0.10mm后，把紧齿轮箱端盖固定螺栓。

（2）对齿轮箱端盖两个定位销孔进行扩孔，将ϕ8mm的销孔扩孔到ϕ9mm（见图1-72），重新加工ϕ9mm销子，进行安装定位，使齿轮箱输出轴与齿轮箱端盖止口同轴度偏差表值从之前的1.2mm降低到0.1mm以内。

经过此次调整，该主油泵在长期运行过程中振动和温度正常，再未出现主杆轴承损坏的现象。

30.6 故障警示

30.6.1 加强设备制造安装环节的监管

通过统计分析发现，在非责任事故中，设备原始制造安装缺陷，业主方监管不到位，导致后期问题隐患逐渐暴露和扩大，进而演变成停车事故的典型案例比较常见。原始制造安装缺陷，虽然归类为非责任事故，但是在项目建设、更新改造、检维修、重要采办等环节，除了严格选择有能力的承包商和人员外，对于一些关键节点、重要数据一定要尽可能有业主方技术人员现场见证和参与，切实把好质量关，不让小的隐患带入生产运行中，给公司带来更大的损失。

30.6.2 推广应用状态检测技术手段

巡检中应积极应用一些先进、适用的巡检和状态检测技术，配备如智能巡检仪、点检仪、频闪仪、热成像仪、振动分析仪、探伤仪等点巡检和状态检测工器具，重要设备还应逐渐配齐在线状态检测系统，实时在线监测重要运行参数，根据绝对值和相对值的变化及时提出故障预警，最大限度地实现基于状态的预防性维修，从装备角度、通过技术手段为降本增效作出贡献。

30.6.3 加强同类型事故回头看

在事故处理整改过程中应举一反三，事故回头看。事故最终报告并非是一个事故的“终点”。由于长时间运行可能会造成销孔与销子磨损变形，销孔精度变差的情况，故建议同类型设备检修时，每次都要复查定位基座与齿轮箱输出轴的同轴度，以避免出现由于同轴度的超差造成此类设备的损坏与非正常停车。

（本案例撰写人：张洪斌、卢伟、秦伟）

31 半贫液泵主油泵不打量故障分析案例

31.1 故障概况

某合成氨装置半贫液泵107JA是由液力透平驱动的主流程泵，液力透平及泵的轴承均为滑动轴承，润滑方式为压力油强制润滑。泵组配备有专用的润滑油站，油站可提供泵组的压力油循环。泵组配备两台润滑油泵，均为齿轮油泵，主油泵利用联轴器直接连接在半贫液泵端部，当泵组正常运行时，主油泵为泵组提供润滑油，不需要开启辅油泵。辅油泵单独设置在油站内，由一电动机单独驱动，当泵组停止运转时，辅油泵为泵组提供润滑冷却用润滑油。同时辅油泵在泵组检修后，可为泵组提供油洗用润滑油，并在机组运行正常前一直为泵组提供润滑油。主油泵与辅油泵主要有以下两点区别：主油泵的轴承为滑动轴承，辅油泵的轴承为滚动轴承；主油泵由于自身结构特点，在主油泵出口处设置了一个溢流阀。主油泵及辅油泵结构图见图1-73、图1-74。

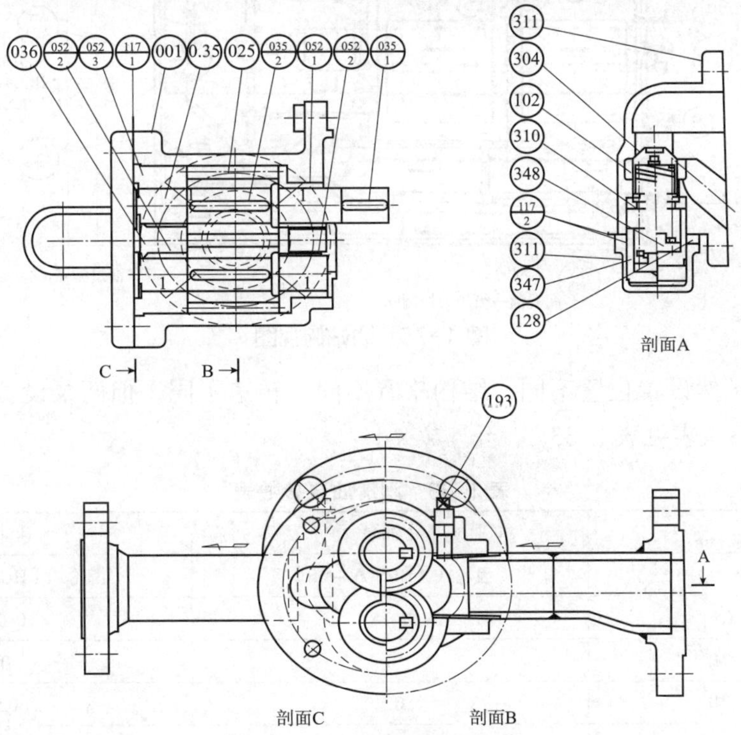

图1-73 主油泵结构示意图

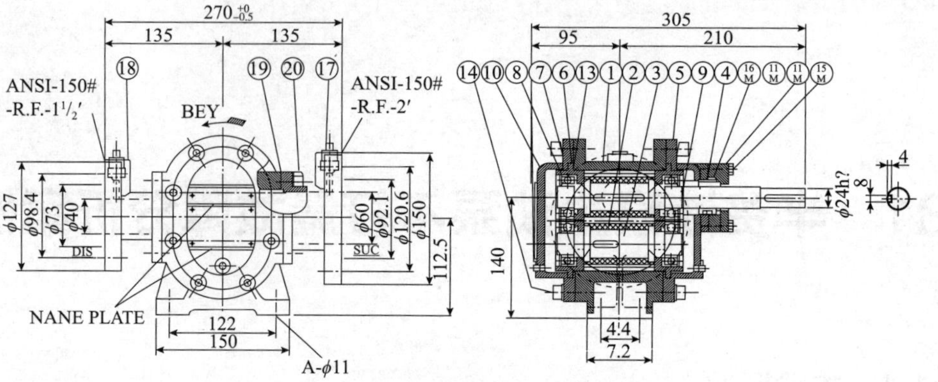

图 1-74　辅油泵结构示意图

主油泵由于设置在半贫液泵的端部，所以泵的吸入口较高，根据泵的实际情况布置，主油泵的入口管线从油箱上部引出，见图1-75中㉖号接口。辅油泵由于设置在地面，所以泵的入口设置在油箱中部，高度与辅油泵泵体持平。主辅油泵入口都设置有Y形过滤器。油站俯视图（见图1-75）。

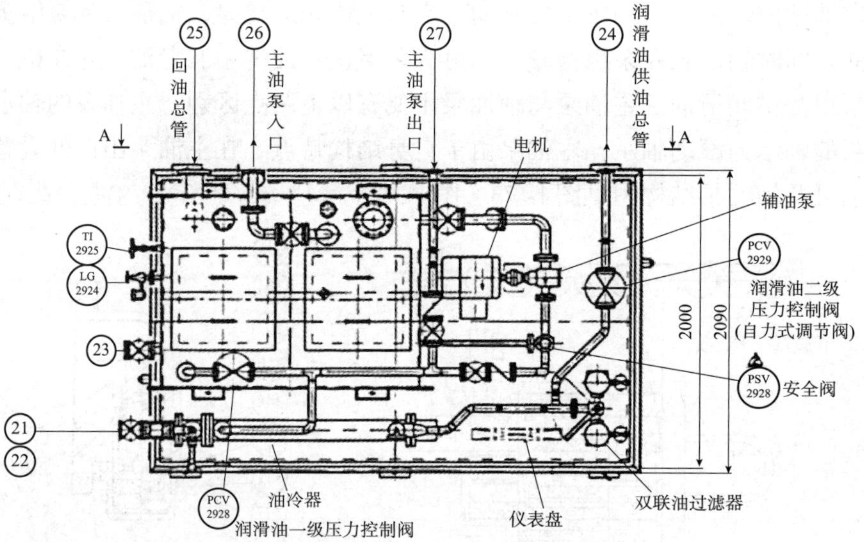

图 1-75　油站俯视图

主辅油泵虽然设置位置不同，结构略有不同，转速不同，但两泵设置的参数基本一致，润滑油泵参数表见表1-33。

表 1-33　润滑油泵参数表

	主油泵	辅油泵
型号	齿轮式（HGS-64-MS）	齿轮式（HGS-62-MS）
温度 /℃	0~75	0~75
进口压力 /MPa	0	0
出口压力 /MPa	0.5	0.5
压力 /MPa	0.5	0.5

续表

	主油泵	辅油泵
流量 /（L/min）	150（最小 120）	105（最小 103）
转速 /（r/min）	2980	1450
效率 /%	85	85

31.2 故障发现过程

2022年5月18日，合成氨装置在计划大修后正常开车，此台半贫液泵组的主油泵在大修中进行了解体检修更换。泵组开车正常后，辅油泵无法停下来，主油泵不能正常单独工作。当辅油泵停车后，在30s内就因润滑系统油压低而自启辅油泵，直至2022年7月13日工艺操作人员至现场排查原因。排查原因前，工艺及技术人员根据判断，更换了主油泵，更换了辅油泵出口止逆阀。但更换后主油泵仍然不打量，未解决问题。

31.3 故障分析诊断过程

现场排查了主油泵进出口管线各阀门，在主油泵入口增加了排气阀，见图1-76，排查了自力式调节阀的动作情况。所有处理后主油泵不打量的情况未得到缓解。2022年11月3日，主油泵仍然不打量，辅油泵停下来后立即自启，自启时间由30s变为20s。同时主油泵运行声音异常，经现场判断，非主油泵溢流阀启动关闭发出的噪声。

图 1-76 主油泵入口增加排气阀

齿轮油泵不打量的主要原因有以下几个方面：

（1）泵内齿轮及壳体、端盖板配合间隙过大；

（2）端盖板磨损拉伤；

（3）泵转速过低，或转向反了；

（4）泵入口吸入管漏气或高于油箱液面；

（5）吸油高度过高或入口管线或入口过滤器被污物堵塞；

（6）油温太高或太低，油温太低油液黏度增大，吸油阻力大；油温过高，内泄漏会增大。

齿轮泵工作噪声大有以下几个方面的原因：

（1）入口管线或入口过滤器堵塞，吸入不足，吸空而噪声大；

（2）从油封、泵体与泵盖结合面漏入空气；

（3）油箱内有气泡，未消泡的油液被吸入泵内，进入高压区后，气泡受压溃灭发出强烈噪声；

（4）油箱油位太低，泵吸入空气发出噪声；

（5）泵与驱动机安装不同心。

从泵运行现象及管线排查情况来分析，主油泵入口流量不足是主油泵不打量的主要原因。结合泵不打量及泵工作噪声大，两故障现象同时存在，这两个现象共同的原因是入口管线堵塞，吸入不足，吸空。同时根据现场的工作情况，排除了其他故障原因，确认了主油泵入口流量不足是故障原因。

31.4 故障验证情况

再次对主油泵入口管线进行观察，由于泵组在运行，只能从入口管线外观检查管线。在检查到入口管线出油箱第一道水平法兰时，发现两法兰间有多个石棉板垫片的异常情况，按照检修惯例，此处可能被人为增加了滤网，而没有去除。异常情况见图1–77。

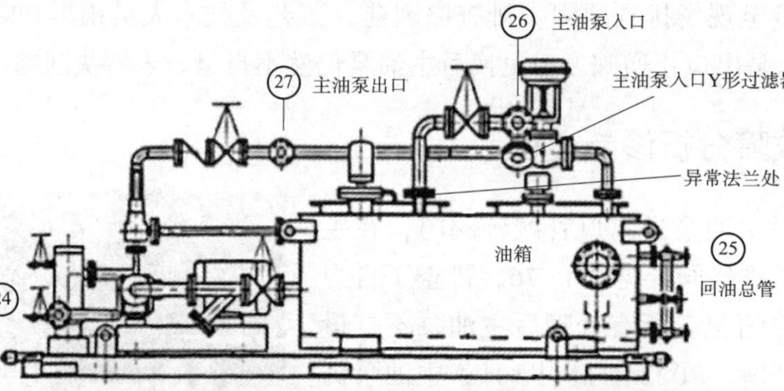

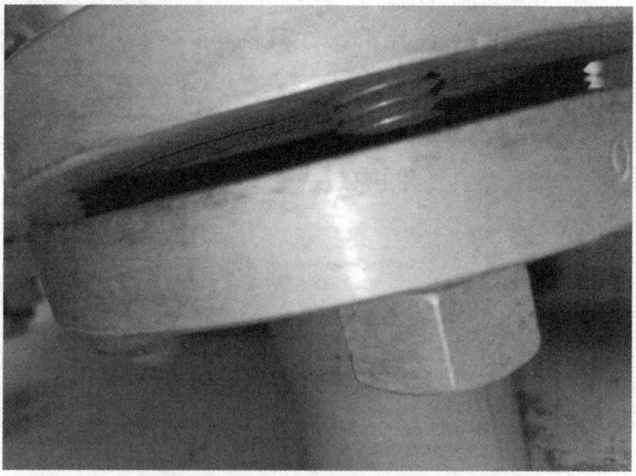

图1–77 主油泵入口法兰异常

31.5 故障处理情况及效果

2022年11月17日，在现场工艺条件允许的情况下，对该台泵组进行了倒泵停运，停泵后检查了异常法兰处及主油泵入口滤网。入口滤网内干净无杂质，异常法兰处发现有一个油洗滤网，滤网为100目，已经完全堵塞，见图1–78。与预判情况一致。

图 1-78 主油泵入口滤网及异常法兰处检查情况

同时根据主油泵运行的声音，判断主油泵轴承表面巴氏合金应该损坏剥离，遂对主油泵解体检修。拆解后发现轴承表面损坏，见图 1-79。

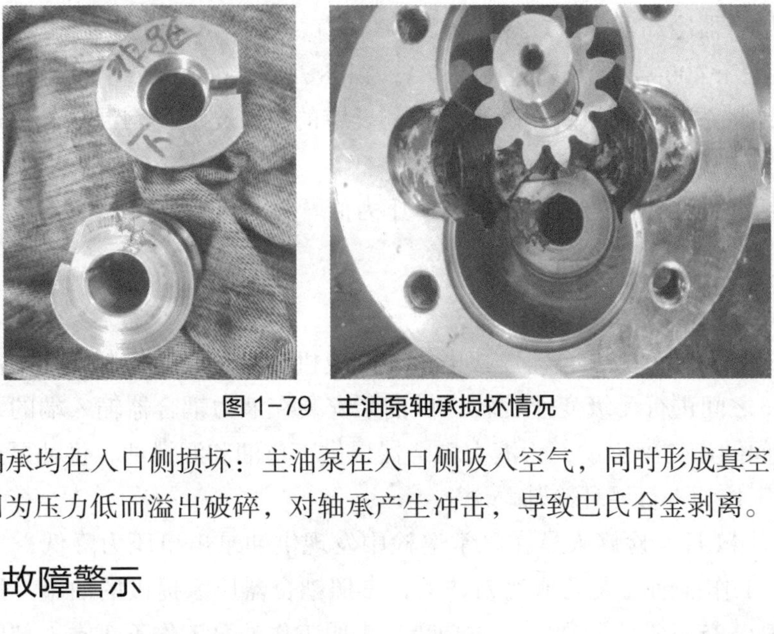

图 1-79 主油泵轴承损坏情况

主油泵轴承均在入口侧损坏：主油泵在入口侧吸入空气，同时形成真空区，油液里面混入的空气因为压力低而溢出破碎，对轴承产生冲击，导致巴氏合金剥离。

31.6 故障警示

通过本故障案例，对本设备或企业设备管理和技术工作，有以下警示建议：

（1）加强检修人员责任心，保证安装的油洗滤网及时去除；

（2）提高检修人员的技能水平，能准确区分油泵的进、出口，并将油洗滤网安装到回油管路上，不能加在入口管线上；

（3）对于故障原因一定要排查到底，不能因做了临时措施而不去追溯根本原因。

（本案例撰写人：叶凯、石宽宽）

32 造粒机液力耦合器供油泵故障分析案例

32.1 故障概况

（1）设备名称：造粒机。

（2）型号：ϕ3750mm × 8000mm回转鼓式。

（3）生产能力：300t/h。

（4）调速型液力耦合器：YOTCP560。

（5）液力耦合器冷却器：2LQFW-16。

（6）电机：YJS400-4，315kW，35.87A，1488r/min，6000V。

（7）功能：将系统返料与磷酸、硫酸中和反应的料浆充分均匀混合，通过黏接、涂布包裹、自成粒等方式制成颗粒产品。

（8）故障情况：液力耦合器供油泵出口压力低。

32.2 故障发现过程

YOTCP560调速型液力耦合器连接电机与减速机，通过调速控制转速的高低，使造粒机在5~12r/min之间进行无级变速旋转。供油泵安装在液力耦合器输入端的泵壳体内，由输入轴和泵轴间的齿轮副驱动，为液力耦合器提供工作油和润滑油，供油泵通过管路和冷却器连接，为工作油进行循环冷却。

2022年5月11日，检修人员在日常巡检中发现供油泵出口压力降低，出口压力表显示为0.1MPa，工作油油温表显示为71.5℃，参照耦合器厂家提供的油温、油压参考值见表1-34以及表1-35日常监测数据走向趋势，表明工作油泵工作不正常。部门接到汇报后到现场核实，确认耦合器油压降低、油温上升，但在设备允许范围内，计划监护运行，待装置停车期间进行检查维修。

表1-34 液力耦合器油温、油压参考值

设置项目	正常范围值	上限报警值	下限报警值
出口油温/℃	45~85	90	5
进口油温/℃	≤45		
出口油压/MPa	0.1~0.35	0.4	0.06

表 1-35　日常监测数据

巡检时间	出口压力 /MPa	出口油温 /℃
4 月 22 日	0.33	58.4
4 月 30 日	0.31	63.2
5 月 11 日	0.1	71.5

32.3　故障分析诊断过程

YOTCP560液力耦合器的油路系统分为主供油油路和润滑油油路。供油泵从油箱吸油经冷却器冷却，然后送入液力耦合器工作腔，同时向各轴承提供润滑油。在液力耦合器出油油路安装有油压表4和油温表5，随时监测和显示油路系统中的油温和油压变化。正常情况下，液力耦合器的出口油压（油压表4）的显示值最小不能小于0.06MPa，该数据趋近于低压报警值（见图1-80）。

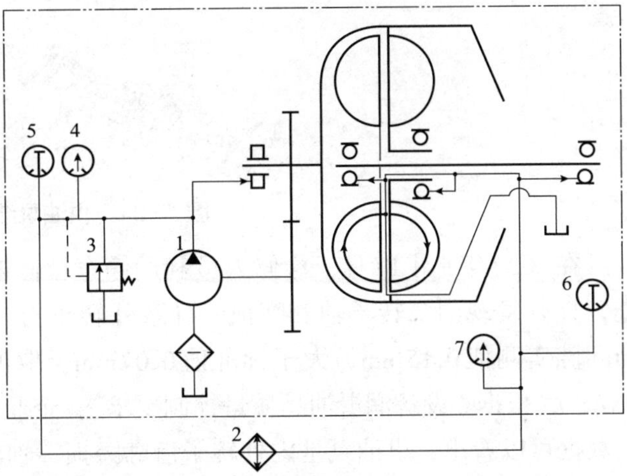

图 1-80　YOTCP560 液力耦合器工作、润滑油油路系统图

1—供油泵；2—油冷却器；3—安全阀；4，7—油压表；5，6—油温表

YOTCP560液力耦合器的供油泵属于转子泵，其结构型式见图1-81，出口压力低有以下几种原因：

（1）进口滤油器堵塞。通常情况下工作油先经过滤油器过滤后再进入供油泵，不清洁的油液易堵塞过滤器，造成供油泵进油不畅、出口压力过小等故障。

（2）油液黏度过小。YOTCP560液力耦合器工作油的牌号是6#、8#液力传动油或L-TSA32、HU-20汽轮机油，液压油黏度过低油膜厚度不足，易造成内外转子啮合面磨损、卡涩，发生内部泄漏。

（3）轴向间隙（转子与泵盖之间）磨损增大。转子与泵盖正常间隙在0.05~0.08mm以内，由于转子是供油泵输送介质的主要过流部件，在它的作用下，介质从泵进口输送到出口。在此过程中如果转子变形过大，一旦超过其间隙，就会使转子与不动件（如泵盖或耐磨衬板）直接接触发生摩擦，造成间隙增大油液内漏，缩短其工作寿命。转子的变形包括转子自身的变形和轴的变形两部分。

（4）内外转子的齿侧间隙磨损增大。油液清洁度达不到标准或液压油黏度低会造成内外转子磨损，当齿侧间隙大于0.07mm容易出现内漏的情况。

32.4　故障验证情况

由于4月30日更换过耦合器工作油，并检查了供油泵进口滤油器的清洁状况，可以排除润滑油故障因素（见图1-81）。

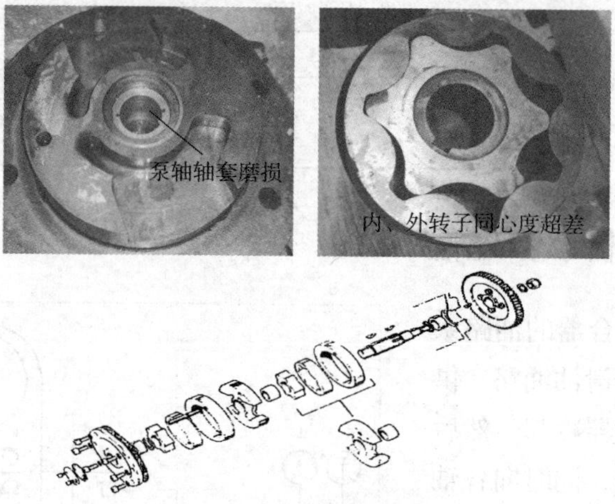

图1-81　供油泵结构图

在2022年5月17日，检修人员利用停车检修期间对液力耦合器转子油泵进行拆解检查，检查发现油泵转子轴套磨损，导致外转子与内转子摩擦副表面有明显划痕；轴向浮动间隙实测值0.15mm，大于标准值0.07mm。取油样经化验室检查，油样污染度在8~9（NAS），根据《设备润滑油品质量控制要求》，企业标准耦合器液压油可以继续使用。从以上数据可以看出，供油泵是内外转子齿廓磨损，轴向浮动间隙过大无法形成密闭空腔造成的内漏，引起供油压力不足。

32.5　故障处理情况及效果

（1）更换供油泵总成，根据大连液力耦合器厂给出的耦合器安装技术要求，组装时各泵组的三个元件按编号顺序装配；核实内转子和外转子的厚度尺寸比配装的偏心套小0.100~0.125mm，隔离套的厚度尺寸比配装的泵隔板长0.100~0.125mm，检查泵驱动齿轮的齿隙在0.25~0.35mm。

（2）检修完成后，装置开车该耦合器供油泵出口压力达到0.35MPa正常值，工作油出口油温降至58.2℃，油冷器进出口油温温差接近10℃，数据显示供油泵工作正常。

32.6　故障警示

（1）利用日常巡检数据进行对比分析，可以较为明显地判断出动设备的故障点，加强监测设备运行数据，发现设备异常及时检查处理。

（2）掌握摆线转子泵工作原理、常见故障原因分析与维修方法，严格按照标准技术参数进行检修作业，是保证检修质量的必要条件。

（本案例撰写人：张文君）

33 高压煤浆泵单缸不打量故障分析案例

33.1 故障概况

某装置原料泵为德国非鲁瓦公司生产，型号为TGK 300/250-190-DS100HD，为自吸式、无压盖、无泄漏、低噪声双软管活塞泵，主要由泵体（3个缸体）、底座、减速机齿轮箱、曲轴箱、驱动电机、液压装置、入口和出口缓冲罐、管道和阀门等部分组成，为系统提供原料。

其结构具有以下特点：

驱动装置：该泵由变频电机驱动、主电机与减速箱安装在一个共用底盘上，电机与减速箱之间由弹性联轴器连接，减速箱与曲轴箱之间由空心轴连接，带有防护罩，并设计有软管泄漏监测和阀门性能监测系统。泵系统如图1-82所示。

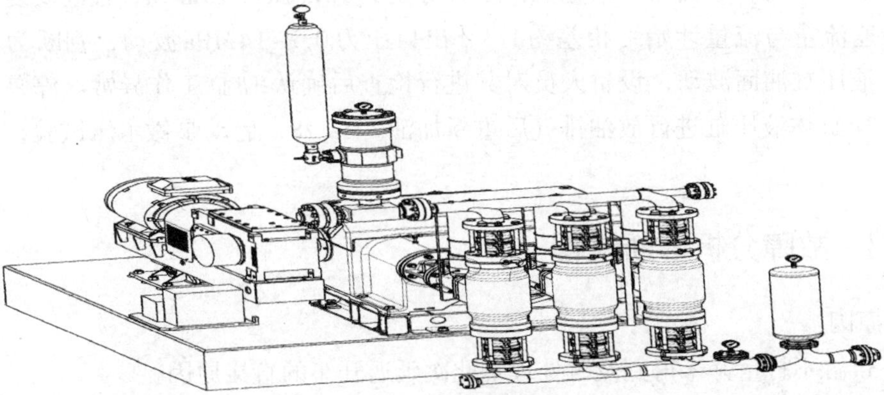

图1-82 泵系统图

液体端：液体端包括三个缸，每个缸包括柱塞、柱塞外套、控制装置、隔膜室、进口阀室及出口阀室，进、出料管上都安装有脉冲缓冲器，液体端可分为推进液腔与介质腔，两腔以隔膜为界。

推进液与隔膜腔：柱塞与缸体高强度耐磨，即使隔膜破裂，含固介质物进入泵也不会马上损坏，柱塞密封环有中间两套，前为大小两导向环，后有双刮垢环。为了防止超压保护泵，每个泵头都装有两个超压阀。当泵在压出冲程超压时，超压阀起跳将液压油泄进高位油箱。在吸入冲程时，由于液压油腔液压油量不够，使软管隔膜过度变形，通过控制盘经机械机构使泄漏补油阀打开，将液压油从油箱补回液压油腔。

介质腔：泵的隔膜是一个预制的双层软管隔膜，使用简单维护方便，并通过诊断系统判断出隔膜破裂情况，提前做好检修准备，柱塞不至于因为摩擦而发生损坏。

2022年11月14日，更换一件泵头后试泵出现单缸不打量故障，导致系统开车延迟6.5h。

33.2 故障发现过程

11月13日19:36，因厂内原水不足，该泵所在的单系统停车，借机处理该泵3#缸半月前破裂的单层软管。11月13日晚，将该泵进出口管线及止回阀拆除，11月14日，因开车时间提前，该泵维修方案改为上午更换3#整体缸体，中午保运人员更换缸体完成。13:35，工艺人员对该泵进行水压试验，在关阀、加转对泵升压过程中，先后发生两次超压，泵出口压力PI03102最高达10.6MPa，油缸安全阀启跳压力为9.5MPa。

升压过程中，14:00，中控泵转速波动较大（50r/min），转速流量为19m^3/h，泵出口两块电磁流量计均在11m^3/h左右，出口压力波动大，现场减速机有异响，设备技术人员到现场查看，停泵检查，降压过程中异响消失。准备重新升压时，发现出口蓄能器压力为0MPa，技术人员分析判断可能为蓄能器气囊破裂，保运人员将备用系统的泵出口蓄能器更换到该泵处。

18:20，出口缓冲罐更换完毕后，引介质进行试泵，经过正常启泵程序后，中控的泵转速流量20m^3/h时，泵出口两块电磁流量计分别为13m^3/h和15m^3/h，且经反复加减泵转速后，转速流量与流量计始终相差约1/3，出口压力0.7~14MPa波动，判断为单缸不打量。3#缸液压缸油面波动，设备人员对其进行检查后确认3#缸工作异常。停泵处理，保运人员对3#缸体液压缸进行放油排气后重新加油。22:28，启动泵做水压试验，水压试验合格。

33.3 故障分析诊断过程

直接原因：

该泵3#缸不打量并未得到及时处理是此次延迟开车的直接原因。

间接原因：

（1）启泵过程中操作压力波动造成蓄能器皮囊损坏使检修时间延长。

（2）检修人员未按检修步骤要求进行检修，装置技术人员检修质量监管不到位，以至于软管中心未注水就加入液压油致使泵内气体无法排出，从而导致泵不打量。

（3）工艺人员试泵第一次启动时已发生泵不打量，但未及时发现问题、提出问题，错过处理问题的良机。

工艺人员启泵、逐渐升压过程中，通过中控画面转速流量对比，发现流量数据与转速不成正比，通过升压、降压、改变转速等手段均未恢复正常；通过对3个缸头油缸内补油排气阀进行手动强制排气补油，效果不明显，缺少一个缸的流量，由此判断单缸不打量，但不确定是哪一个缸不打量。后通过对3个缸头温度及运转时止回阀动作的声音差别判断出了不打量缸头。

33.4 故障验证情况

判断出单缸不打量后，通过对3个缸体进、出口止回阀声音对比进行排查，最后通过用手摸缸体出口温度判断出故障缸体正是新更换的缸体。该缸体不打量，介质没有通过出口，所以出口缸体是凉的。而正常工作的2个缸出口缸体是热的。由此验证了单缸不打量故障判断是正确的。

33.5 故障处理情况及效果

分析双软管活塞泵不打量原因为活塞与软管之间存在大量空气，所以活塞做功时只对活塞与软管间的空气进行压缩，无法使进、出口止回阀阀球顶起。经询问检修人员，由于急于开车，更换缸头后未向软管中间注水将软管撑起就开始向油缸内（活塞与软管之间）加油，导致软管向内凹陷，加油过程中内部空气无法排出。

后将油缸内的液压油全部排出后重新加油（试泵时介质进入软管，排油后软管被撑起排出空气），试泵运行正常。

33.6 故障警示

通过本故障案例，警示我们要按照检修程序、一步一步进行，充分考虑检修过程中每一步操作可能产生什么后果，是否有遗漏步骤，不能因为赶时间而省略相关步骤，最后得不偿失。

严格按照检修管理相关制度执行，检修规程及检修方案严格制定并遵守，同时严把检修质量关。

工艺人员要关注好泵的运行参数，发现异常及时提出并处理。

（本案例撰写人：刘立国）

34 硫酸装置C系列柴油齿轮泵压力低故障分析案例

34.1 故障概况

34.1.1 概述

柴油齿轮泵担负着为C系列预热炉、焚硫炉开车前烘炉、装置系统升温提供燃烧所需柴油的任务。因预热炉、焚硫炉、装置系统持续升温过程较长，其齿轮泵运行质量以及稳定性对于升温过程起着至关重要的作用。因此，在使用过程中需密切注意。

34.1.2 结构型式

柴油齿轮泵结构如图1-83所示。

图1-83 柴油齿轮泵结构

34.1.3 主要参数

（1）设备名称：柴油齿轮泵；
（2）型号：CB-B63；
（3）流量：63L/min；
（4）压力：2.0MPa；
（5）电机：3kW；
（6）转速：1450r/min；

（7）功能：预热炉、焚硫炉开车前烘炉，系统升温提供燃烧所需柴油；

（8）故障情况：齿轮泵压力降低。

34.1.4 故障判断及检修标准

齿轮泵故障及检修标准按照SHS 01017《齿轮泵维护检修规程》。

34.2 故障发现过程

2021年7月22日，硫酸装置C系列柴油齿轮泵A泵在为预热炉升温泵送柴油时，齿轮泵出口压力表指示由2.0MPa下降至0.9MPa，柴油燃烧枪头雾化效果下降，燃烧不充分。齿轮泵无明显振动及异常杂音，泵体温度正常，初步确定为齿轮端面与泵盖间间隙增大引起。为保证升温燃烧所需柴油供给压力，立即倒备用齿轮泵B泵使用，对齿轮泵A泵进行解体检查检修。

34.3 故障分析诊断过程

（1）齿轮泵外观、油路检查：

①齿轮泵轴封处无漏油情况；

②齿轮泵主动轮轮轴无明显晃动；

③齿轮泵联轴器无晃动，弹性垫完好；

④关闭齿轮泵A泵进、出口阀门，拆卸检查进口滤网无残渣，出口管道无堵塞；

⑤出口压力表指针归零。

（2）齿轮泵解体检查：

①主动轮、从动轮进行目测观察，齿轮齿面完好，齿轮啮合线清晰，齿轮端面无毛刺，泵体内无异物；

②齿顶与泵体径向间隙用塞尺进行检查，间隙为0.20mm，符合标准值0.15~0.25mm；

③齿轮端面与端面止推板间间隙采取压铅丝的方面进行检测，测得间隙为0.65mm，标准值0.10~0.15mm，超过标准值0.50mm；

④止推板表面光滑，无明显毛刺；

⑤滑动轴承内孔，主、从动齿轮轴颈光滑均无明显刮痕或沟槽；

⑥主动轮齿轮轴油封完好；

⑦泵盖与泵体密封垫重新更换。

经过对齿轮泵A泵解体检查检测，发现齿轮端面与止推板间间隙超标0.50mm，是导致该泵出口压力降低的原因。

34.4 故障验证情况

检测发现齿轮端面与止推板之间间隙0.50mm，用0.50mm的铜皮裁剪至止推板同样大小并去除毛刺垫至止推板背面，恢复安装并试运行，出口压力2.0MPa，达到了使用所需压力，齿轮泵运行稳定。证实了齿轮端面与止推板之间间隙增大的诊断结论。

34.5 故障处理情况及效果

2021年7月22日，检修试运行后截至目前，定期运行保养，该齿轮泵运行平稳，出口压力2.0MPa，处于完好状态。

34.6 故障警示

（1）日常加强备用设备定期运行保养，保证设备完好性。

（2）制定设备检测检修标准，确定设备故障原因，为检修人员提供准确的指导，防止盲目整体更换设备及设备部件。

（本案例撰写人：杨蓓）

第二篇

风机类

1 循环水场凉水塔风机叶片紧固螺栓断裂故障分析案例

1.1 故障概况

1.1.1 结构型式

凉水塔风机由电机通过长轴联轴器驱动减速机，减速机带动风机。风机采用环氧树脂玻璃钢叶片+碳纤维（CFRP）。风机直径为9140mm。风机叶片为等力矩设计，由加强型环氧玻璃钢模压成型，为高效机翼形，具有互换性，叶片角度可调整。风机配有本特利振动监测系统和油温测量仪表等安全监测系统，可实现信号远传中控室与厂内DCS系统通信（见图2-1）。

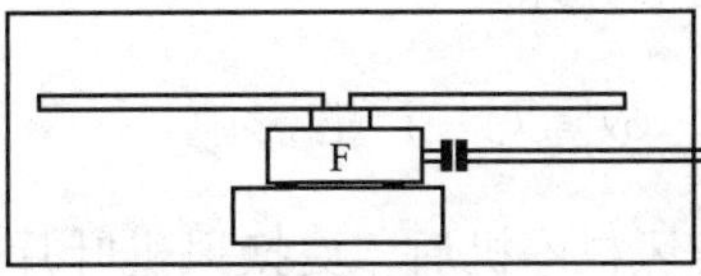

图2-1 风机结构示意图（框内设备在风筒中）

F—减速机；M—电机

1.1.2 主要参数

凉水塔风机主要参数见表2-1。

表2-1 凉水塔风机主要参数

直径	9140mm
型号	ZJLϕ9140-8
叶片制造商	岳阳清源节能工程技术有限公司
叶型	湿塔高效机翼型
叶片数	8片
叶片材质	CFRP
叶片迎风面材质	采用环氧树脂玻璃钢叶片+碳纤维
轮毂材质	Q235B（涂刷湿塔专用耐腐蚀油漆）
风机风量	250.54×10^4 m^3/h
风机全压	169.45Pa
风机静压	130.20Pa

1.1.3 主要功能

二期循环水场设计规模为$8000m^3/h$，设计冷却塔2间，单间处理量$4000m^3/h$，为二期设备提供循环冷却水。

1.1.4 故障基本情况

凉水塔风机在运行时出现风机叶片U形紧固螺栓断裂，U形螺栓断裂后叶片松动倾斜，螺栓残余部分卡着叶片未坠落，叶片端部与风筒内壁碰撞摩擦。

1.2 故障发现过程

1.2.1 凉水塔风机故障发现过程

2019年6月14日17:14左右，维护人员听到二期循环水场凉水塔上有异常响声，立即用对讲机汇报给动设备主管，动设备主管马上通知运行部工程师，维护人员到现场后，发现凉水塔风机0550-FAN-5001B内部与风筒有碰撞现象，运行部工程师给外操人员下达了停机指令。

1.2.2 凉水塔风机故障迹象及采取措施

从接到异常声音信息到现场检查状况用时5min，现场风筒内有异物碰撞风筒内壁，第一时间停机处理。

1.2.3 故障对生产的影响

凉水塔风机停机后，更换风机叶片螺栓用时2h，循环水温升4℃，达到35℃，超出了33℃的工艺指标2℃。由于恢复较快，未对生产造成大的影响。

1.3 故障分析诊断过程

1.3.1 故障分析

由凉水塔风机的结构分析异响原因：

（1）叶片尾部与风筒内壁碰磨。

（2）联轴节部件与风筒穿出孔碰磨。

（3）减速机等转动部件异常。

1.3.2 故障结论判断

现场巡检人员上午和下午14:30巡检，并没有异常，DCS监测振动参数正常，排除了减速机的故障。检查人员判定现场异常声音是物体顶碰风筒内壁，不是联轴节和风筒穿出孔摩擦声音。决定重点检查叶片是否松动。

1.4 故障验证情况

1.4.1 拆检过程

运行人员确认环境条件开具受限空间作业票后，维护人员进入凉水塔风筒内，发现有一叶片已搭在风筒内壁上，叶片紧固U形螺栓已经完全断裂，叶片卡箍已松开，叶片卡箍部位有轻微磨痕，叶片尾部与风筒有一定程度磨损。风筒内壁有一圈摩擦痕迹。

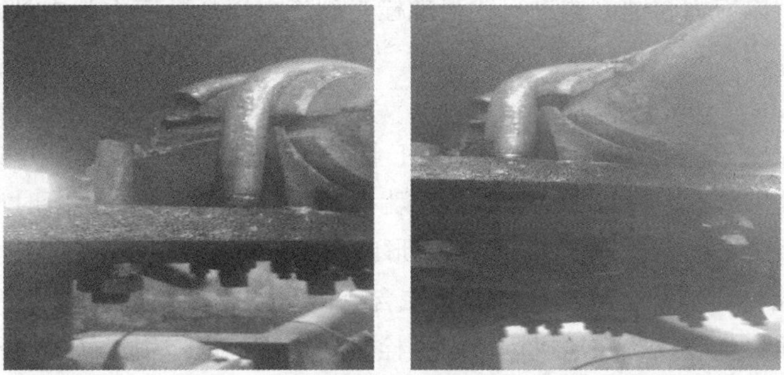

图 2-2　叶片卡箍螺栓断裂情况图

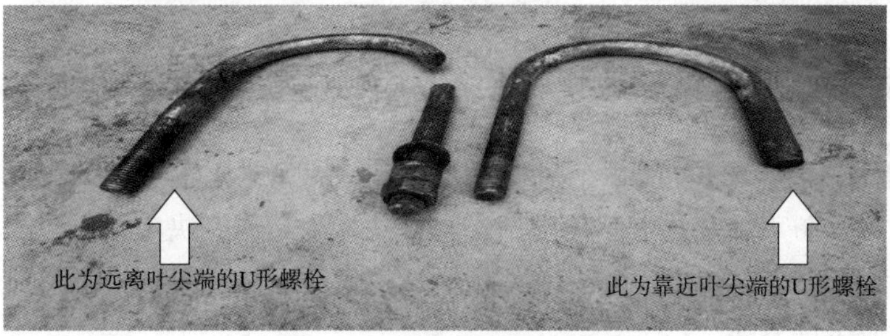

图 2-3　破坏失效的固定螺栓

1.4.2　故障原因

根据拆检情况，断裂的U形固定螺栓经设备中心委托第三方检验机构（沈阳中科韦尔腐蚀控制技术有限公司）进行螺栓断裂失效分析，现将分析情况总结如下：

（1）U形螺栓材质分析

结果表明，U形螺栓材质成分不符合304不锈钢的标准要求，其中C含量较高，Cr含量稍低。C含量是304不锈钢发生晶间腐蚀的最主要影响因素。C含量增加，304不锈钢的晶间腐蚀风险明显增大。C含量超标及Cr含量不达标，易造成304不锈钢晶界的碳化物析出，使得晶界成为“贫铬区”，增加其晶间腐蚀的敏感性。

（2）U形螺栓金相分析

结果表明，裂纹起源于U形螺栓表面，向内沿晶扩展，有分叉，具有晶间应力腐蚀开裂的特征；螺栓金相组织为单相奥氏体，敏化严重，有晶间腐蚀倾向，其晶间腐蚀程度为三类-沟槽组织。也就是说，螺栓裂纹主要是沿晶应力腐蚀开裂；但螺栓断裂是由沿晶应力腐蚀开裂构成裂纹源，裂纹扩展却是以疲劳断裂进行的，在疲劳裂纹扩展过程中，还有二次沿晶应力腐蚀裂纹产生。

（3）受力状态分析

U形螺栓的受力状态比较复杂，既受静拉应力载荷又受交变应力载荷。U形螺栓的作用是将叶片牢固地固定在凉水塔风机轮毂上，当风机静止时，U形螺栓仅受静拉应力作用；当风机运转时，U形螺栓受到静拉应力和交变应力的共同作用。当螺栓受到应力以静拉应力为主时，开裂以应力腐蚀方式进行；当螺栓受到应力以疲劳应力为主时，开裂就以疲劳断裂方式进行。

（4）U形螺栓断裂过程

在含有Cl、S、O等腐蚀性介质的沿海工业大气环境中，螺栓材料分析表征局部区域首先发生应力腐蚀开裂，并以应力腐蚀裂纹为疲劳裂纹源，在风机运行时产生的交变应力作用下，疲劳裂纹不断地扩展，直至造成U形螺栓的疲劳断裂。

结论：螺栓材质不符合标准，导致其在含有微量Cl^-浓度的环境中使用时，晶间腐蚀速率加快，进而产生裂纹，在风机运行中螺栓受到交变应力作用，使裂纹不断扩展，直至造成U形螺栓的疲劳断裂。为避免此类隐患，在Cl^-存在的环境中设备及配件选材不宜使用304不锈钢材质的材料。

1.5 故障处理情况及效果

通过对其他剩余叶片（共有8个风机叶片）U形紧固螺栓做了检查确认，联轴节螺栓检查无松动，检查防飞轴装置等其他部件正常。技术人员研究决定暂时更换上两个备用的U形螺栓，风机于19:06时开机运转，现场声音、振动正常。同时提报高强度碳钢螺栓采购计划，到货后全部更换。

6月18日新螺栓到位后，将风机不锈钢U形螺栓更换为碳钢U形螺栓。U形螺栓固定叶片的型式存在螺栓局部区域应力集中的弊端，建议厂家岳阳清源节能工程技术有限公司进行更换。厂家接受建议改用哈夫节式叶片卡箍替换现有的U形螺栓。

1.6 故障警示

凉水塔风机叶片U形紧固螺栓配件选型不严谨：在Cl^-存在的工业环境中使用的设备谨慎选择304不锈钢材料。后经了解，该产品在其他沿海炼厂也出现了一起断裂故障。为彻底解决U形螺栓不可靠的隐患，我们采取了以下措施：

（1）马上订购了高强度碳钢螺栓替换原304材质的2台风机全套螺栓；

（2）螺栓到货后于当年9月份对二期循环水场5001A风机进行了检查更换，将每个叶片靠近叶顶端的螺栓进行了更换，并对更换下来的螺栓由设备中心指导进行渗透剂着色检查，没有发现问题；

（3）做好碳钢螺栓防腐防护：如对螺栓表面进行涂油、涂漆、喷塑等处理，同时要对螺栓周围进行保洁清理，减少螺栓与大气中引起应力腐蚀介质的接触。

（本案例撰写人：王继文）

2 循环水装置冷却塔风机异常振动故障分析案例

2.1 故障概况

2.1.1 结构型式

该风机为L型冷却塔风机，主要由叶轮、减速器、联轴器、油系统和电机等部件组成。

2.1.2 主要参数

L型冷却塔风机主要参数见表2-2。

表 2-2 L 型冷却塔风机主要参数

转速 /（r/min）	风量 /（$10^4m^3/h$）	全压 /Pa	角度 /（°）	轴功率 /kW	风机质量 /kg
136	130~264	140~192	16~20	100~145	2420

2.1.3 主要功能

通过电机带动减速机上的叶片，加快塔内气体流通，从而降低水的温度。

2.1.4 故障基本情况

减速机位置移动造成设备不对中，减速机短时间内振动上升到11mm/s。

2.2 故障发现过程

2022年5月28日下午，工艺监测到UJ0402A凉水塔风机减速机振动数据短时间内上升到11mm/s，立即停机联系保运人员。通过现场检查发现，减速机侧部分联轴器弹性柱销破损变形，减速机南侧地脚螺栓锁固螺母松动。

此次停机需尽快完成抢修工作，如停机时间过长会影响到循环水换热质量，从而影响主装置正常运行，严重时会造成主装置停车。

2.3 故障分析诊断过程

从减速机侧联轴器弹性柱销的损坏和减速机地脚螺栓锁紧螺母松动的情况，初步判断是减速机位置移动，造成设备不对中，引起设备异常振动(见图2-4)。

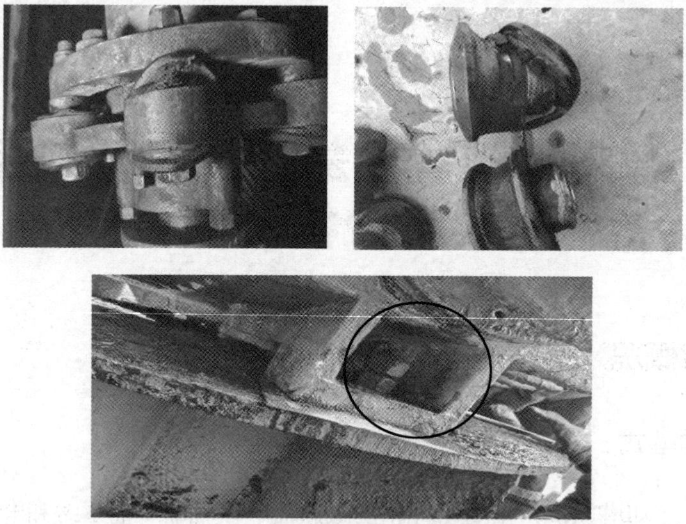

图2-4　弹性柱销、地脚螺栓

2.4　故障验证情况

现场立即对设备进行对中检查，测量数据是电机侧数据：东张口0.85mm，下张口0.1mm，电机偏东0.62mm，电机低0.25mm；减速机侧数据：西张口1.5mm，下张口0.2mm，减速机偏西0.75mm，减速机低0.2mm(联轴器跨距3555mm，因弹性柱销变形，造成联轴节与两侧靠背轮存在相互受力情况，所以判断，数据会存在误差，需要初步对减速机进行调整)。

2.5　故障处理情况及效果

通过对测量的数据进行分析，调整两侧垫片和减速机位置，调整后电机侧数据：东张口0.04mm，上张口0.02mm，电机偏东0.02mm，电机高0.05mm；减速机侧数据：东张口0.03mm，下张口0.03mm，减速机偏东0.01mm，减速机低0.02mm。处理后的运行情况：振动由以前的11mm/s降到6mm/s，运行温度为正常运行的75℃。

2.6　故障警示

本故障案例警示我们要加强日常巡检的细节检查，主要包括：设备相关指示仪表的状态显示是否正常、运行的声音是否正常、紧固件是否松动腐蚀、油品、油位是否符合要求等。一些工作环境特殊，并且长周期运行的动设备，可能存在紧固件锈蚀、紧固不动的情况，建议逐条拆下保养后再进行紧固，保证检查到位。

(本案例撰写人：孙宝瑞)

3 循环水冷却塔风机传动轴断裂故障分析案例

3.1 故障概况

3.1.1 设备结构

冷却塔风机由叶片、轮毂、减速机、传动轴、油标系统、电机和风机保护装置组成，各部件见图2-5。

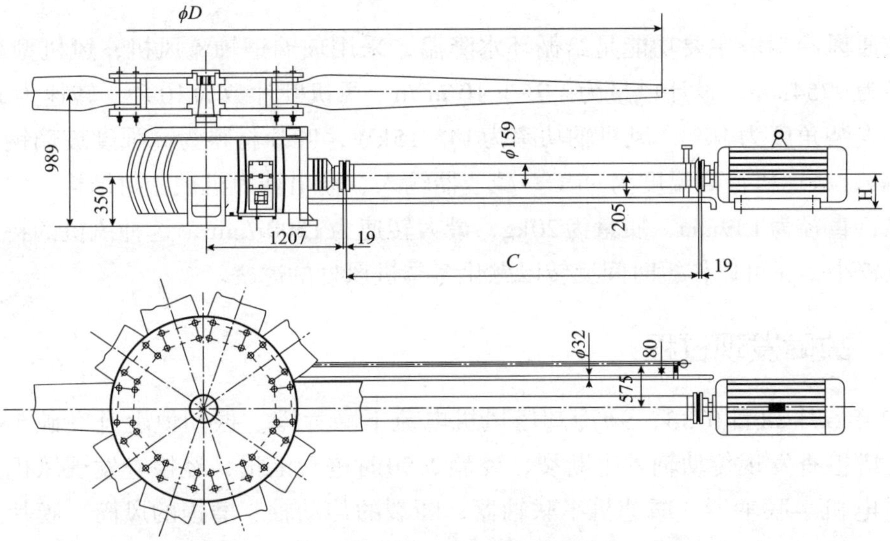

图2-5 风机结构

3.1.2 主要参数

冷却塔风机主要参数见表2-3。

表2-3 冷却塔风机主要参数

装置名称	循环水	在籍装置	水处理
设备名称	凉水塔冷却风机	设备位号	E21001B
设备型号	LF-98	结构型式	轴流式
规格尺寸	IV	设备编号	LF-989548762

续表

设备总质量 /kg	620		合格证号	4850012015
安装单位	某化建		安装年月	2013 年 7 月
投运日期	2014 年 7 月		使用年限	8 年
技术特性	操作介质	水、空气	腐蚀余量 /mm	0.7
	操作压力 /MPa	无	设计压力 /MPa	无
	操作温度 /℃	常温	设计温度 /℃	0~40
	流量 / (m^3/h)	5000	扬程 /m	无
	转速 / (r/min)	740		
	试验压力 /MPa	无		
主电动机	电机型号	YX3315L2-4	制造厂名 / 国别	某电机厂
	电压 /V	380	电流 /A	486.84
	功率 /kW	185	转速 / (r/min)	2900

3.1.3　主要功能

机械通风冷却塔主要功能是给循环水降温，采用玻璃钢轴流风机，风机型号为L98，风机直径为9754mm，设计风量为$2.75\times10^6m^3/h$，风机叶片数为10片，转速为109r/min，风机设计安装角度为10°，风机轴功率为145.15kW，叶片材料为高强度玻璃钢，单片重量为125kg，减速机最高温度为95℃，减速器输入、输出轴为机械密封结构，驱动轴材料为碳纤维，直径为159mm，质量为20kg，最大转速为1500r/min，这种风机的特点是风量大、风压较小，还可以作短时间反转以融化冬季进风处的冰凌。

3.2　故障发现过程

2022年6月28日0:33，9#冷却塔风机电流下降为零，振动值上升突破5mm/s，现场人员上塔检查发现传动轴发生断裂，凌晨2:50时进行汇报，经检查发现风机传动轴断裂，并对电机半联轴器、减速机半联轴器，断裂的传动轴、磨损的风筒、膜片及紧固螺栓进行拍照存档。抢修过程中更换了减速机半联轴器、传动轴、膜片、膜片紧固螺栓等备件。检修过程中发现减速机大半地脚螺栓松动，造成了减速机箱体位移，更换传动轴并重新对中找正，28日上午11:00时，9#风机抢修完毕，进行试车，试车运行良好，最大振动值1.5mm/s。

3.3　故障分析诊断过程

（1）事故主要原因：减速机箱体发生了位移，造成了减速机半联轴器螺栓孔磨损，传动轴对中发生较大偏移，导致传动轴断裂。

风机传动轴上次更换的时间为2022年3月28日，运行约三个月，排除传动轴质量问题。

减速机地脚紧固螺栓松动，从现场查看发现减速机箱体位移，位移量为5~10mm，方向为朝向传动轴方向。

现场检查，联轴器螺栓基本是完好的，没有发生弯曲，只有一颗减速机侧紧固螺栓弯曲90°，由于减速机箱体位移，造成传动轴法兰螺栓孔磨损，传动轴对中变化，减速机侧传动轴法兰最先发生了脱落导致传动轴与风筒发生了摩擦，最终导致传动轴断裂。

（2）次要原因：维护保养不当。

故障的发生早期都有征兆，振动值在6月25日就出现了上涨趋势，且直至断轴时振动值一直在涨，没有停稳的迹象。27日的停机检查节点没有把握住。

3.4 故障验证情况

断轴现象频繁发生，有传动轴老化的因素、冷热交替的作用，这次的断轴与以往不同，减速机箱体在上次检修后，紧固没有问题，从2022年6月25日前运行正常，后来出现地脚螺栓松动的问题，核心问题是风机运行时桨叶的平衡出现了问题，没有关注，更没有采取措施。桨叶出现了裂纹（见图2-6），一旦裂透，运行时水就会进入桨叶，造成桨叶动平衡出现问题，负荷不稳定，对减速机箱体长期反复作用，造成了地脚螺栓的松动。

图2-6　风机叶片裂纹

3.5 故障处理情况及效果

（1）为保证夏天冷却塔风机运行，采购一套新桨叶，在2#冷却塔风机上安装，替换下来的旧桨叶，作为备件使用。

（2）与桨叶修复厂家进行技术交流，并完成服务类合同的签订，保证在秋季全面检查修复桨叶。

（3）冷却塔风机桨叶修复，形成方案，储备黏结剂，发现问题厂内可以及时进行修复处理。

（4）冷却塔风机备件准备不充足，导致因备件问题影响风机的修复，每年预算中要对10台风机的备件费用准备充分，及时订货。

（5）举一反三，每月初请维保部门配合检查一遍10台风机的地脚螺栓及连接轴紧固件。

（6）加强监盘和巡检，关注对减速机和电机振动值，异常变化时及时停机检查。

3.6 故障警示

本故障案例，提示我们设备故障现象都会有一些苗头，振动值、温度、声音等都有一些轻微的变化，早期发现，及时干预，消除缺陷，使故障消灭在萌芽状态，保证生产长周期稳定运行，降低维护的成本。

（本案例撰写人：陈忠、景志强）

4 循环水装置循环水水轮机轴承损坏故障分析案例

4.1 故障概况

某循环水装置凉水塔风机原为电机风机，于2019年进行节能改造，将电机风机改造为用循环水回水余压驱动的水轮机风机，水轮机型号为HTNW-HL-3000，额定流量2850m³/h，额定转速136r/min，其主要组成部件为主轴、轴承、机封、叶片等（见图2-7）。

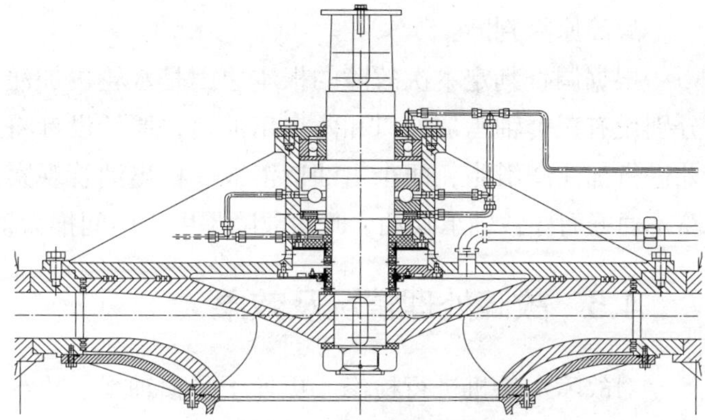

图2-7 水轮机剖面图

水轮机改造完投用运行两年后，一台水轮机发生轴承磨损故障，公司相关人员对故障原因进行了分析，并制订相关整改措施，最终故障从根本上得到解除。

4.2 故障发现过程

现场岗位操作人员在进行日常巡检时，在风机风筒外听到风机运行有异常杂音，通过查看主控电脑风机运行参数，发现风机转速有波动迹象，且风机轴承箱温度有上涨趋势，班组立刻上报技术人员，现场立刻停运该水轮机风机，切换至备用水轮机风机运行，使循环水给回水温度维持在正常指标范围，未对主装置运行造成影响。

4.3 故障分析诊断过程

相关技术人员对故障水轮机近期运行参数进行比对，风机轴承箱振动数值由原来的3.0mm/s上升至7.0mm/s，轴承箱温度由45℃左右上升至75℃，且转速相比其他水轮机有波动。根据各项参数变化情况，得出水轮机轴承磨损故障可能性高，建议对水轮机进行拆解大修，以便于彻底找到故障原因，从根源消除故障。

4.4 故障验证情况

在故障水轮机上水阀关闭，彻底隔离切出后，对此风机进行吊装并拆解，拆解后发现水轮机中间轴承磨损较严重，上下轴承都有不同程度磨损，从而验证故障分析诊断结论正确，具体原因调查：

（1）通过检查加油记录确认，维保人员按照设备维护手册要求每6个月加注一次润滑脂，不存在未定期加油情况；

（2）通过每次加油时出油管被挤出润滑脂量判定加油量是足够的，加油量不足原因被排除；

（3）其他原因调查：从本次检修情况以及水轮机现场调查情况分析，加油管路设计存在缺陷，可能是某个轴承缺少润滑脂造成的。

故障原因判断：

根据调查判定本次故障的根本原因是水轮机加注油脂管路有设计缺陷。水轮机轴承箱分别设有三个轴承加油口和两个出油口，原始设计将三个注油口汇成一根注油管伸出风筒外进行加注润滑脂，两个出油口汇成一根出油管观察出油情况，在加注油脂时会出现某一路不通畅而导致轴承缺油，此次故障是由于中间推力轴承油路不通畅缺少润滑脂造成的。

4.5 故障处理情况及效果

对故障水轮机进行检修，更换了受损轴承、机封等零部件，对水轮机各部件进行清洗保养，回装后进行了缺陷整改，投运后运行正常，针对此次故障原因公司进行了多项整改措施：

（1）对其余每一台水轮机加油管路进行整改，将原有缺陷的加油管分开接出风筒外，每次加注油脂时分别对三个轴承加注，以保证润滑良好；

（2）在循环水主控电脑添加循环水水轮机轴温、振动实时数据报警信号和声控报警，以便在参数异常时可以及时发现；

（3）在循环水冷却塔风筒上开检测口，以便现场巡检人员观察水轮机运行情况，及时发现隐患；

（4）缩短加油周期，由原来的每6个月加注一次油脂改为每3个月加注一次油脂，加注润滑脂量由原来的1L增加为1.5L。

4.6 故障警示

本故障案例对我们日常设备管理和技术工作起到积极警示作用，尤其对于新改造设备，在试用阶段要加强监控，定期进行设备评估。要充分了解设备内部构造，尤其关注运转部件的润滑是否充足，检查加油放油管路有无缺陷。在发生故障时，要进行详细的故障分析与诊断，找到造成故障的根本原因，从根本上消除隐患。要针对隐患举一反三，制定全面且具体的整改措施并严格执行，才能保证设备安稳长满优运行。

（本案例撰写人：刘秀廷、赖财满）

5　一次风机调节风门拉杆万向节销轴断裂故障分析案例

5.1　故障概况

F-101-3锅炉一次风机型号为AGX130-2ANo18.5D \右旋90°，悬臂支撑结构，风压20680Pa、流量114000m^3/h、转速1480r/min、功率900kW，是为炉内燃料燃烧提供空气的重要设备。

2021年2月7日19：40，C-102-3一次风机入口调节风门拉杆万向节销子螺纹根部断裂，一次风机入口调节风门拉杆脱开，导致入口调节风门回关，一次风机风量输出降低。

5.2　故障发现过程

2021年2月7日19:40，某部门F-101-3锅炉司炉工在DCS画面发现C-102-3一次风机风量低报警显示、风量低低联锁动作而跳车，随之触发F-101-3锅炉联锁动作跳车，随后整个生产下游装置除空分装置外全线停车，造成整个生产装置除空分装置外全线停车16h。

约19:46，工艺技术监督在C-102-3一次风机现场发现入口调节风门拉杆万向节销轴螺纹根部断裂，一次风机入口调节风门拉杆脱开。当时用普通螺栓代替入口调节风门拉杆万向节销轴，15min后启动C-102-3一次风机。随后，在采取固定风机入口调节风门措施后，更换了正式销轴。

5.3　故障分析诊断过程

事故发生后，组织相关人员对C-102-3一次风机现场进行了全面检查，并查看了入口调节风门拉杆万向节销子螺纹根部断裂情况。

C-102-3一次风机入口调节风门拉杆万向节销子发生疲劳损伤，在螺纹根部处出现断裂是造成本次事故的直接原因。

对一次风机日常管理不到位是本次事故的主要原因。C-102-3一次风机日常管理不到位，包机责任制和三定一巡工作执行落实不到位，导致风机在振动值偏大（事故前后振动值约为17mm/s，正常值约为10mm/s）的情况下长期运行，且整个风门调节机构各旋转部件大量积灰、变形、偏离原有位置等导致旋转阻力增大，从而增大了万向节销轴在风门开度调节过程中的推力和径向剪切力，受力点均集中在螺纹根部区域，长时间运行中调节机构反复动作造成了销轴发生疲劳损伤，最终在销轴螺纹根部出现了断裂的故障。

5.4 故障验证情况

在安装C-102-3一次风机入口调节风门拉杆万向节销轴的时候，发现一次风机入口调节风门链接板销孔为ϕ16.5mm，只能穿到销轴螺纹根部（见图2-8、图2-9），结果导致销轴螺纹根部集中受径向剪切力作用。

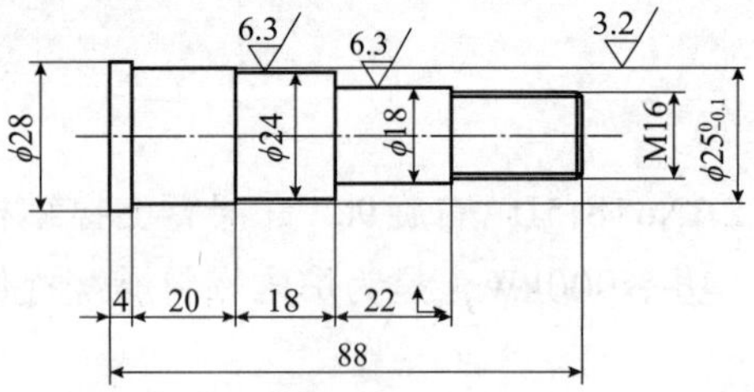

图2-8 拉杆万向节销轴

图2-9 万向节销轴断裂

5.5 故障处理情况及效果

故障分析诊断清楚后，将一次风机入口调节风门链接板销孔扩为ϕ18.5mm，安装链接板至销轴螺纹根部的左侧（图2-8中直径ϕ18mm、长度22mm区域），使销轴螺纹根部不再受径向剪切力作用。

按照上述做法，对锅炉的其余2台一次风机、3台二次风机都做了整改，从此再没发生风机入口调节风门拉杆万向节销轴螺纹根部断裂的事故。

5.6 故障警示

技术人员对设备或设备零部件存在的不配套或不合理问题提高认知能力。

（本案例撰写人：景志强、冀云会）

6 硫黄装置尾气风机振动故障分析案例

6.1 故障概况

6.1.1 结构型式

硫黄装置尾气风机结构型式见图2-10。

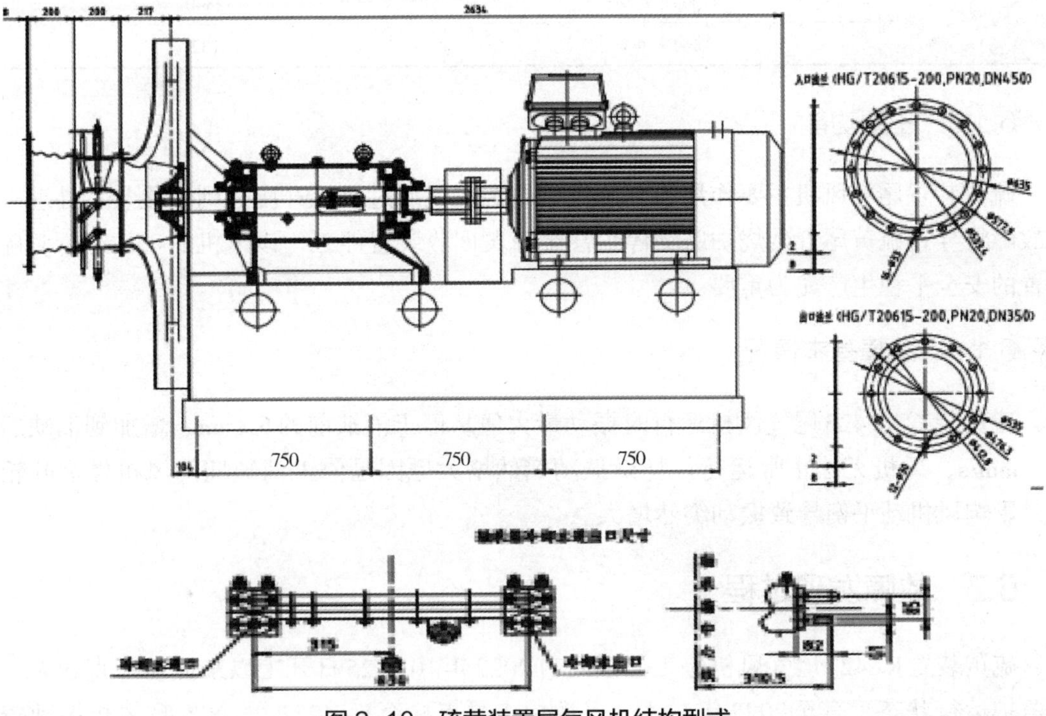

图 2-10 硫黄装置尾气风机结构型式

6.1.2 主要参数

硫黄装置尾气风机的主要参数见表2-4。

表 2-4　硫黄装置尾气风机主要参数

设备名称	尾气风机	风机型号	9-12No11D
设备位号	K-423	数量	1台
工况条件	输送介质	烟气	
	进口流量 /（Nm^3/h）	7000/9000（正常 / 最大）	
	进气温度 /℃	185/230（正常 / 最大）	
	进气压力 /kPa（G）	0	
	出口压力 /kPa（G）	16	
风机性能	风机型号	9-12No11D	
	进口流量 /（Nm^3/min）	117/150（正常 / 最大）	
	升压 /kPa（G）	16	
	风机转速 /（r/min）	2960	
	级数	单级	
	传动型式	联轴器	
	风机质量 /kg	2800	
	轴功率 /kW	132	

6.1.3　主要功能

硫黄装置尾气风机主要作用是将硫黄焚烧炉尾气通过风机升压送到催化装置处理。风机故障将导致硫黄尾气焚烧炉联锁停炉甚至硫黄回收装置停工，该风机的正常运行对硫黄装置的安全平稳生产尤为重要。

6.1.4　故障基本情况

硫黄装置K-423尾气风机运行时振动最大值从停工消缺前的6.1mm/s增加到消缺后的10.5mm/s，风机无法正常运行。怀疑振动突然增大原因是停工消缺期间风机停运叶轮结垢，影响风机动平衡导致振动突然增大。

6.2　故障发现过程

硫黄装置K-423尾气风机停工消缺后自2022年10月25日开工以来振动一直偏大，处于监护运行状态，直至2022年11月1日巡检人员点检至K-423时测振发现风机振动较昨日增大明显。驱动端水平方向振动：6.2mm/s，垂直方向振动：7.6mm/s，非驱动端水平方向振动：9.1mm/s，垂直方向振动：10.5mm/s，随后通知专业主管及工程师到达现场，及时切换至备用风机运行，未对生产造成影响。

6.3　故障分析诊断过程

该风机在装置停工前振动5mm/s左右，虽然偏大但一直保持相对稳定。装置开工后风机投用时振动明显增大。根据离线监测频谱显示1倍频主导，判断风机振动增大的原因是叶轮不平衡导致，叶轮不平衡应该是由于停工后温度变化导致叶轮两面盖板变形，结垢脱落不均。现场操作人员进行风机切换，对K-423进行检修。

6.4 故障验证情况

解体检修中发现轴承无损伤，打开壳体盖板发现叶轮上结垢明显，如图2-11所示，且分布不均匀，清理后风机振动降至6mm/s左右，振动依然偏高，对叶轮做在线动平衡以进一步降低振动数值。

6.5 故障处理情况及效果

对结垢叶轮进行清理，回装试车振动依然偏大，现场使用离线监测设备对叶轮进行在线动平衡校正，如图2-12所示。经过几次对叶轮上不同角度增减配重调整，风机振动降至4.5mm/s，风机运行数据及声音正常。

图2-11 风机叶片结垢

图2-12 在线动平衡校正

6.6 故障警示

（1）风机备用时应增加盘车次数，防止静态结垢不均匀引起叶轮不平衡，及时发现设备异常状况，日常巡检多注意风机是否有异响，振动是否正常。

（2）工艺上加强尾气过滤效果，降低尾气中颗粒粉尘附着对叶轮动平衡的影响。

（本案例撰写人：邹恩操）

7 尿素装置流化空气风机振动故障分析案例

7.1 故障概况

某尿素装置造粒机流化空气风机于1996年投入运行，该流化风机为单入口悬臂离心式风机，由CA500/4型电机驱动，通过TSKS-0750挠性联轴器联结，轴端密封采用标准浮动多层石棉环。驱动侧轴承箱与驱动电机共用同一基座，由圆柱开口销定位；轴承箱采用水平剖分式结构，轴承为锥孔球面滚柱轴承，使用钙基润滑脂；壳体呈涡流型，由钢板焊接而成并使用扁钢加强，壳体中部设有检查人孔。流化空气风机设备性能参数见表2-5，其结构见图2-13。

表2-5 流化空气风机设备性能参数

项目	参数	项目	参数
型号	离心式 R115/155R/SA/CA/VC	叶轮级数	1
工作介质	环境空气	直径	ϕ1795
轴径 /mm	ϕ110	进口温度 /℃	31
设计流量 /（kg/h）	255500	转速 /（r/min）	1490
进口压力 /kPa	101.03	效率 /%	86
总压头 /kPa	10.2	轴功率 /kW	736
出口压力 /kPa	110.83	调节范围	80%~100%
调节方式	进口导叶	润滑方式	油脂
轴承	双列滚柱 SNH 524 TAV C3 ϕ110	联轴器	挠性 TSKS-0750
轴封	标准多层石棉环	净质量 /kg	13610
外形尺寸 /mm	5300×4850×9940	额定功率 /kW	825
驱动机型号	CA500/4	转速 /（r/min）	1490
驱动机电压 / 电流	6000V/94.5A	润滑方式	油蜡
驱动机轴承	滚柱轴承		

该风机由于常年存在的振动大问题，2004年和2007年分别因振动疲劳导致轴承座螺栓断裂、轴承座断裂事故发生，2017年因入口消声器内部多孔板腐蚀严重造成脱落威胁风机运行并进行了更换。近年来，风机轴承振动不断增大，振动值远超设计值，给装置稳定运行带来隐患。

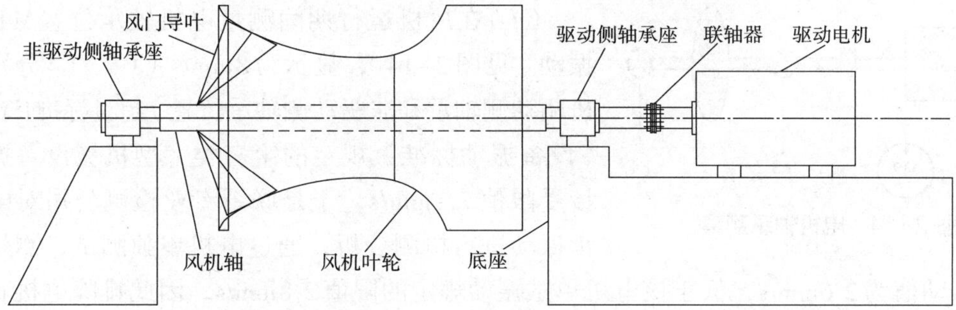

图 2-13　流化空气风机结构简图

7.2　故障发现过程

2021年中期，流化空气风机驱动侧轴承振动增加至最高值达到22.5mm/s，远超此类风机振动规定限值11.2mm/s。随着振动的增大，流化风机检修周期由最初检修设计标准的1次/年增加至1次/半年，到2021年5月以后1次/月。因此，计划对风机本体和外部支撑结构件改造处理，解决风机振动大的问题，消除造成风机损坏和巡检人员人身安全的不稳定因素。

7.3　故障分析诊断过程

针对该风机振动逐年增大且出现严重超标的故障，判断分析有可能造成风机轴承座振动大的原因有以下几个方面：

（1）电机轴承振动大，导致传递到风机侧。

（2）对中未达到设计要求，造成转子动不平衡。

（3）轴承座磨损导致轴承跑外圈。

（4）基座存在变形等缺陷。

（5）风门导叶松动导致振动增大。

7.4　故障验证情况

对5条末端原因进行分析确认，制定要因验证表（见表2-6），逐一调查分析。

表 2-6　要因验证表

末端因素	验证方法	验证标准
电机轴承振动大	现场调查	现场测量、分析
对中未达到设计要求	现场调查	现场试验、调查
轴承座磨损导致轴承跑外圈	现场调查	现场试验、调查
基座存在变形等缺陷	调查计算	现场试验、调查
风门导叶松动导致振动增大	数据调查	现场测量、调查

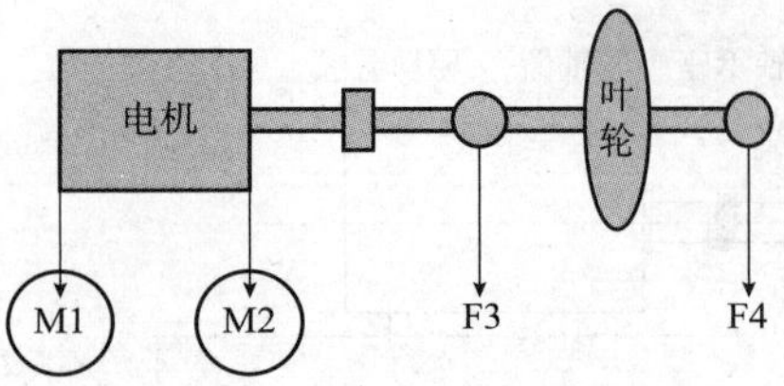

图 2-14　电机轴承测量

（1）在风机运行期间测量电机轴承位置M1、M2振动（见图2-14），显示为8mm/s（F3、F4分别为风机驱动侧轴承和非驱动侧轴承位置）超过标准ISO 2372《设备振动标准》规定的第三类大型机械设备振动可接受限值7.1mm/s，于是联系专业检测公司对电机轴承振动进行检测分析，通过电机单独测试，测量得到最大振动值为2.6mm/s，低于该电机单试振动规定的限值2.8mm/s，因此排除电机轴承振动大是导致风机振动大的原因。

（2）针对对中未达到设计要求造成风机振动大这一原因，通过查阅历史检修记录，对2021年6月、7月两次风机检修期间设备的对中数据进行了统计。

由图2-15可以看出，对中数据（轴心线偏差0.10mm以内）满足设备运行要求，排除因对中原因导致风机振动大的原因。

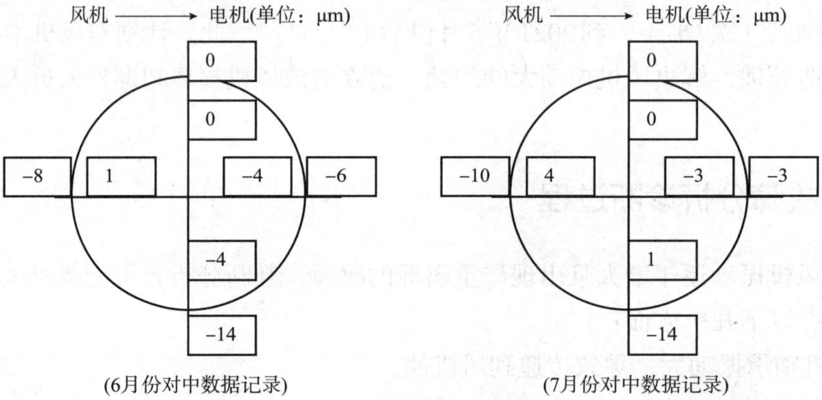

图 2-15　电机轴承测量数据

（3）在风机停机检修期间，对轴承座进行了专项检查，拆除上盖后发现轴承座内侧有磨损痕迹（见图2-16），怀疑为瓦背紧力不够，造成轴承"跑"外圈并导致风机振动增大。

（4）压铅丝法测量轴承瓦背紧力：轴承在轴承座内被上瓦盖压死，保证轴承外圈在轴承座内固定，因此检修前必须检查瓦背紧力是否为过盈，避免轴承在座子内"跑"外圈，见图2-17。

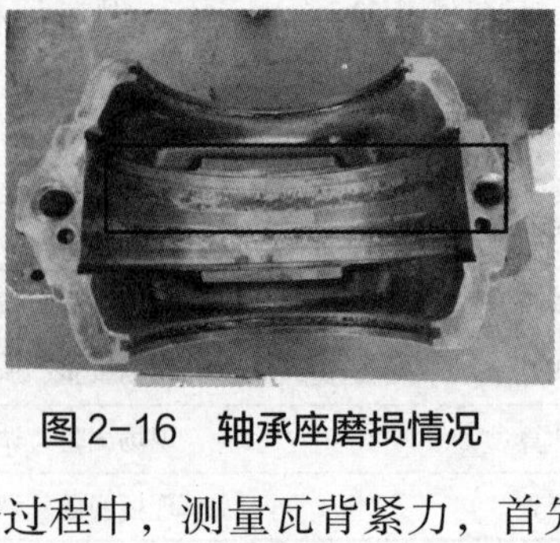

图 2-16　轴承座磨损情况

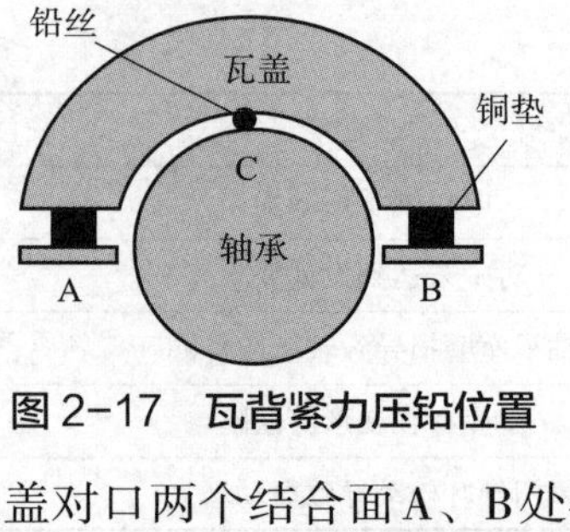

图 2-17　瓦背紧力压铅位置

在检修过程中，测量瓦背紧力，首先在上、下瓦盖对口两个结合面A、B处各垫厚度a、b分别为0.20mm的铜皮后，在轴承顶部与瓦盖之间C点处放上ϕ 0.50mm铅丝，将瓦盖压紧后测得C处铅丝厚度c为0.23mm，得出瓦背过盈为：$\delta=(a+b)/2-c=-0.03$mm。由此得出轴承没有过盈，反而存在0.03mm的间隙，与要求过盈有很大偏差，确定为轴承“跑”外圈原因，最终造成座子和轴承外圈磨损，导致振动增加。

（5）流化空气风机从1996年建厂至今未进行更换，且一直存在轴承座振动较大问题，尤其是近期振动飙升，因此对基座进行了全面检查。

利用水平仪检测轴承座底座水平度，发现驱动侧轴承座轴向偏差较大，且基础厚度薄，造成风机两侧轴承座不同轴导致振动增大。

现场观察发现，风机运行期间进气风道与底座间用于加固的支撑钢梁不够牢固，导致抖动大进而产生对风机的叠加振动。驱动侧支撑钢架间无“一”字横梁，非驱侧底部支撑钢架无“十”字横梁支撑，见图2-18。通过以上分析，确定基座变形及支撑不牢固是导致风机振动增加原因之一。

（6）风机运行期间，用听棒检测风道，发现有不规则异响，停机检修时专项检查了进气风门，发现导叶固定螺栓松动（见图2-19），造成风门导叶在风机运行期间晃动对风机振动进行叠加，因此判断为振动增大主因之一。

图2-18 基体支撑钢架无横梁

图2-19 风门导叶螺栓松动

7.5 故障处理情况及效果

分析出导致风机振动增大的主要原因后，利用风机停机检修时间进行了如下分段的可行性分析和改造。

（1）针对瓦背紧力不足造成轴承座及轴承磨损，更换了新座和轴承，并重新进行了安装调整，轴承安装完成以后对瓦背紧力进行了复测，发现仍然存在间隙，因此在外圈顶部安放了厚度δ为0.10mm的不锈钢调整垫（见图2-20），彻底消除“跑”外圈问题。

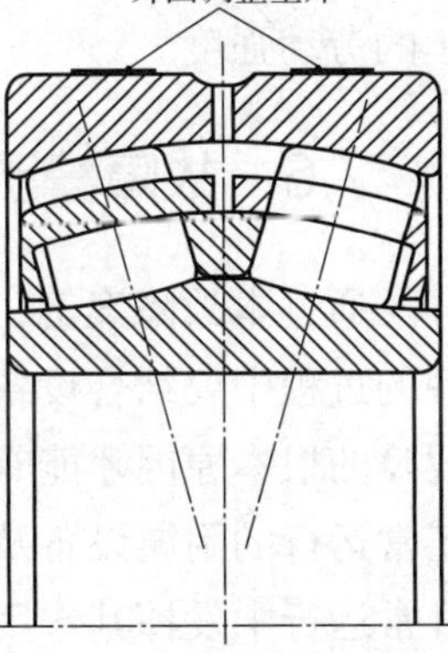

图2-20 外圈调整垫安装

（2）针对基座变形及支撑不牢固导致风机振动增加这一原因，在风机停机检修期间依次进行改造，实施情况如下：

①基座薄有变形的处理：利用磨光机对原底座高点进行打磨，安装新基准底板厚度δ

为10mm，并用水平仪检测，保证水平度满足使用要求。

②基座支撑钢梁抖动的处理：停机检修对驱动侧钢梁进行二次加固、止推侧底部固定架钢梁加十字斜撑，减少抖动对风机振动的二次叠加，见图2-21。

图2-21 增加固定架钢梁及十字斜撑

（3）针对风门导叶螺栓松动造成风门晃动、导致风机振动叠加这一原因，在风机停机检修期间进行了加固处理，实施情况如下：

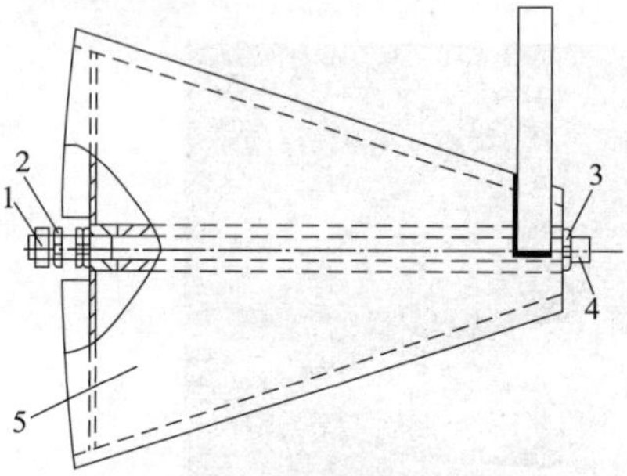

图2-22 风门螺栓紧固

1—螺母；2—螺母；3—背紧螺母；4—螺杆轴；5—导叶

利用扳手配合螺丝刀拧紧顶部2号螺母，再将1号背紧螺母背紧，见图2-22。

处理后成效：风机通过两次停车改造作业后，振动有了明显下降并趋于稳定，从2021年9月份改造完成后一直稳定运行至今；第一次改造后，轴向位置振动值由检修前最高的22.5mm/s降至10.2mm/s，第二次改造后降至3.2mm/s，径向位置振动值由第一次改造后的11.5mm/s降至5.6mm/s；第二次改造后降至4.5mm/s。风机无故障运行超过半年以上，完全达到改造前期望值。无故障运行周期由改造前的一个月增长至半年以上，大大减少了更换轴承及轴承座等零部件的费用；消除振动大造成风机损坏导致装置停车以及对现场检修和巡检人员伤害的可能；降低现场操作人员和检修人员应对造粒系统停车的劳动强度。

7.6 故障警示

通过本故障案例，可以看出设备故障是多方面原因造成的，在进行故障原因分析及处理的过程中要结合设备本体、工艺条件及其附属设备在内的多方面系统地分析，找到产生故障的根本原因才能有效地从根源上消除故障。设备在年度计划大修中应对其可能影响其正常运行的附属设备及系统经过诊断后有针对性地进行检查、清理，确保设备各个系统在日常运行中发挥其作用，达到长周期运行的目的。

（本案例撰写人：陈靖）

8　电除尘引风机轮毂断裂故障分析案例

8.1　故障概况

2017年12月30日，电除尘引风机投用，安装时配备了振动传感器，各参数一直正常，使用正常。

2019年12月16日，该风机突然跳停，检查为风机轮毂断裂，修复后正常。

8.2　故障发现过程

2019年12月16日，风机出口压力车事故前一直正常，22:06风机状态突变，工人到现场检查确认设备损坏（见图2–23）。

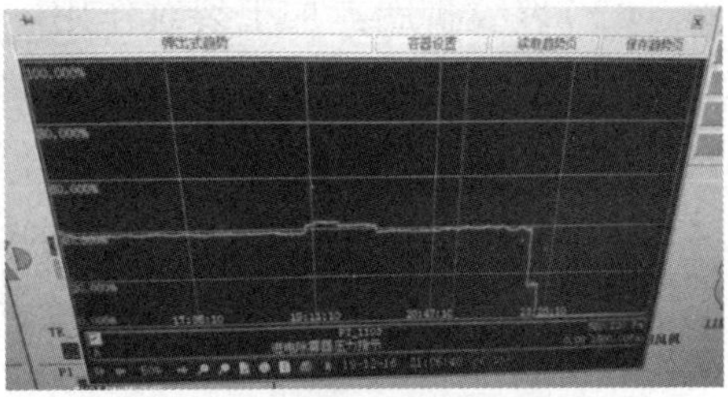

图2–23

22:06左右，中控通过DCS发现K701风机跳停，随即K538跳停，联锁停GPR。联系电气人员值班给K701和K538风机复位。22:20电气复位完毕，洗涤岗位现场开K701，开启后发现风机振动大，随即停风机，报告班长。班长和洗涤岗位现场查看，通知值班机修人员到现场确认故障情况，22:35，机修人员现场确认发现风机轴封压盖几处螺丝松，紧固螺栓。洗涤岗位点动K701，风机依然振动大，机修人员打开风机快开孔观察叶轮情况，由于车间设备均未停，风从快开孔处大量涌出，无法观察K701风机叶轮情况。23:05车间停环路等设备，机修人员观察K701叶轮，发现叶轮与风道不在一个水平线上，初步判断K701风机轴断或叶轮脱落。

12月17日，将轴及叶轮吊出后发现轮毂连接板断裂，所有铆钉均在叶轮上无破坏痕迹，见图2–24。

图2–24

8.3　故障分析诊断过程

事故发生后，设备工程师调取了事故发生时运行记录，查阅设计图纸对风机进行受力分析、对断口状态进行拍照。咨询设备制造相关单位后认为事故原因有以下几点：

（1）叶轮轮毂结构不合理，存在应力集中，强度设计不足；

（2）风机可能存在带液情况。

8.4 故障验证情况

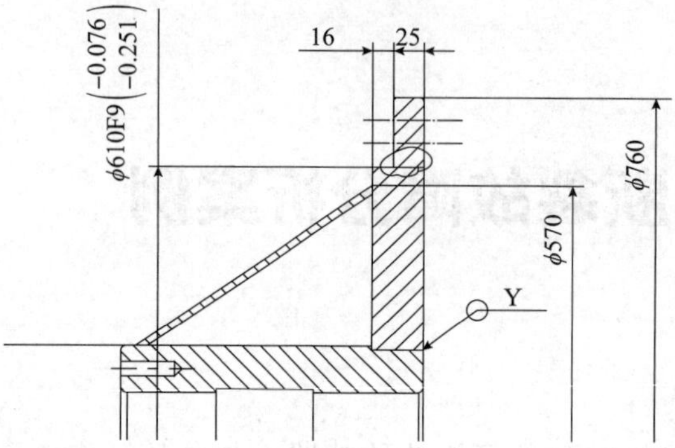

图 2-25

（1）设计结构不合理：该机为定制叶轮，前人无制造及使用经验。叶轮为宽系列叶轮，自重1.4t，宽度900mm以上，由于加强筋锥套的存在，损坏点受弯扭组合，形成了一个受力最大点。损坏点处板厚是连接板的相对薄弱点，受扭矩及轴向力，该断面处于轮毂直径610处台阶处（见图2-25），该处厚度突变——由41mm突变至25mm，其他16mm只作为与叶轮的定位口。其总厚度未得到充分利用。

（2）焊接应力影响 ：轮毂加强筋与轮毂为焊接连接，焊接热影响区与轮毂叶轮装配子口处台阶重合，裂纹位置处于热影响区范围，材料强度受到削弱，容易破坏。

（3）裂纹扩展：加工裂纹作用：断面有效截面不是最小点，经观察断面，现场裂纹自加工阴角处开始扩张。该台阶为机加工，阴角处容易出现加工裂纹。

材料缺陷裂纹作用：该连接板由316L厚板制作，该类厚板可出现峰形裂纹，所有这些裂纹都发生在距钢板下表面边缘5~60mm处。宏观方向垂直于滚动方向，呈现“山峰”形状。

热铆应力导致裂纹：由于叶轮与轮毂铆钉孔加工精度较差，热铆时根据热铆方法可能产生径向挤压造成裂纹。

轴向交变应力导致疲劳裂纹扩展：该风机进出口有压力差，叶轮前盘与后盘面积差距较大，轴向力不可忽视，加上叶轮结疤不平衡等原因加剧轴向力。该轴向力呈周期变化，对轮毂产生轴向交变载荷促使裂纹扩展至穿透板厚。

8.5 故障处理情况及效果

（1）考虑叶轮可能带水运行，对叶轮材料进行升级，将材质由316L升级为2205材质，强度至少升高1倍。

（2）重新制作轮毂，轮毂盘厚度加厚，以50mm板超平后去除轮毂盘厚度其余为子口厚度，有效厚度不低于35mm。

（3）注意控制液位，保证11K701入口低液位运行。

8.6 故障警示

（1）风机、泵等通用机械用于关键设备时尽量选用标准系列产品，减少选用非标产品。

（2）非标定制设备设计需增加安全裕度，制造前可请专业的第三方协助编制建造方案，制造时严格把关。

（3）对无国家强制标准的非标产品，使用时需加强监测，摸清运行规律，积累使用经验。

（本案例撰写人：王跃庆）

9 尾气除尘风机振动故障分析案例

9.1 故障概况

9.1.1 结构型式

设备主要由驱动装置、叶轮、机壳、主轴部分、出入口法兰组成。

9.1.2 主要参数

叶轮直径 ϕ 2090mm，电机功率355kW。

9.1.3 主要功能

风机用于复合肥干燥尾气除尘。

9.1.4 故障基本情况

风机蜗壳振裂。

9.2 故障发现过程

（1）自2014年6月除尘风机更换蜗壳后，风机仍然振动大（连续生产一段时间后，叶轮结疤，导致叶轮不平衡）。

（2）2015年6月15日，风机的两个轴承座的地脚螺栓振松脱落，联轴器防护罩损坏，轮胎联轴器的轮胎撕裂成两半。

9.3 故障分析诊断过程

（1）针对现场风机振动异常情况，技术人员进行以下检查和检测：

①对风机进行每日振动离线检测：检查结果为风机从正常运行到异常存在明显的突变情况，没有出现应有的渐变过程。

②对风机联轴器对中进行激光对中检查：检测结果为联轴器对中符合技术要求。

③对风机轴承座地脚螺栓松动情况进行检查：检查结果为地脚螺栓无松动情况。

④查看调阅了风机运行载荷情况；风机采用变频器控制，根据需要变频调整风量。

⑤调阅了风机轴承润滑脂补充情况：均按规定周期进行加油，不存在缺油情况。

（2）结合风机以往检修、更换部件、维护情况，分析故障原因如下：

①叶轮结疤是引起振动的直接原因。

②电机结构和重量变化（电机功率加大，散热方式改为电机自带空气冷却器，整机结构重量加大），导致风机机座下方的减振器失效。

③风机蜗壳与机座通过底座连接在一起，当叶轮结疤振动时，引起风机蜗壳的共振，间接导致蜗壳壳体开裂。

④风机安装找正采用激光对中仪进行，安装误差控制在技术要求范围内，排除安装不当引发故障的可能。

⑤风机均按规定周期进行换油，排除润滑不当引发故障的可能。

9.4　故障验证情况

（1）故障监控情况

①使用离线振动检测仪进行检测，主要特征为转子不平衡，即叶轮结疤引起的不平衡。

②使用便携式振动检测仪对减振器进行隔振检测，振动值降低只有30%，说明减振器失效。

（2）共振检测情况

①当风机呈现振动时，提高和降低变频器频率，振动幅值有变化，同套装置的同类风机亦有此特征。

②相同装置的同类风机没有此特征，主要不同点在于没有此特征的风机蜗壳和机座是分离的，振动无法传递到蜗壳上。

9.5　故障处理情况及效果

针对故障分析结果，在后续进行了以下措施并进行了跟踪。

（1）对风机结构进行了改进，将蜗壳与机座分离，单独支撑，隔离共振；后续未再出现蜗壳开裂情况。

（2）增加风机机座下方的减震器，增强隔振效果；经检测振动值降低90%以上，满足要求。

（3）复合肥生产中风机叶轮结疤仍然是困扰行业的难题，在选型设计中，风机转速需要重点考虑。

9.6　故障警示

（1）复合肥生产中风机叶轮结疤具有以下几个特点：

①叶轮结疤具有快速性，特别是在潮湿季节，刚清理过的叶轮很快就会结疤，导致平衡破坏。

②叶轮结疤在生产运行中处在不断破坏平衡，又重新建立平衡的状态。

③风机振动值在多数时间里超过国标标准值。

（2）除尘风机不采用变频方式进行风量调节控制。

在线振动检测报警值需经过长期运行后合理设置，即在不引发风机轴承损坏情况下，满足最大的连续生产需要。

（本案例撰写人：马龙海）

10 电厂锅炉引风机轴承损坏故障分析案例

10.1 故障概况

10.1.1 概述

锅炉引风机具有排放电厂锅炉里内烟气的作用，一旦引风机出现故障引起停车，将对整个电厂的运行造成很大的影响，严重的将会导致生产停滞。因此，要求工艺人员在进行日常巡检时格外关注引风机各项指标的变化，发现异常现象及时通知车间领导以及状态监测人员进行分析和处理，以保证整个电厂生产的正常运行。

10.1.2 设备基本信息

（1）引风机型号：Y4-73；风量Q=124000~199000m^3/h；风压p=3805~3795Pa；

（2）电机：功率200kW；四级电机，带变频器；

（3）风机前后轴承型号：SKF22326。

10.2 故障发现过程

2006年4月19日前后，工艺人员巡检时发现该风机前轴承座部位振动及噪声有增大的趋势，但轴承温度并未升高。考虑到风机的重要性，于是通知状态监测人员用dP1500振动分析仪对前轴承的振动数据进行采集和分析。

10.3 故障分析诊断过程

对该轴承座采集到的振动数据进行FFT转换和频谱分析发现，振动尖峰能量谱（gSE谱）中出现了SKF22326轴承的外环故障频率（BPFO）7931CPM及其多次谐频，且两边有主轴转速频率1394CPM边带，如图2-26所示。轴承故障频率旁出现边带说明轴承损坏已经比较严重了。振动尖峰能量gSE数据是ENTEK公司专门用来诊断轴承故障的一种分析方法，经多次实践证明，对于轴承早期损伤的振动信号非常敏感。另外，在速度谱上也已经出现了比较明显的轴承外环故障频率及二倍谐频，如图2-27所示。一般情况下，如果在速度谱上都已出现了轴承故障频率，说明轴承的损伤已到了中晚期，其损伤已经很明显。

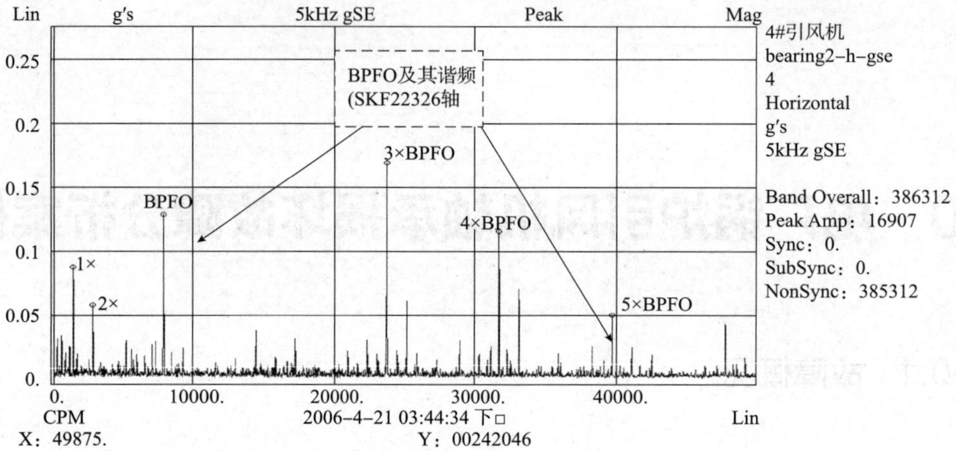

图 2-26　前轴承 H 向振动尖峰能量谱（gSE 谱）—2006 年 4 月 21 日

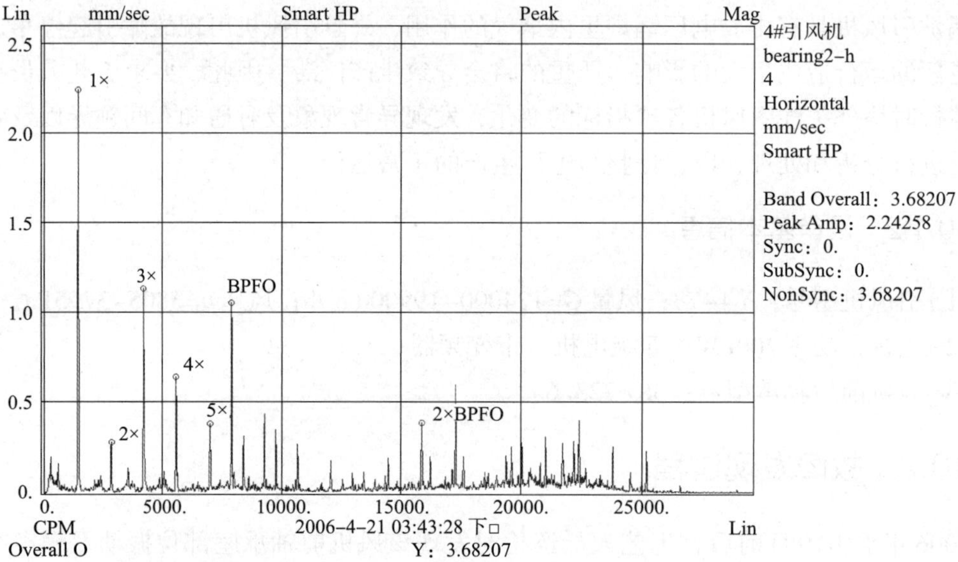

图 2-27　前轴承 H 向速度谱—2006 年 4 月 21 日

同时，在前轴承水平方向加速度谱的高频段出现了非常明显的振动峰值群，经计算其峰值之间的间隔频率正好是7936RPM，也就是轴承外环故障频率BPFO，最大的峰值已经达到65m/s^2，如图2-28所示。根据以前的经验判断，加速度值明显升高也常常是轴承损坏故障的典型特征。

综合以上三组振动分析数据，果断地给出了前轴承明显损坏的诊断结论。由于生产任务很紧，工艺车间要求至少坚持4~7天方可安排检修。因此在随后的时间里利用动态监测手段对前轴承进行密切监测，根据振动变化情况及时采取相应措施。

至2006年4月25日停车检修前，除速度谱外，gSE谱和加速度谱已经发展到如图2-29、图2-30所示的严重程度。其中，gSE谱图中轴承外环故障频率BPFO及其谐频峰值已经达到0.2~0.43g′s，且主轴转速频率边带也有很明显的升高；而加速度谱中高频段间隔为BPFO的峰值群其峰值已经到了103m/s^2。短短4天时间，指示轴承损伤程度的两个重要数据有了如此大的变化，说明确实轴承损伤已经到了迅速发展的阶段，必须停车检查和更换了。

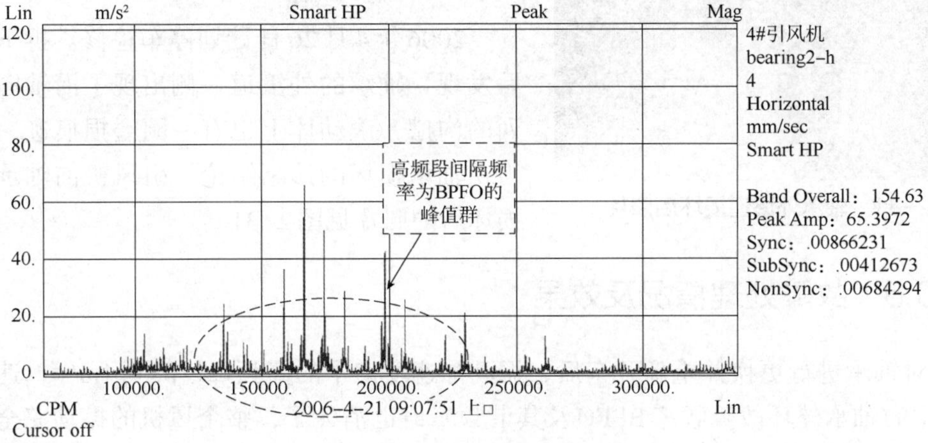

图 2-28　前轴承 H 向高频加速度谱—2006 年 4 月 21 日

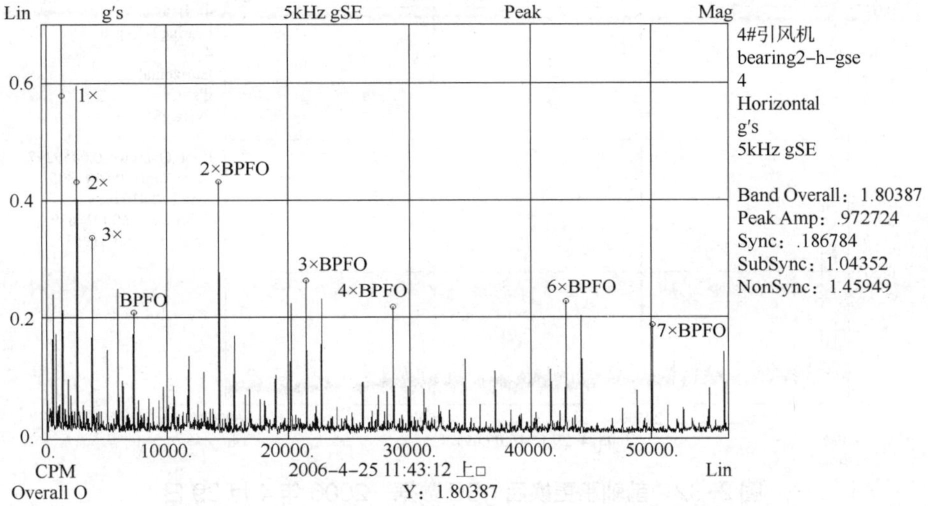

图 2-29　前轴承振动尖峰能量 gSE 谱—2006 年 4 月 25 日

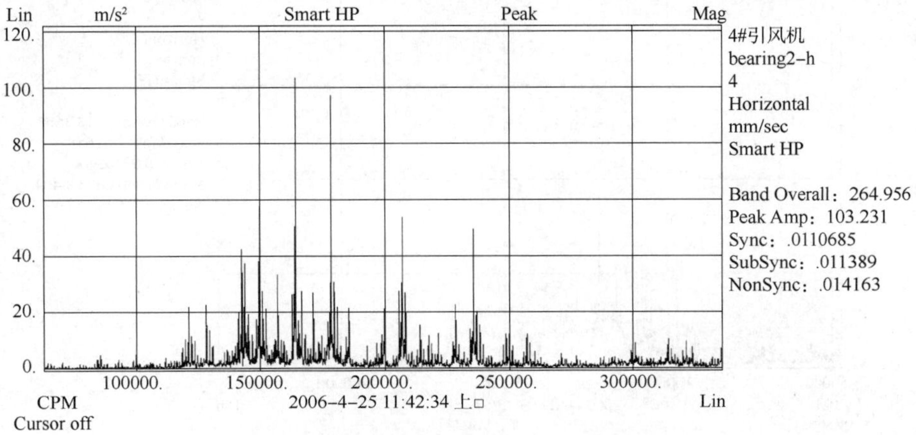

图 2-30　前轴承振动加速度谱—2006 年 4 月 25 日

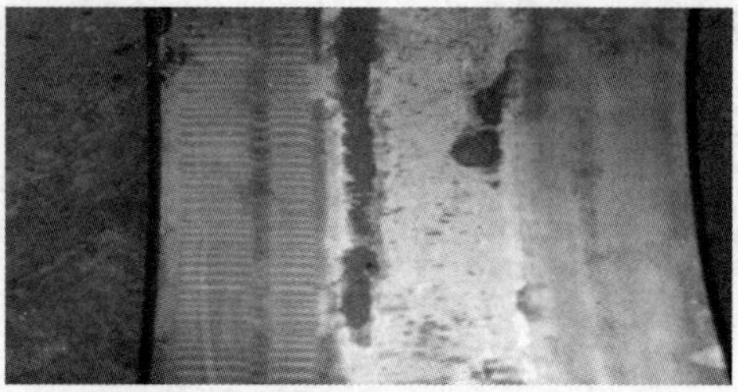

图 2-31 轴承外滚道损坏后照片

10.4 故障验证情况

2006年4月26日计划停车检修。拆下轴承之后发现，轴承的外滚道一侧出现了沿轴向规则排列的沟槽，滚动体上也有一圈磨损痕迹，证实了当初轴承损坏的诊断结论。引风机前轴承外滚道损坏后的照片见图2-31。

10.5 故障处理情况及效果

在对轴承进行更换并重新开车后，振动加速度谱中的高频峰值降到4m/s^2，速度谱和gSE谱中的轴承外环故障频率BPFO及其谐频峰值也消失了，整个风机的振动完全恢复到了正常水平，见图2-32~图2-34。

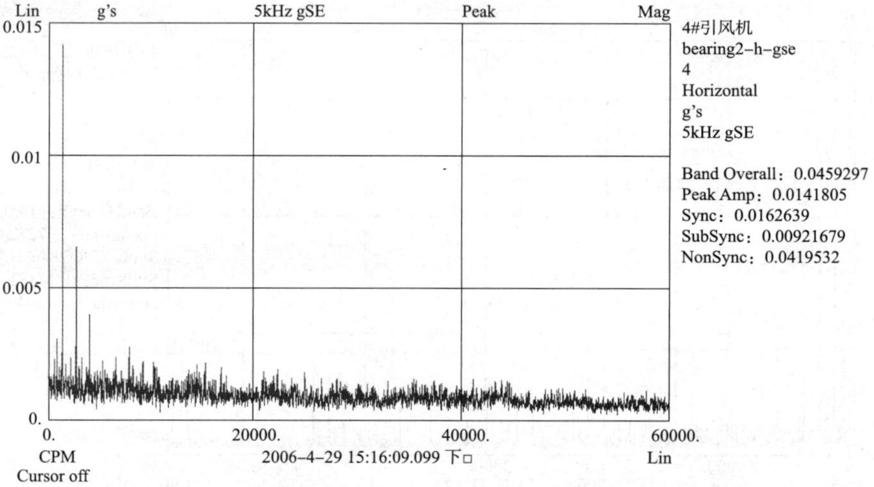

图 2-32 前轴承更换后 gSE 数据—2006 年 4 月 29 日

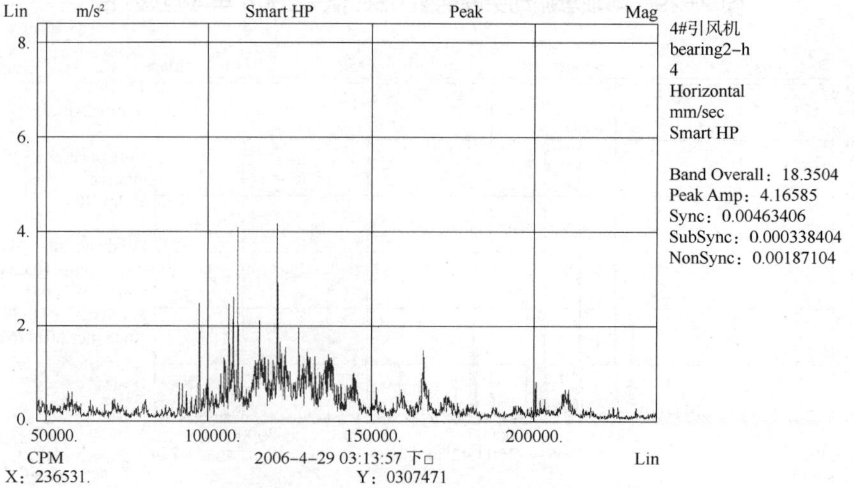

图 2-33 前轴承更换后的加速度频谱—2006 年 4 月 29 日

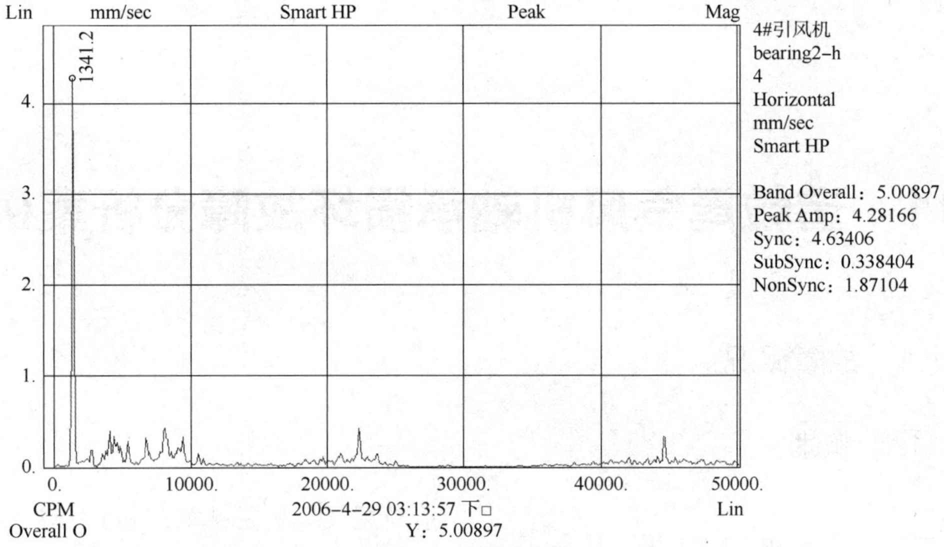

图 2-34　前轴承更换后的速度谱—2006 年 4 月 29 日

10.6　故障警示

运用各种状态监测仪器对设备故障进行精密诊断，为检修人员提供准确的指导，确定最佳的检修时机，是一项非常重要但同时又非常复杂的工作。但若要准确地诊断出设备故障，需要根据可能出现的故障类别有重点地采集数据。比如诊断轴承故障，振动尖峰能量以及加速度值在这里是非常敏感和有效的，因此常常作为判断轴承损伤程度以及变化趋势的重要依据。

（本案例已在《设备管理与维修》杂志2008年第1期发表，并有局部修改；本案例撰写人：闫志勇）

11 造粒尾气风机轴承损坏故障分析案例

11.1 故障概况

11.1.1 概述

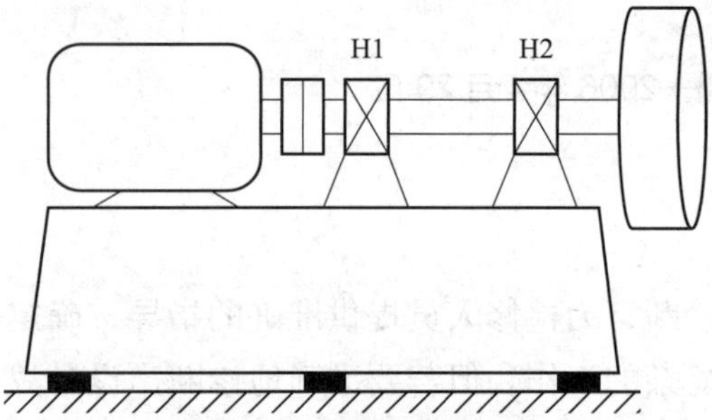

图2-35 风机结构图

造粒尾气风机是磷酸二铵（DAP）装置重要设备，抽取造粒机内部粉尘、氨气等进入尾气洗涤系统进行洗涤。一旦造粒尾气风机出现故障引起停车，将对整个DAP装置的运行造成很大的影响，严重的将会导致DAP装置的生产停车。因此，要求机修工艺巡检人员在进行日常巡检时格外关注风机各项指标的变化，发现异常现象及时通知车间领导以及状态监测人员进行分析和处理，以保证装置的平稳运行，风机结构见图2-35。

11.1.2 设备基本信息

（1）引风机型号：DA-70RB1222-108；风量Q=99990m^3/h；风压p=5500Pa；

（2）电机：YKK4005-6/280kW；

（3）风机前后轴承型号：SKF22222CCK+H322。

轴承故障特征频率是指：轴承故障产生的振动频率。常见典型的轴承故障特征频率有四种，分别为外圈故障特征频率、内圈故障特征频率、滚动体故障特征频率和保持架故障特征频率（保持架与外环、保持架与内环），见图2-36。

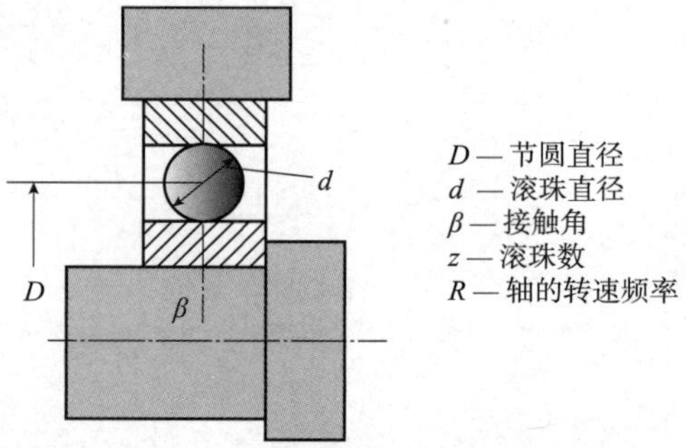

图2-36

轴承各组成部件故障频率计算公式如下：

（1）外圈故障频率：$f=\frac{z}{2}\left(1-\frac{d}{D}\cos\beta\right)\times R$

（2）内圈故障频率：$f=\frac{z}{2}\left(1+\frac{d}{D}\cos\beta\right)\times R$

（3）滚珠故障频率：$f=\frac{D}{d}\left[1-\left(\frac{d}{D}\right)^2\cos^2\beta\right]\times R$

（4）保持架与外环：$f=\frac{1}{2}\left(1-\frac{d}{D}\cos\beta\right)\times R$

（5）保持架与内环：$f=\frac{1}{2}\left(1+\frac{d}{D}\cos\beta\right)\times R$

11.2　故障发现过程

2016年11月6日，技术人员在巡检数据采集过程中发现造粒尾气风机C31001振动偏高，考虑到风机的重要性，于是利用S932双通道动态信号分析仪对轴承的振动数据进行采集和分析。

11.3　故障分析诊断过程

在2016年11月6日，技术人员发现造粒尾气风机C31001振动偏高之后，在中控室查看风机工况变频90%未全开，随后利用S932双通道动态信号分析仪采集波形及数据，如图2-37所示，图中明显可以看出有多处峰值，波形及数据基频为15Hz。

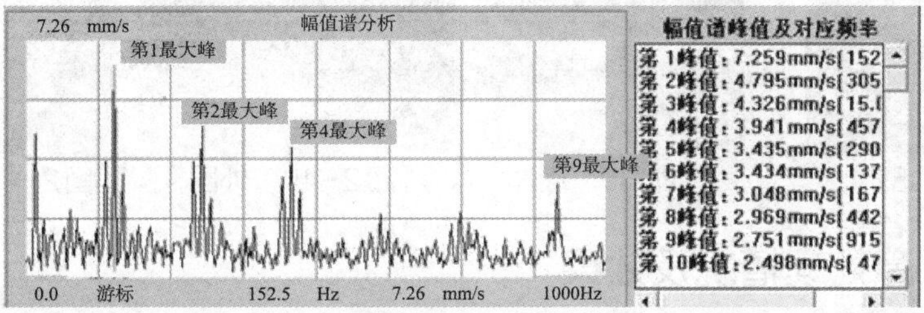

图2-37　轴承振动（2016年11月06日）

表2-7显示为波形数据经幅值谱分析结果。

表2-7　波形数据经幅值谱分析结果

第1峰值	7.259 mm/s（152.500 Hz）	第6峰值	3.434 mm/s（137.500 Hz）
第2峰值	4.795 mm/s（305.000 Hz）	第7峰值	3.048 mm/s（167.500 Hz）
第3峰值	4.326 mm/s（15.000 Hz）	第8峰值	2.969 mm/s（442.500 Hz）
第4峰值	3.941 mm/s（457.500 Hz）	第9峰值	2.751 mm/s（915.000 Hz）
第5峰值	3.435 mm/s（290.000 Hz）	第10峰值	2.498 mm/s（472.500 Hz）

表2-8显示为轴承个组件故障特征频率。

表2-8　滚动轴承故障特征频率　Hz

滚动轴承故障特征		H1	H2	滚动轴承故障特征		H1	H2
1	轴的转速频率	15	15	5	保持架碰外环频率	10.583	10.583
2	滚动体在外圈上的通过频率	179.908	179.908	6	保持架碰内环频率	14.084	14.084
3	滚动体在内圈上的通过频率	239.426	239.426	7	滚动体在滚道上通过频率	209.667	209.667
4	滚动体相对保持架的回转频率	85.143	85.143	8	滚动体相对保持架回转频率	86.894	86.894

经查SKF轴承手册，各参数代入上述轴承故障频率计算公式，得出轴承各组成部件故障特征频率为：保持架 ×0.421，滚珠 ×2.878，外环 ×7.578，内环 ×10.878。

从S932双通道动态信号分析仪采集数据图2-37显示来看（图2-37中只显示十组数据），图中有多个幅值谱峰值，各幅值谱峰值依次对应频率，通过计算转换第1、2、4、9峰值均为内圈故障频率，第6峰值为保持架故障频率，第10峰值为滚珠故障频率，最大峰值振动超过国际标准ISO 10816值7.2mm/s，虽可继续使用，但需做好监测及预防性计划检修。

表2-7波形数据经幅值谱分析结果及表2-8滚动轴承故障特征频率，来自S932双通道动态信号分析仪配套软件系统内大数据，软件系统内大数据分析提示该轴承保持架、滚珠、外环及内环频率与轴承故障频率特征相匹配，初步判断该轴承保支架、滚珠、外环及内环各部位均有点蚀、磨损及剥落等现象。

11.4 故障验证情况

2016年11月 7日，计划停车检修。对其轴承更换，对原故障轴承清洗，见图2-38内圈、图2-39滚珠、图2-40外圈及图2-41保持架，轴承各部件表面明显均有不同程度的点蚀、磨损及剥落等现象，与S932双通道动态信号分析仪系统内大数据分析一致，有效避免了设备故障停车及抢修。

图2-38 内圈

图2-39 滚珠

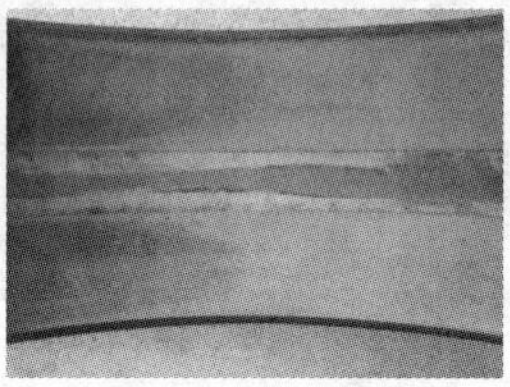

图2-40 外圈

图2-41 保持架

11.5 故障处理情况及效果

在对轴承进行更换并重新开车后，振动值降到2.1mm/s，整个风机的振动运行平稳。

11.6 故障警示

（1）轴承是设备组成中的一个小部件，轴承良好运行是否，直接影响设备是否正常运转，所以轴承在整个设备运转中起到重要作用。从上述现场实际案例中可以看出，轴承的保持架、滚珠、外环及内环都有着不同程度的点蚀、磨损及剥落等现象。但现场巡点检人员无法能用肉眼观察出来，所以状态监测在设备日常良好运行中以及设备设施维护保养中尤为重要，提早发现问题，提出列出解决问题的方案，将设备隐患消除在萌芽状态，提前地有效保护设备设施，亦对设备设施完好性有着重要作用。

（2）轴承故障特征频率属于理论计算，也是各状态监测仪器及软件分析系统中的重要理论数据支撑，在现场实际状态监测及巡检中所采集振动数据会与理论数据有一定偏差，但一般偏差不会太大。故在点检过程中需对点检部位做好相应定点标记，使用同一仪器进行数据采集与收集，如装有在线监测则不需要。同时，也对精密点检人员有着较高要求，需要利用软件内大数据分析优势与自己实战经验相结合，以提高精密点检人员对设备运转轴承故障预判，做到预防性维修。

（本案例已在《设备管理与维修》杂志2022年第11期发表，并有局部修改；本案例撰写人：樊帆）

12 流化床冷却器循环风机设备叶轮不平衡故障分析案例

12.1 故障概况

流化床冷却器循环风机将干燥冷空气送入流化床，将流化床中物料冷却，进入下一个工序。冷却器循环风机出现故障引起停车，将影响物料冷却效果，不能有效去除物料水分，将导致成品物料在储存过程中产生结块，影响产品质量。

（1）设备名称：流化床冷却器循环风机；

（2）型式：离心式Y4-73No12.5D；

（3）流量：100000m^3/h；

（4）电机：Y315M-4/132kW，380V；

（5）功能：用于设备流化床中成品物料冷却；

（6）故障情况：风机叶轮不平衡。

12.2 故障发现过程

C32002风机设备包机人员在2012年12月2日巡检时发现风机轴承振动偏大，随后联系设备管理中心利用S932D双通道数据采集仪进一步检查，对风机前后轴承进行数据采集并进行图谱分析。

12.3 故障分析诊断过程

通过S932D双通道分析仪进行现场风机轴承座数据采集，采集部位如图2-42所示，采集数据如表2-9所示，采集频谱如图2-43所示，风机振动以1倍频为主导，靠近叶轮端偏大，且水平方向大于垂直方向振动，初步判断叶轮不平衡。

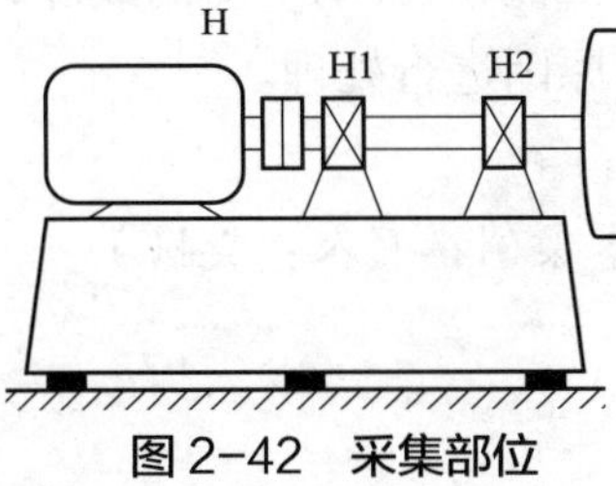

图2-42 采集部位

表2-9 采集数据 mm/s

部位	水平	垂直	轴向
H	2.7	—	1.8
H1	9.8	6.6	5.2
H2	14.4	10.3	7.6

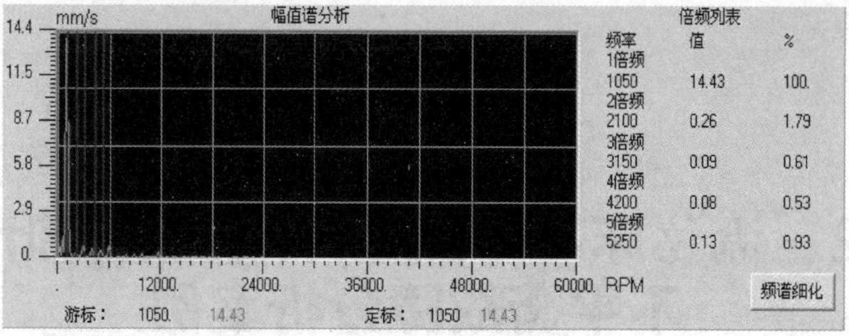

图 2-43 风机轴承座采集频谱

12.4 故障验证情况

由于该风机于2012年4月份开车使用，使用时间8个月左右，叶轮冲刷腐蚀磨损可能性较小；对风机叶轮进行检查，发现叶轮表面附着大量粉尘，厚薄不一且不均匀分布，在风机叶轮下方用石笔做好标记，对叶轮进行多次盘车，发现做有标记的叶片基本在最下方同一位置附近；对风机叶轮结疤进行清理后，再次对叶轮进行人工盘车，发现做有标记的叶片出现在不同方位，将清理口回装，对风机进行试车，并对轴承座进行数据采集，风机振动值下降，如图2-44所示。

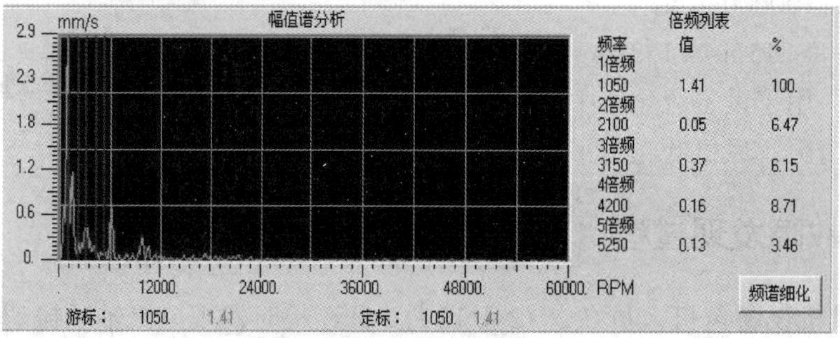

图 2-44 故障处理后风机轴承座采集频谱

12.5 故障处理情况及效果

通过对风机叶轮进行清理，风机振动值明显下降，如图2-44所示，风机运行平稳。

12.6 故障警示

通过本故障案例，利用简易数据采集仪，可以较为明显地判断该风机不平衡的故障，通过频谱中不平衡故障频率对风机叶轮进行检查，找出问题根本原因进行处理。

（本案例撰写人：樊帆）

第三篇

机组类

1 合成气汽轮机排汽端振动高故障分析案例

1.1 故障概况

某装置合成气汽轮机（KT04401）是抽气凝气式汽轮机，机组型号5EH-6BD。其额定输出功率6315kW，额定转速：13250r/min，由8.9MPa（A）。520℃的过热高压蒸汽驱动合成气压缩机高、低压缸转动。并在中部设有抽汽管，抽汽压力4.4MPa（A），将温度437℃的过热蒸汽，送入中压蒸汽管网。乏汽从汽轮机末端排出后，进入表面冷凝器冷凝后通过冷凝液泵 P04405A/B 送至脱盐水系统。

本次故障是汽轮机排汽端轴承振动VI04451A/B出现波动，并且其中一点达到了联锁值。

1.2 故障发现过程

2021年10月，合成气压缩机汽轮机排汽端振动VI04451A/B出现波动，振值由11.5μm/7.5μm波动至22μm/16μm。11月进、排汽两端均开始出现频繁波动，进气端VI04450A/B振值最高波动至32μm/21μm，排汽端振动VI04451A/B为69μm/44μm，由于VI04450A/B、VI04451A/B报警/联锁值为35μm/53μm，且联锁形式为二选二，因此未引发机组跳车。振值从上涨开始达到最大幅值再到恢复正常值经历大约20min，期间机组支撑轴瓦温度、位移未出现变化，仪表检查确认，振值、瓦温、位移都为真实值，见图3-1。

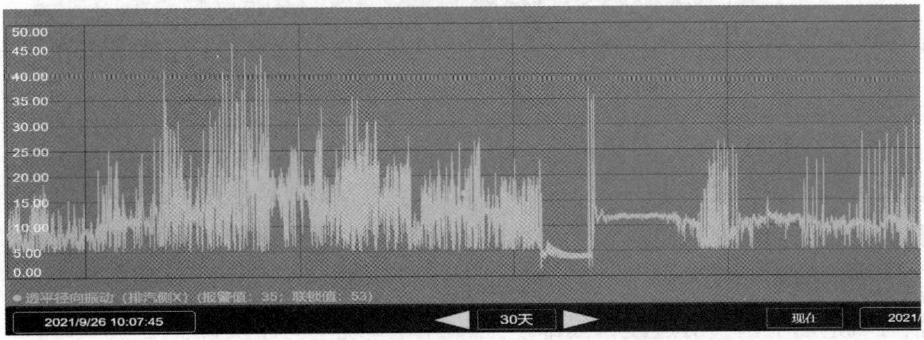

图3-1 透平径向振动

1.2.1 针对振动进行工艺调整

对工艺参数进行如下优化：

①控制入口高压蒸汽压力在8.8~9.1MPa之间，温度在520~525℃之间；

②稳定ECV阀位在58%~60%之间，严格控制抽汽和凝汽比例；

③机组轴封压力调整为0.02MPa；控制排气温度在51~54℃之间；

④优化表冷器上水量，控制真空在（−0.085 ± 0.002）MPa，降低汽轮机负荷；

⑤控制工艺气入口压力在5.05~5.18MPa、氢氮比在2.8~3.1。

1.2.2 工艺调整后成效

按照该机组操作提示及未出现波动前的工艺参数进行在线调整，调整后效果不明显。通过与厂家沟通，将合成气汽轮机四个通道振值VI04450A/B、VI04451A/B报警联锁值由35 μm/53 μm修改为55 μm/75 μm，运行负荷由100%降低至90%。效果仍然不明显。

1.3 机组振动原因分析

（1）汽轮机冷凝液量大，排气端负荷高造成排气端振动高。图3-2为合成气压缩机冷凝液流程图。合成气透平冷凝液外送量设计值范围为17~23t/h，而实际运行中冷凝液量为24t/h左右。如果末级叶片长时间超负荷运行，会导致叶片疲劳受损、松动等情况发生，从而造成机组的异常振动。

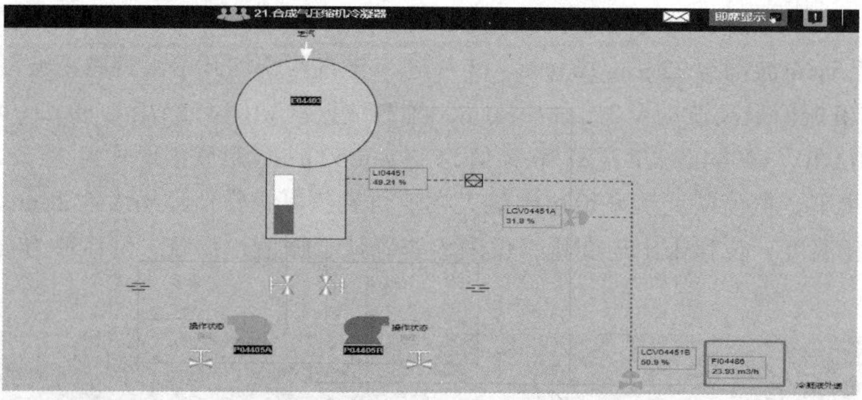

图3-2 合成气压缩机冷凝液流程图

（2）查看在线监测系统，对机组振动增大的原因进行了分析及判断，见图3-3。

①振值波动的主要特性频率为1倍频，同时伴随着1倍频相位的同步变化，但波动恢复后，相位基本可回到原数值。转子平衡性发生变化，不会恢复，因此，基本可以排除转子不平衡方面的因素。

②轴心轨迹图不是平滑过渡，局部多处转折对应现象为摩擦。

结论：内部出现动静摩擦故障，由于摩擦使转子出现了热弯曲效应，导致机组振动变大，怀疑具体摩擦位置在汽封、轴颈、接触式油挡处。

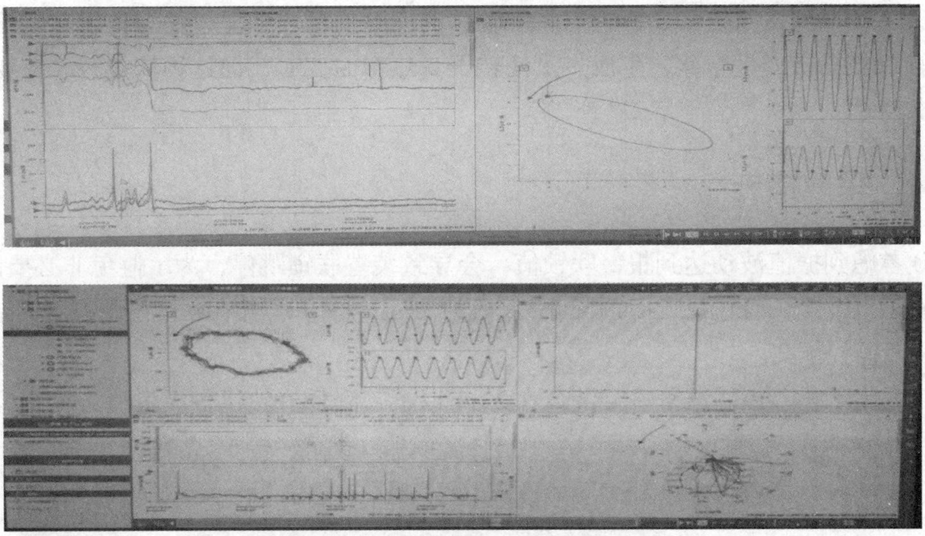

图 3-3　汽轮机相位及轴心轨迹

（3）油封处油泥积累造成振动波动反复出现，见图3-4、图3-5。

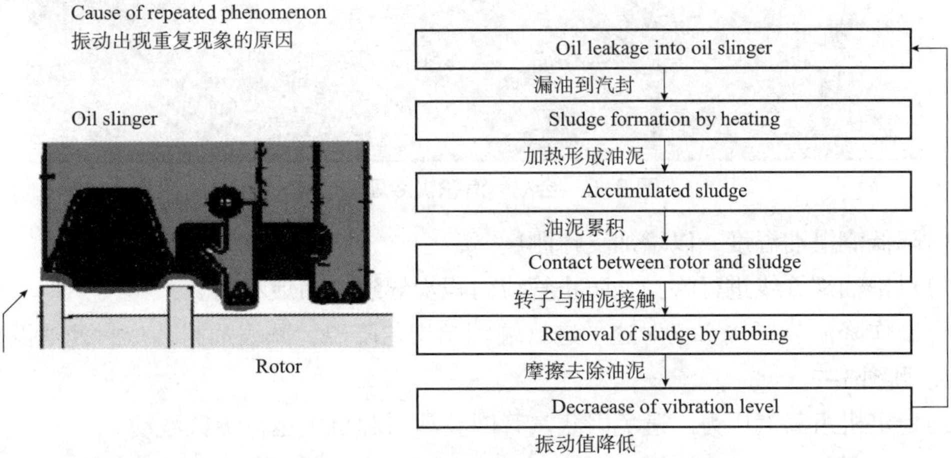

图 3-4　油泥积累影响振动过程

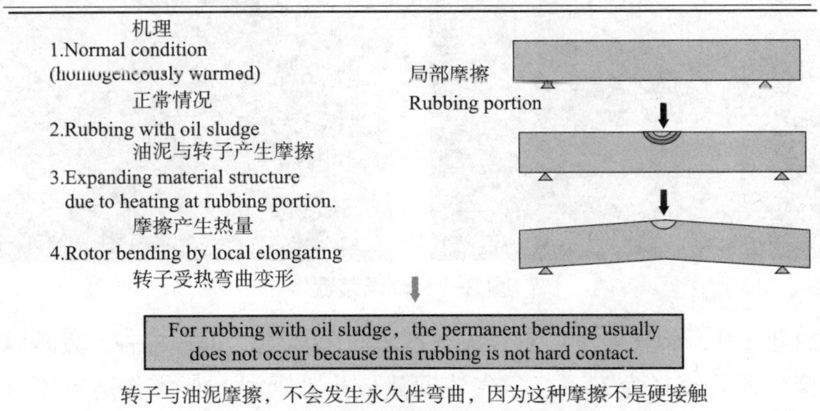

图 3-5　转子受油泥影响图解

结论：油漏到汽封梳齿、汽封与转子轴颈的间隙处形成油泥，油泥被触碰挤压时，造成转子轴颈被抬挤产生摩擦，生成热量使转子受热弯曲变形，但这种软接触摩擦变形不会发生永久弯曲。

1.4 采取措施

（1）考虑到振值波动达到报警联锁值，会导致装置联锁跳停，为了避免非必要的停车，首先将汽轮机报警联锁值由35 μum/53 μm修改为55 μm/75 μm，并在联锁值调整后，制定设备风险分析及监控预案。

（2）优化工艺，控制透平冷凝液量在23t/h以下，降低汽轮机末级负荷，见图3-6。

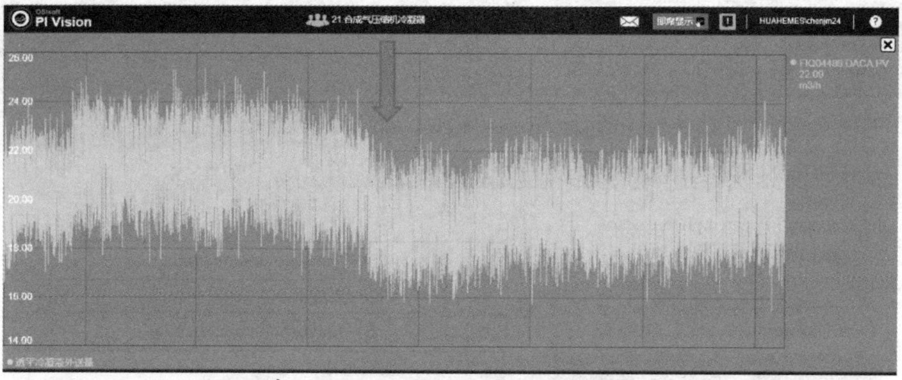

图3-6 合成气汽轮机冷凝液趋势

（3）降低润滑油温度，以增加支撑刚度。

（4）对排油烟管线进行吹扫，防止管线内积炭导致排油烟不畅。

（5）制作降温装置接空气对透平进汽端轴端均匀降温，减缓油封、汽封处油泥、油垢的形成，见图3-7。

（6）稳定机组蒸汽压力，避免因蒸汽管网波动引起机组运行参数波动。

图3-7 降温装置

（7）2022年3月，装置停车。对合成气汽轮机隔离氮气进行检查，发现隔离氮气与汽轮机轴端连接处通孔直径为2mm，氮气流通量较小。通过与厂家沟通隔离氮气流量的极限值，并通过计算证实，通孔直径可扩大至6.4mm，见图3-8。

图3-8　隔离氮气扩孔

1.5　故障处理情况及效果

使用工厂空气对透平进汽端轴端隔板处进行降温，效果较为明显，近1个月振值未出现大幅度波动，但1个月后又出现不规则振动现象。说明降低轴端温度能起到降低振动波动频率的作用，但只是短期内改变振幅。2022年3月，汽轮机隔离汽管线扩孔投入运行后，转子振动波动现象消失，见图3-9。

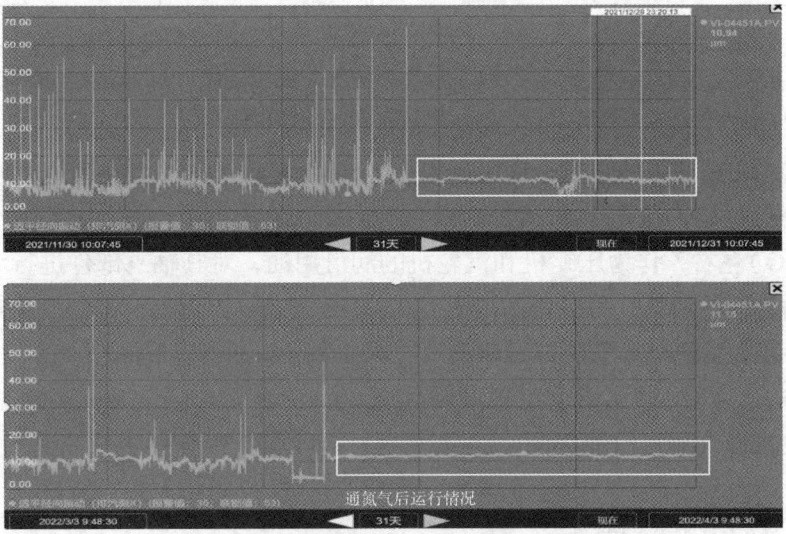

图3-9　隔离氮气管线通孔扩孔后效果

1.6　故障警示

在大型化肥厂，开展状态监测及故障诊断工作十分必要，有助于分析机组的故障，精确定位故障，择机对故障点进行排除。同时针对机组的故障情况制定相应的应急预案，采取时刻控制各项参数平稳的方法来应对机组振动的快速上涨，在科学论证后将联锁值合理放大，为故障的排查争取更多时间，从而更加准确地判断故障原因。

（本案例撰写人：陈佳明）

2 合成气机组轴瓦温度波动故障分析案例

2.1 故障概况

某公司合成气压缩机组（以下简称合成气机组）由日本三菱重工设计制造，其外形布置安装见图3-10。

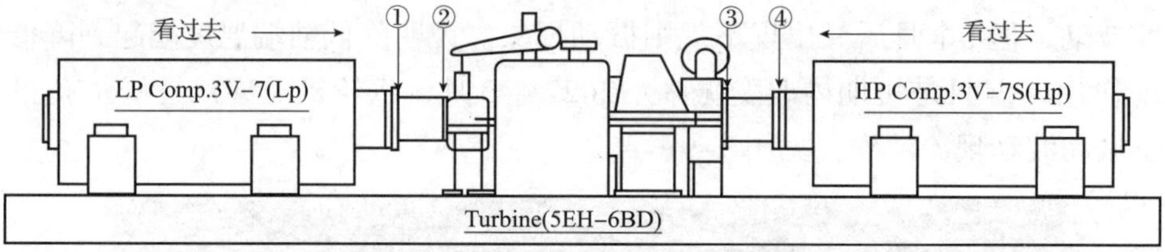

图3-10 合成气机组多形布置安装

合成气机组使用32#汽轮机油。润滑油箱内的油经油泵升压，并通过压力自调阀调整到1.17MPa（G），送至油系统总管。经油冷却器与旁路调整后控制在48℃送入油过滤器。润滑油经油过滤器过滤，达到小于10μm精度，分为两路进入后系统。一路油经调压阀调节到0.24MPa（G）左右，作为压缩机和汽轮机的润滑用油，对其轴承部件进行润滑，润滑后的油进入集油管返回油箱；另一路油压力约0.9MPa（G），作为汽轮机的控制油，去汽轮机的调速控制系统和紧急跳车系统，回油进入润滑油回油集油管返回油箱。

2020年5月，机组轴瓦温度出现波动问题，个别温度点温度升高后无法回到原运行值，其中汽轮机排气端径向轴瓦温度已高达82℃，且有上升趋势。

2.2 故障发现过程

2020年5月机组轴瓦温度出现波动现象，个别温度点温度升高后无法回到原运行值，其中汽轮机排气端径向轴瓦温度TI-04457B已高达82℃，且有上升趋势，见图3-11。

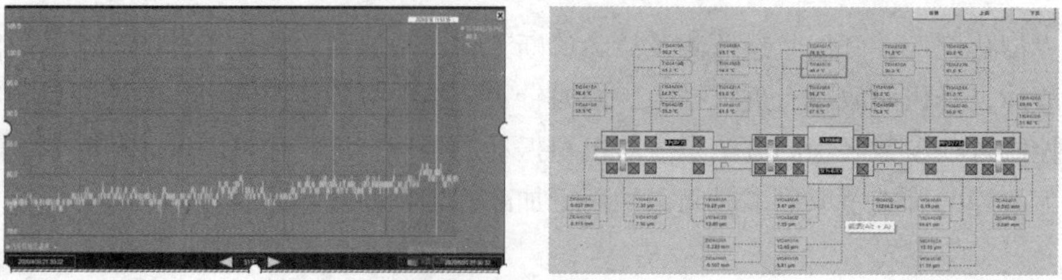

图3-11 机组轴瓦温度点TI-04457B趋势

2.3 故障分析诊断过程

通过检测机组润滑油的指标，发现漆膜倾向指数22.4偏高，污染度也偏高（见表3-1）。而漆膜倾向指数偏高，可能造成轴瓦上漆膜形成附着堆积，从而减少油膜间隙，增加摩擦，严重时导致轴瓦散热不良、轴温上升、油品氧化加速。同时，因油液中污染度较高，漆膜会黏附其他污染颗粒，形成磨砂效应加剧设备磨损。

表 3-1 MPC、清洁度指标

理化指标	检查结果	参考值	检测方法
漆膜倾向指数	22.4	≤ 15	ASTM D7873-18
污染指标	检测结果	参考值	检测方法
水分 mg/kg	39	≤ 100	GB/T 7600—2017
污染度 NAS 1638 等级	9	≤ 8	

分析轴瓦波动原因，可能是机组润滑油中产生了漆膜，漆膜最终集中在轴瓦上，导致轴瓦温度波动和上升。

漆膜的产生原因：首先，是油品的自然氧化。烃类油品氧化遵循自由基链反应机制，氧化后生成羧酸、酯、醇等过氧化物，这些过氧化物进一步缩聚反应生成高分子量的聚合物，以溶解状态存在于油液中，当超过了润滑油的溶解程度时，润滑油变饱和，过多地降解产物就会析出形成漆膜。其次，油液的“微燃烧”也会加速漆膜的形成。常态下，润滑油中会溶解一定量的空气（<8%），当超过溶解极限后，进入油液的空气以悬浮形式存在其中。一旦润滑油由低压区被泵入高压区，这些悬浮在油中的小气泡被急剧压缩，导致油液微区温度迅速升高，有时甚至高达 1100℃，造成油液微区绝热“微燃烧”，生成极小尺寸的不溶物。这些不溶物有极性、极不稳定，也易黏附到金属表面从而形成漆膜。再次，油液中的“电火花现象”也是形成漆膜的一个重要原因，在大型机组高温、高压、高转速的环境下，当油液经过很小间隙如阀芯、精密滤芯时，分子间内摩擦产生静电，累积后突然放电，产生千度以上的微区高温，此时也易生成漆膜。一般而言，油品氧化是一个缓慢的过程，而油品绝热“微燃烧”生成漆膜的速度要快得多。最后，如果润滑油量不足、机组本身安装间隙过小、轴瓦载荷分配不均等也会加速漆膜的产生。当这些润滑油中极性氧化物浓度在特定的温度、压力下达到饱和后，沉淀在金属内表面，达到某种程度后就会影响轴瓦散热而导致轴瓦温度波动或上升。

2.4 故障验证情况

针对轴瓦温度波动问题，为避免非计划停机，在煤化工同行企业调研了静电吸附法、平衡电荷法、树脂吸附法、低温析出法、机械过滤法等几种除漆膜滤油机的使用效果和市场口碑，最终选择了WVD型静电吸附+树脂吸附这种复合的除漆膜设备。通过静电吸附解决析出态漆膜，通过树脂吸附解决溶解态漆膜，从而彻底解决因漆膜而

图 3-12　除漆膜滤油机

引起的轴瓦温度波动上涨问题。另外，在清除漆膜异常的同时，也解决油液污染度问题，见图3-12、图3-13。

除漆膜滤油机已安装投入使用，目前经过1个月过滤后油品色度有明显改善，通过分析化验和外部检测数据分析，油品漆膜倾向指数由22.4降低到2.5，污染度等级由NAS 9级降低到7级，酸值指标由0.064mgKOH/g降低到0.048mgKOH/g，见表3-2。

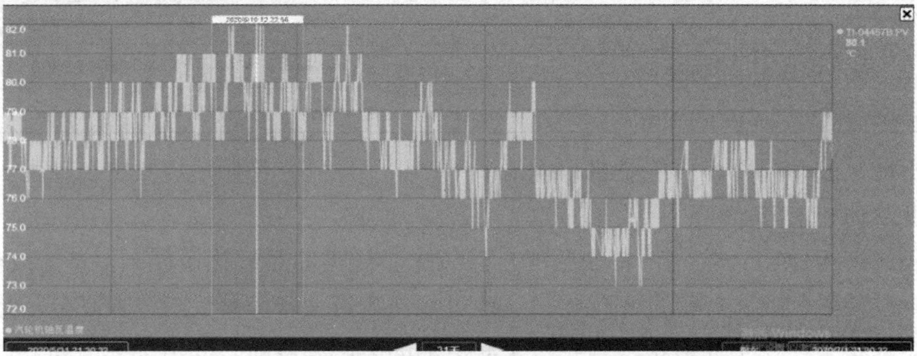

图 3-13　机组润滑油过滤后温度趋势（温度下降至 67.1℃）

表 3-2　过滤后 MPC、清洁度指标

理化指标	检查结果	参考值	检测方法
漆膜倾向指数	2.5	≤ 15	ASTM D7873-18
污染指标	检测结果	参考值	检测方法
水分　　mg/kg	38	≤ 100	GB/T 7600—2014
污染度 NAS 1638 等级	7	≤ 8	

2.5　故障警示

大机组润滑系统由于长期高温、高压、高转速的工况，导致油液氧化速度加快，漆膜指数升高，胶质物含量增加。软性杂质在大机组系统中堆积，影响调速系统动作的准确性及机组的正常运行，易导致机组波动甚至非计划停工，轴瓦表面沉积的漆膜胶质物也会造成轴瓦温度的升高，漆膜与固体颗粒的黏附也更会加剧设备的磨损。除漆膜滤油机可以不断改善提升机组润滑油质量，保障大机组的长周期稳定运行，延长润滑油使用周期，改善系统的运行环境，降低润滑油采购费用。

（本案例撰写人：林凯、陈佳明）

3 合成气压缩机组轴承温度波动故障分析案例

3.1 故障概况

某合成氨装置合成气压缩机组（103J/JT）和氨冰机组（105J/JT）为最重要的两台机组，制造厂家为日本三菱公司，压缩机的驱动机均为蒸汽透平。两台机组设计上共用一套润滑油系统，润滑油箱容量为18105L，润滑油型号为壳牌多宝J32汽轮机油（Shell Turbo J 32），2013年4月更换新油。2017年12月，由于壳牌公司产品升级，壳牌多宝S4 X32汽轮机油（Shell Turbo S4 X 32）替代多宝J32使用，升级前后润滑油性能不变，但均不属于抗氨汽轮机油。压缩机轴端汽封采用干气密封，由于原始设计原因，干气密封整体运行情况良好，但也存在一些问题。

2018年由于氨冰机干气密封泄漏，导致氨气泄漏到轴承箱，由于润滑油为非抗氨汽轮机油，所以润滑油出现污染，导致轴承润滑失效。造成两台机组径向轴承出现多次异常波动上涨，最高值接近134℃，严重影响到机组的稳定运行。通过故障排查和分析，查找出机组轴承温度异常波动的原因后，及时采取整治措施，成功消除故障，确保机组安全稳定运行。

3.2 故障发现过程

2018年9月28日，合成氨装置因仪表原因停车。9月30日系统恢复开车后，合成气压缩机及氨气压缩机润滑油过滤器压差迅速上涨；10月1日，过滤器压差涨至240kPa，切换润滑油过滤器，更换滤芯。10月2日以来，2台机组的轴瓦温度开始出现异常波动性上涨，特别是压缩机的径向轴瓦温度，波动幅度较大。其中合成气压缩机高压缸轴瓦温度最高波动至130℃。低压缸轴瓦温度最高波动至125℃，2个缸体轴瓦温度波动上涨后会逐渐下降恢复至正常温度，波动呈现不规则周期性，见图3-14、图3-15。

氨气压缩机径向轴瓦温度持续缓慢波动性爬升，最高达134℃，波动上涨后下降的幅度较小，且温度整体水平高于110℃，呈阶梯状上涨趋势，见图3-16；机组的振动及位移存在轻微波动。2台机组的异常运行状况，严重影响到装置的安全稳定运行。

根据两台机组的异常运行状况，结合相关文献资料及以往检修情况进行分析，判定机组轴瓦温度及振动异常波动与润滑油有关。对润滑油进行取样分析，发现润滑油漆膜指数为18（正常值小于15），油品污染度等级大于12（正常值不大于8）。由此说明，机组润滑油存在问题，已严重影响到机组的正常稳定运行。

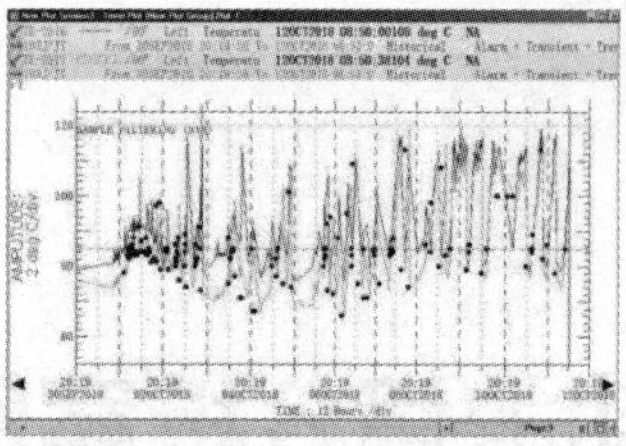

图 3-14 103JHP 径向轴瓦温度趋势

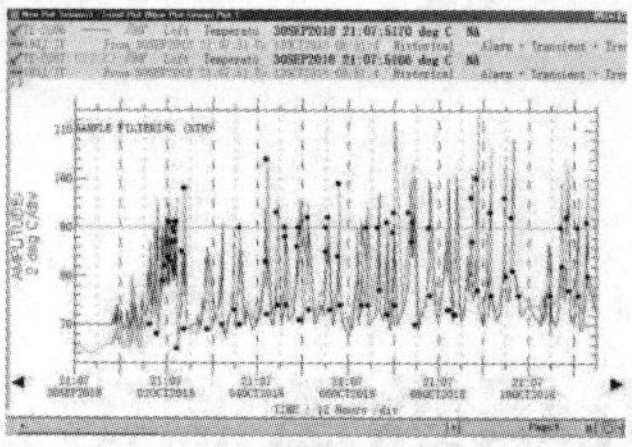

图 3-15 103JLP 径向轴瓦温度趋势

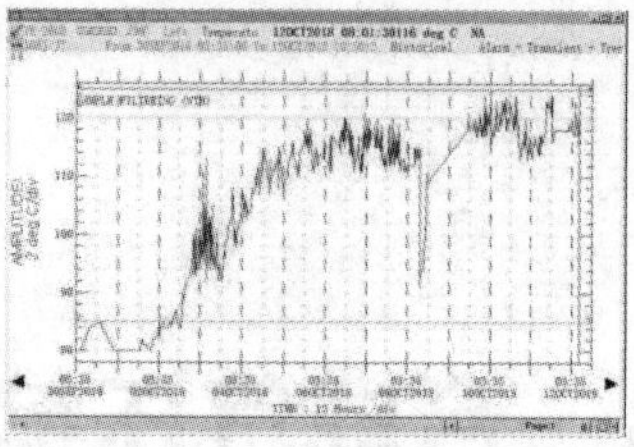

图 3-16 105J 径向轴瓦温度趋势

3.3 故障分析诊断过程

根据两台机组轴承同时出现温度异常波动升高现象，从两台机组的公共因素方面入手，对可能影响机组轴承温度升高的影响因素进行分析。

3.3.1 润滑油漆膜现象

漆膜（Varnish）又称为积炭、结焦，产生在润滑油和液压油系统中，是一种降解产物、污染物，颜色从浅棕色、棕色至棕褐色。漆膜具有极性，极易黏附在金属表面，不仅导致热交换器热效率降低、控制阀操作失灵，还会增加轴承摩擦，使轴瓦温度上升。

漆膜的产生是一个复杂的过程。随着润滑油的氧化不断加剧，氧化产物发生聚合、缩合等反应，逐渐生成可溶的、有极性的、软性聚合物，并溶于润滑油中。在特定的温度和压力下其浓度达到饱和，就会析出沉积在机械系统的各个地方，尤其是金属表面，如轴承、齿轮上，形成漆膜。而漆膜又进一步促进了油的氧化。

3.3.2 压缩机漆膜现象

合成气压缩机和氨气压缩机在历次检修中，多次发现轴瓦表面存在一种棕色至棕褐色的结焦产物，这也证实了这两台机组润滑油漆膜的存在。同时受漆膜影响，轴瓦温度也曾出现过突升情况。

3.3.3 两台机组润滑油污染原因

通过对润滑油箱气态气体组分进行分析，发现润滑油箱中含有1.0%~1.2%的较浓气氨，而壳牌多宝J32汽轮机油不具有抗氨性能，在气氨、温度、时间的长期作用下，会生成絮状的、不溶性的化合反应产物，造成油质污染。

结合油箱中过高的氨气含量及氨气对润滑油的污染试验，判定润滑油污染的主要原因为氨气泄漏至润滑油系统所致。氨气压缩机轴封采用干气密封，干气密封和轴承箱轴向顺序装配，其间有一级隔离气封和一级迷宫油封。润滑油中氨气的来源很可能是干气密封泄漏后，氨气经过隔离气封、油封进入轴承箱。通过进一步排查，发现干气密封一级、二级排放导淋的泄漏量较大且压力较高，同时轴承箱回油管中发现氨气含量高达6%。

综上可以断定，润滑油的污染为氨气压缩机干气密封泄漏增大，导致氨气泄漏至润滑油系统。

3.4 故障验证情况

根据上述分析判断，基于氨气对轴承润滑油的污染情况，及发现的氨冰机干气密封泄漏情况，当即对氨冰机干气密封一级排放导淋接临时管线，将泄漏的氨气引流至安全地带，短时间内，两台机组的轴承温度出现好转。再一次证实了故障判断的准确性。

3.5 故障处理情况及效果

通过对润滑油漆膜的认识和润滑油污染原因的分析，以及润滑油问题对压缩机及整个装置的运行影响，及时采取了针对性解决措施。

3.5.1 在线对润滑油进行置换

通过补充新油的方式来调整润滑油的品质，以改善润滑油运行环境。由于构成漆膜的软性污染物粒径很小，通过传统的润滑油过滤机已无法解决漆膜的危害。目前市场上可行的漆膜去除方法有两种：①平衡电荷净化法。该方法通过将润滑油分成两部分，并赋予污染颗粒以不同的电荷，然后使这些带不同电荷的颗粒重新结合，形成较大的颗粒，通过过滤的方法进行去除。②离子交换树脂法。该方法采用特种树脂，选择性地吸附吸收油中的抗氧化剂及基础油的降解物，从而清除漆膜。为了快速解决压缩机运行问题，选用了平衡电荷及树脂过滤一体化的滤油机进行在线过滤。

3.5.2 采取泄漏氨气隔离引流措施

由于压缩机干气密封出现泄漏，机组在线运行情况下无法采取有效办法进行处理。为了维持设备长期运行，采取干气密封运行监控措施，同时对干气密封一级密封放空管、二级排放管、轴承箱回油管接临时管线，将泄漏的氨气引至安全位置，避免污染润滑油。措施实施后，润滑油系统中的氨气含量降为零。

通过采取以上措施，润滑油油质出现明显改善，12月润滑油分析报告证明润滑油漆膜指数已降至10，油品污染度等级降至7，均满足正常指标控制要求。与此同时，压缩机轴瓦温度及振动波动现象基本恢复正常，特别是解决了油系统氨气问题后，轴瓦温度及振动迅速好转，见图3-17、图3-18、图3-19。由此说明，本次压缩机轴瓦温度异常波动升高与润滑油漆膜及污染有关。特别是干气密封泄漏后，氨气泄漏到润滑油系统中，造成润滑油污染，加剧了轴瓦温度异常波动现象，是导致本次机组异常运行工况的主要原因。

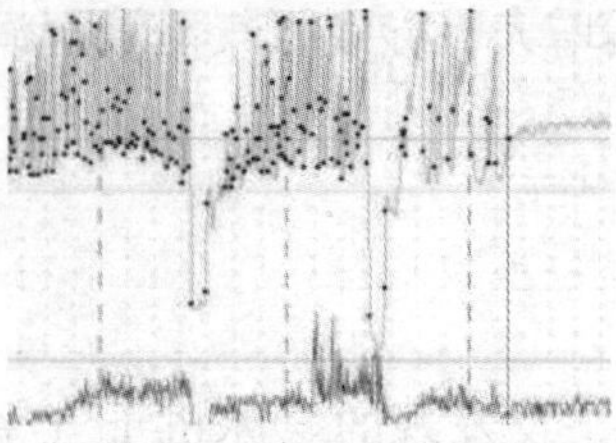
图 3-17　103JHP 径向轴瓦温度及振动趋势

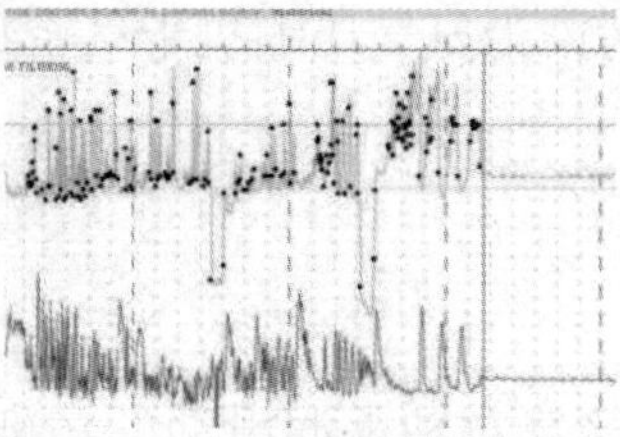
图 3-18　103JLP 径向轴瓦温度及振动趋势

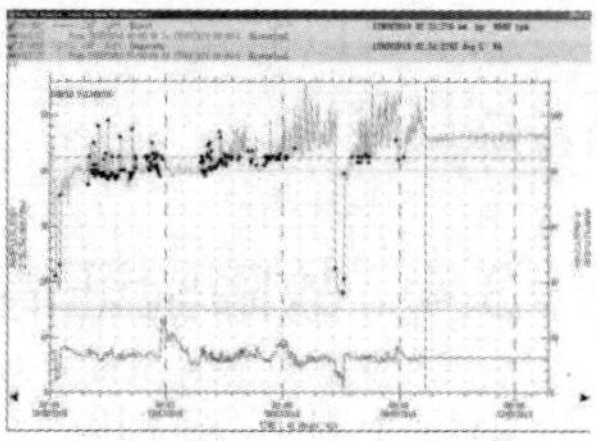
图 3-19　105J 径向轴瓦温度及振动趋势

3.5.3　更换机组润滑油

为了避免今后类似问题的发生，从根本上解决机组运行稳定问题，采取以下防范措施：更换机组润滑油为抗氨汽轮机油。由于使用的润滑油不具有抗氨性，而干气密封的泄漏又不可避免，为了从根本上解决该问题的再次发生，将目前使用的壳牌多宝S4 X32汽轮机油更换为美孚特力索AC 32抗氨型涡轮机油（Mobil Teresstic AC32）。

3.6　故障警示

本故障案例提醒我们，加强动设备的预防性维护管理和润滑管理是非常重要的。另外，设备长周期运行过程中要加强对关键运行参数的监盘，同时对可能出现异常的情况要采取一定预防措施。对设计上存在不足的地方，也要结合设备安全运行需求及时采取改进和改造措施，确保设备的本质安全。

（本案例已在《大氮肥》杂志2019年第4期发表，并有局部修改；本案例撰写人：侯松）

4 合成气压缩机轴位移升高故障分析案例

4.1 故障概况

某日产2500t甲醇装置合成气压缩机组由意大利Nuovo Pignone S.P.A公司设计并制造，于2010年10月投入使用，为合成系统提供有效合成气。合成气压缩机由低压缸和高压缸组成，驱动机为蒸汽透平。

合成气压缩机高压缸型式为离心式，型号为2BCL507/N，缸体为垂直剖分式，外缸为整体铸钢件，内缸与隔板构成了压缩机的无叶扩压器和回流弯道。合成气压缩机高压缸高压段有6级叶轮，循环段1级叶轮，高压段与循环段背靠背布置；压缩机叶轮为闭式焊接结构，级间密封和口环密封采用梳齿密封，平衡毂密封采用软密封，密封母体材料为X12Cr13，密封涂层材料为Metco601，轴端密封采用干气密封和隔离气碳环密封。合成气压缩机高压缸径向轴承为五油楔可倾瓦块式滑动轴承，止推轴承为金斯伯雷轴承，径向轴承和止推轴承均采用强制润滑方式，这样可以保证合成气压缩机组在任何转速下都能维持油膜的稳定性。合成气压缩机轴端驱动采用无键的液压装配联轴器，其高压缸主要性能参数见表3-3。

表3-3 合成气压缩机高压缸主要性能参数

项目	参数	
	高压段	循环段
型号	2BCL507/N	
级数	6	1
工作介质	合成气	循环气
相对分子质量	10.571	
总功率/kW	15685	
转速/（r/min）	8060	
一阶临界转速/（r/min）	3850	
二阶临界转速/（r/min）	13450	
入口流量/（kg/h）	171216	495140
入口温度/℃	45	55
出口温度/℃	136.90	65.20
入口压力/bar（A）	38.74	78.30
出口压力/bar（A）	81.90	85.40

2022年4月10日，天然气组分波动及装置负荷调整，日产2500t甲醇装置合成气压缩机组高压缸轴位移出现异常升高现象。

4.2 故障发现过程

2022年4月6日15 :55至7日0 :16，合成气压缩机高压缸轴位移从-0.167mm缓慢上涨到-0.195mm，稳定运行到4月10日5 :30，天然气组分开始从66.5%下降至60.5%；7 :15，天然气组分基本平稳；7 :37，合成气压缩机高压缸轴位移突然从-0.195mm上涨到-0.26mm；18 :00，系统负荷因平台提供天然气量原因降负荷，合成气压缩机高压缸轴位移又从-0.26mm上涨到-0.28mm。图3-20是高压缸轴位移探头ZT-9912A测量值趋势。

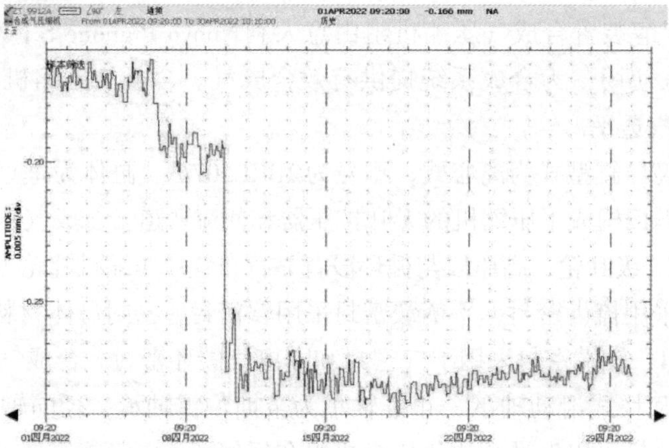

图3-20 高压缸轴位移探头ZT-9912A测量值趋势图

合成气压缩机组转子轴位移对安全运行影响很大，轴位移超出范围将导致转动部分和静止部分互相碰磨，为了确保机组安全运行，合成气压缩机轴位移探头报警设定值为±0.4mm，联锁停机设定值为±0.5mm。由于合成气压缩机高压缸轴位移此次异常升高未达到报警值，所以监控运行，待装置计划停车机会进行处理。

4.3 故障分析诊断过程

为了准确查找合成气压缩机高压缸轴位移突然升高的原因，必须先分析高压缸轴位移探头ZT-9912A测量值变化的原因。能够引起ZT-9912A测量值变化的原因较多，如工艺条件变化、探头本身问题、高压缸故障等，下面进行逐一分析排查。

4.3.1 合成气压缩机高压缸介质流量变化，引起转子轴位移变化

如果合成气压缩机高压缸介质流量变化较大，会引起轴向推力变化，从而导致转子轴位移变化。离心式压缩机闭式叶轮产生的轴向推力计算简化公式为

$$P=(\pi/4)(D_1^2-d^2)(p_2-p_1)-(G/g)C_{1z}$$

式中，D_1为轮盖密封处直径；d为轴径；p_1为叶轮前盖板处气体压力；p_2为叶轮后盖板处气体压力；G为介质质量流量；g为重力加速度；C_{1z}为叶轮入口处气体压力。

从公式可以得知，当介质质量流量G变化较大时，会引起轴向推力P变化，从而导致转子轴位移变化。从DCS看出，合成气压缩机高压缸高压段介质质量流量为162562kg/h左右，循环段介质质量流量为495140kg/h左右，并没有发生较大变化，所以，排除合成气压缩机高压缸转子轴位移变化是因为介质质量流量变化所导致。

4.3.2 合成气压缩机高压缸排气和进气压差变化，引起转子轴位移变化

如果合成气压缩机高压缸排气和进气压差变化较大，会引起轴向推力变化，从而导致转子轴位移变化。离心式压缩机闭式叶轮两侧压力分布见图3-21。

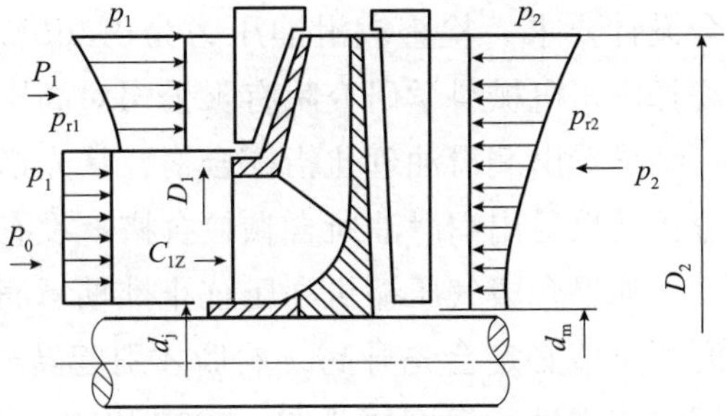

图3-21 闭式叶轮两侧压力分布

从闭式叶轮产生的轴向推力计算简化公式可以得知，当排气压强与进气压强之差（p_2-p_1）变化较大时，会引起轴向推力P变化，从而导致转子轴位移变化。从DCS看出，合成气压缩机高压缸进气压强为3.693MPa左右，排气压强为7.639MPa左右，排气压强和进气压强之差$p_2-p_1=7.639-3.693=3.946$MPa左右，并没有发生较大变化，所以，排除合成气压缩机高压转子轴位移变化是因为排气和进气压差变化所造成。

4.3.3 合成气压缩机高压缸轴位移监测仪表故障，引起误测量位移值变化

合成气压缩机高压缸转子轴位移通过位移探头和位移变送器进行位移检测和位移信号转换，位移探头损坏或接线松动会造成位移探头检测错误，位移变送器失效会导致位移信号转换错误。合成气压缩机高压缸止推端安装三只轴位移探头，位号分别为ZT-9912A、ZT-9912B和ZT-9912C，高压缸轴位移探头 ZT-9912A测量值变化的同时，从图3-22和图3-23可以看出，轴位移探头ZT-9912B和ZT-9912C测量值也在变化，且三只轴位移探头测量值变化趋势相同。三只轴位移测量通道同时出现相同的故障概率很小，所以，排除高压缸轴位移探头ZT-9912A故障引起误测量位移值变化的假设。

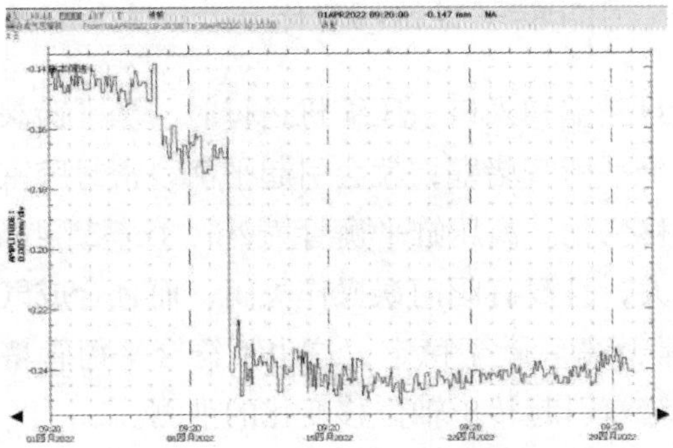
图3-22 ZT-9912B 测量值趋势图

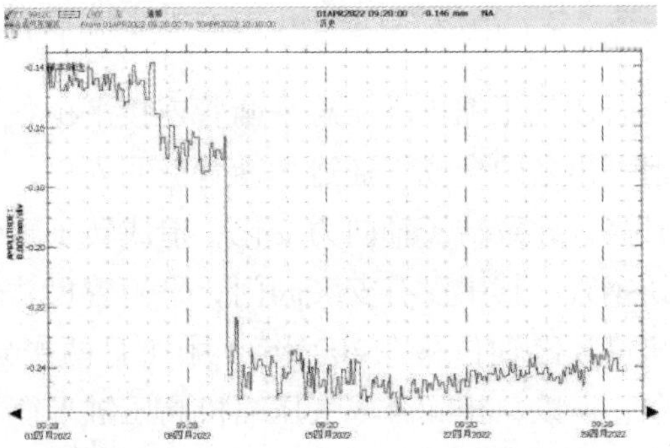
图3-23 ZT-9912C 测量值趋势图

4.3.4 合成气压缩机高压缸止推轴承故障，引起转子轴位移变化

如果合成气压缩机高压缸止推轴承润滑不良，止推轴承非正常磨损，会引起转子轴位移变化。引起止推轴承润滑不良的原因很多，如润滑油过滤器堵塞、油温不合适、油压过低、油品质不良等都会引起轴承润滑不良。检查润滑油过滤器差压表的压差为0.126MPa，设计值小于0.15MPa，符合设计要求；检查润滑油温度为48℃，设计值为45℃±3℃，符合设计要求；检查润滑油压力为0.266MPa，设计值为0.16~0.275MPa，符合设计要求；委托广州机械科学研究院有限公司对高压缸润滑油理化指标、光谱和铁谱分析，从理化指标结果看出润滑油理化指标合格，从光谱分析结果看出润滑油所含微量元素合格，从铁谱分析结果看出润滑油所含颗粒合格，没有发现轴承合金，也就是止推轴承没有严重磨损。

如果合成气压缩机高压缸止推轴承润滑不良，止推轴承非正常磨损，那么止推轴承温度测量值必定会先升高，然后才引起转子轴位移测量值变化，图3-24是合成气压缩机高压缸止推轴承温度探头TE-9927和TE-9930与转子轴位移探头ZT-9912A测量值趋势图，从图中可以看出高压缸止推轴承温度与转子轴位移测量值突变时间是完全相同的，不符合止推轴承润滑不良，止推轴承非正常磨损特征，所以，排除合成气压缩机高压缸止推轴承故障引起转子轴位移变化。

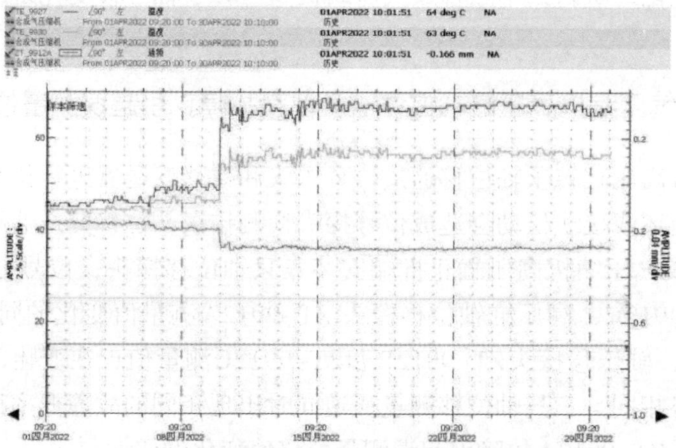

图3-24 高压缸止推轴承温度与轴位移趋势图

4.3.5 合成气压缩机高压缸平衡管堵塞，引起转子轴位移变化

合成气压缩机高压缸平衡管连接平衡毂密封腔室和入口，压缩机运行时，从平衡毂密封泄漏出来的合成气通过平衡管流回入口，如果平衡管堵塞，就会引起平衡毂密封腔室压力升高，导致转子轴向力变化，造成转子轴位移变化。高压缸平衡管为2in（1in=25.4mm）不锈钢管，其中没有安装阀门，平衡管尺寸较大，且没有阀门误操作关闭，而且合成气压缩机高压缸轴位移在2022年4月10日两次异常升高后趋于稳定，这也不符合平衡管堵塞现象，所以，排除合成气压缩机高压缸平衡管堵塞引起转子轴位移变化的推测。

4.3.6 合成气压缩机高压缸平衡毂密封过度磨损或者涂层脱落，引起转子轴位移变化

离心式压缩机平衡毂压力分布见图3-25，平衡毂产生的轴向推力：

$$P_p=(\pi/4)(d_2^2-d_1^2)(p_2-p_1)$$

式中，p_1为平衡毂后气体压强；p_2为平衡毂前气体压强；d_2为平衡毂外径；d_1为轮毂直径。当合成气压缩机高压缸平衡毂密封过度磨损或者涂层脱落，平衡毂密封间隙增大，合成气泄漏量增加，平衡毂后气体压强p_1就会增大，从公式可以得知，当平衡毂后气体压强p_1增大，平衡毂前压强和平衡毂后压强之差(p_2-p_1)就会减小，从而平衡毂产生的轴向推力P_p就会减小。平衡毂产生的轴向推力P_p和叶轮产生的轴向推力P方向相反，高压缸转子总的轴向推力等于叶轮产生的轴向推力与平衡毂产生的轴向推力之差，即$P_{总}=P-P_p$，当P_p减小，$P_{总}$就会增大，从而转子轴向位移变化。

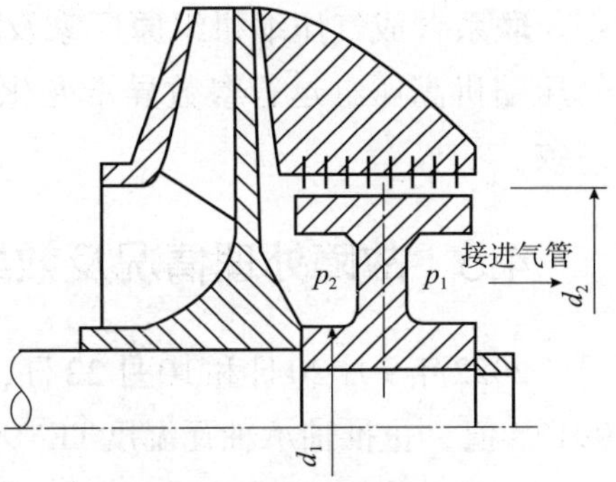

图3-25 平衡毂压力分布

如果合成气压缩机高压缸平衡毂密封过度磨损或者涂层脱落，平衡毂密封间隙增大，合成气泄漏量增加，高压缸平衡毂密封腔室压力必将升高，检查高压缸平衡毂密封腔室压力PI9971值为4.41MPa，报警值为4.2MPa，已经大于报警值。初步判断高压缸转子轴位移变化，是因为平衡毂密封过度磨损或者涂层脱落。

如果合成气压缩机高压缸平衡毂密封过度磨损，高压缸止推端振动频谱图上低次谐波和高次谐波成分必定所占比例较大，而高压缸止推端振动频谱图上通频只有11μm（报警值为50μm），主要分量是工频和2倍频，工频分量大约5μm，主要由于转子动不平衡引起，2倍频分量大约1μm，主要由于转子不对中引起，低次谐波和高次谐波成分很小，转动部件与静止部分没有发生明显径向摩擦，所以，排除高压缸平衡毂密封过度磨损引起合成气泄漏量增加，导致转子轴向推力变化，造成转子轴位移故障。

只有平衡毂密封涂层突然脱落，合成气泄漏量突然增加，平衡室压力突然增大，转子轴向推力突然变化，轴位移才会突然变化。2021年4月10日，合成气压缩机高压缸轴位移第二次升高之后，高压缸平衡毂密封涂层已经基本完全脱落，合成气泄漏量基本稳定，平衡室压力基本稳定，转子轴向力基本稳定，因此轴位移基本稳定，所以，最终判断高压缸轴位移异常升高原因是平衡毂密封涂层脱落，引起合成气泄漏量增加，导致转子轴向推力变化，造成轴位移异常升高现象。

经过以上分析，最终判断造成合成气压缩机高压缸转子轴位移异常波动的原因是平衡毂密封涂层脱落。2022年4月11日和18日，组织召开两次合成气压缩机高压缸运行参数异常波动专题会，鉴于日产2500 t甲醇装置系统负荷稳定后，合成气压缩机高压缸异常波动的运行参数也趋于稳定，并且均在可控范围内，与会人员一致认定合成气压缩机组在加强巡检、精心操作下，继续监控运行，待装置计划停车机会进行处理。

4.4 故障验证情况

联系合成气压缩机组原厂家及本特利公司（机组状态监测服务商），进一步讨论合成气压缩机高压缸运行参数异常变化的原因及应对措施，得到的结论与上述分析结果基本一致。

4.5 故障处理情况及效果

2022年9月20日和10月22日，压缩机停机后开车至正常工况后，高压缸轴位移ZT-9912A值、止推轴承轴瓦温度TE-9927和TE-9930值及平衡腔室压力PI9971值，均与4月10日异常变化稳定后的值一致，说明合成气压缩机高压缸轴位移异常升高的原因分析是正确的，平衡毂密封涂层脱落的故障是真实存在的。

4.6 故障警示

通过对合成气压缩机高压缸转子轴位移异常升高情况进行原因分析，得出以下结论：造成离心式压缩机转子轴位移异常的原因很多，分析其原因时，应从压缩机操作条件的变化、监测仪表的状态、安装对中情况、润滑冷却条件、设备结构以及机械损伤等方面入手，结合设备安装和运行的历史记录，全方位地进行审查与核对，通过排除法推断出问题所在。

（本案例撰写人：张吉卫）

5 二氧化碳压缩机高压缸入口压力高故障分析案例

5.1 故障概况

某公司二氧化碳压缩机高压缸（型号：2BCL356/A）为离心式压缩机，分为两段，高压缸三段将前系统2.6892MPa（A），温度50~60℃的二氧化碳气体经过四级叶轮压缩后排出缸外。气体进入脱氢塔R06101，脱除氢气，再经E-06103、S-06104降温分离后进入高压缸四段压缩。经二级叶轮压缩后的气体，以压力14.5MPa（A）、温度123.3℃排出缸体。防止机组发生喘振，高压缸设有防喘回路，一路作为防喘振回流气返回E-06102入口，流量大小由调节阀FV65024控制，另一路送往尿素单元，见图3-26。

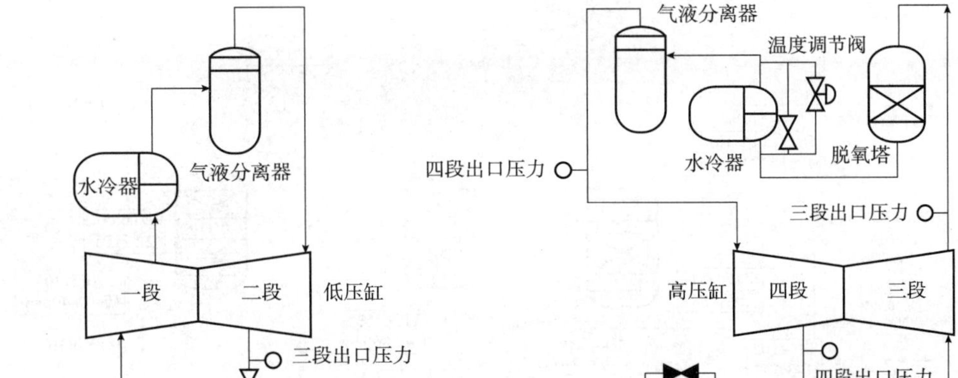

图3-26 工艺流程图

2022年8月13日大修开车，二氧化碳压缩机在正常加负荷过程中出现了段间压力高的问题。停机检查发现三段入口一级叶轮出现堵塞。

5.2 故障发现过程

2022年8月13日7:49，二氧化碳压缩机二段出口压力从2.711MPa缓慢上涨至2.936MPa。入口流量由35000m^3/h降至29700m^3/h。二段出口安全阀起跳压力为3.0MPa，随时有超压起跳的风险。降低压缩机负荷，减少送气量二段出口压力仍然居高不下。研究决定，二氧化碳压缩机停机检查。

5.3 故障分析诊断过程

首先根据段间工艺流程，分析造成该现象的几个问题点。其工艺流程为二段压缩出来后，经过了E-06102换热器又经过S-04103分离器，进入水解塔C-06101出来经过E-06107换热器换热，又进入精脱硫塔C-06102后，再进入压缩机高压缸三段入口压缩。并且高压缸设有防喘振管线，从四段出口到二段换热器入口。所以，要首先排查段间管路是否存在堵塞以及防喘振阀和其旁路阀是否有泄漏。

（1）排查水解塔C-06101、精脱硫塔C-06102，这两个塔在2022年大修分别更换了水解和精脱硫催化剂，从两个塔前后压力差判断首先排除了催化剂阻气问题，见图3-27。

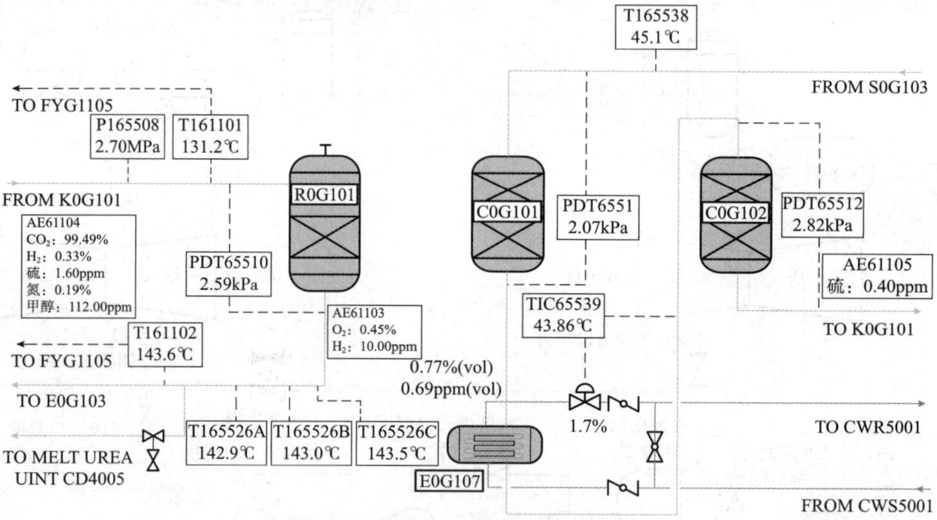

图3-27 二氧化碳脱硫、脱氢流程图

（2）压缩机各段入口设计有锥形滤网，因滤网在检测仪表后，存在滤网堵塞造成故障的原因。在确定故障存在可能性后，对三段入口滤网拆检，滤网内没有发现有异物堵塞，见图3-28。

（3）检查四回二防喘阀旁路阀，将旁路阀下线，用专业试压设备，充压至1MPa发现，旁路阀保不住压，内漏严重，因此旁路阀下线，用两个盲法兰封堵管口。

（4）从压缩机 API 参数表和机组运行工况参数对比而知，高压缸三段总压比为3.251，四段总压比为1.797。实际运行中三段压比为2.69左右，比设计压比低0.561。四段压比在1.786 左右，与设计压比基本一致。从压比对比看存在高压缸三段流道堵塞或级间梳齿密封泄漏窜压，造成压比下降段间憋压的可能性。

图 3-28　二氧化碳压缩机三段入口滤网检查

5.4　故障验证情况

（1）打开低压侧端盖封头后，发现三段入口室附着大量的白色固体结晶物，叶轮进气口堵塞严重（见图3-29）。白色结晶物主要是附着在一级叶轮入口、叶片流道、出口扩压器和回流道的壁上。二级叶轮入口附着物较少，其后流道未见附着物。对转子级间梳齿密封间隙检查，所有间隙值均符合技术要求。

图 3-29　二氧化碳高压缸叶轮进气口堵塞情况

（2）高压缸抽缸后，端盖、隔板、级间密封、蜂窝密封通过人工清除结晶物，叶轮使用较高压力水进行射流清洗，随后采用工厂空气干燥后回装。同时，更换两端碳环密封以及将四回二旁路阀下线，管口封堵。

结论：从高压缸检查结果得知，三段一级叶轮入口流道异物堵塞，致使通流面积减少，气体流通不畅，是造成压缩机段间憋压的主要原因。对转子叶轮和缸体流道清理后回装，因各部梳齿密封间隙在正常范围之内，没有对级间密封更换。机组启动后，压缩机各段间压力恢复到正常运行值。

5.5 故障警示

通过本故障案例，不仅要反思故障发生的过程和原因，更要对设备管理中的检修周期安排和检修任务的执行加以反思。针对以往出现过的问题，如果不能通过在线等技术手段解决的话，就要合理地安排立项检修。

（本案例撰写人：陈佳明）

6 二氧化碳压缩机透平叶片断裂故障分析案例

6.1 故障概况

某尿素装置二氧化碳压缩机把来自合成氨脱碳装置的二氧化碳气体加压至14.8MPa，温度升至120 ℃，送入尿素302C汽提塔。二氧化碳压缩机透平（302JT）特性与参数见表3-4。

表 3-4 二氧化碳压缩机透平汽轮机特性与参数

项目	参数	项目	参数
制造厂	三菱重工	抽气量（设计）/（kg/h）	99000
型 号	5EL-4DF	抽汽压力（正常 / 设计）/MPa	2.16
型 式	抽汽、注汽、冷凝式	抽汽温度（正常 / 设计）/℃	312.7
轴功率 /kW	12458	注汽量（正常）/（kg/h）	64000
额定功率 /kW	12458	注汽压力（正常 / 设计）/MPa	0.29
转速 /（r/min）	8427	注汽温度（正常）/℃	155
最大连续转速 /（r/min）	8931	排汽量（设计）/（t/h）	79
脱扣转速 /（r/min）	9824	排汽压力（正常）/kPa（A）	12
一阶临界转速 /（r/min）	3280	排汽温度（正常）/℃	49.4
二阶临界转速 /（r/min）	11150	旋转方向（自进汽端看）	逆时针
进汽量（设计）/（kg/h）	109900	转子质量 /kg	1972
进汽压力（正常 / 设计）/ MPa	4.5/4.5	上半缸质量 /kg	8500
进汽温度（正常 / 设计）/℃	382	总质量 /kg	29000

尿素装置二氧化碳压缩机蒸汽轮机透平前后径向轴承振动VI-4001、VI-4002、VI-4003、VI-4004振动值突然上涨，现场压缩机运行声音异常，透平外保温有脱落现象。

6.2 故障发现过程

此台机组为装置重大关键设备，每月安排机组运行评估。302JT事故前本特利状态检测数据未发现异常波动（见图3-30）。

2022年1月3日16:25，尿素装置二氧化碳压缩机蒸汽轮机302JT前后径向轴承振动VI-4001、VI-4002、VI-4003、VI-4004振动值突然上涨最大至396 μm，现场压缩机运行声音异常，透平外保温有脱落现象，初步判断为302JT故障。尿素压缩机16:28手动紧急停车，尿素高压系统封塔停车。

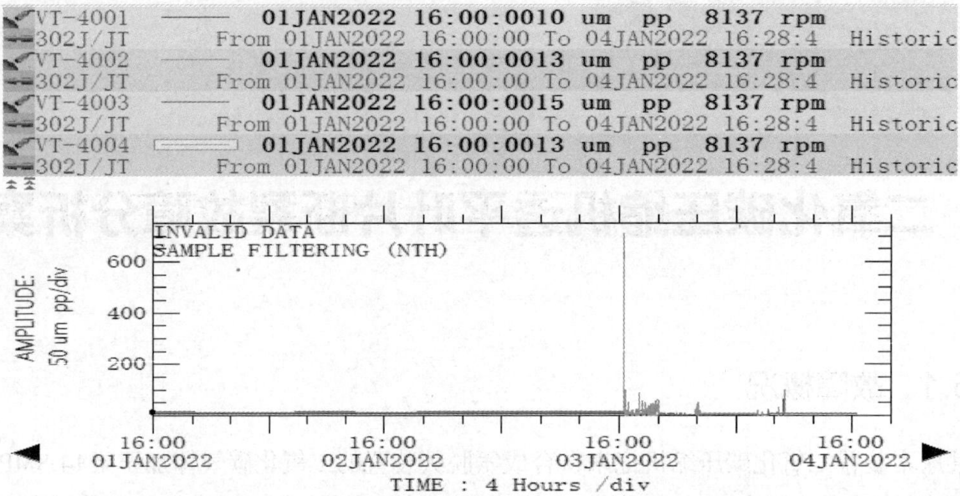

图 3-30　302JT 蒸汽轮机故障前后状态监测趋势图

6.3　故障分析诊断过程

故障发生前，尿素系统运行平稳，各工艺参数无异常波动，机组轴承振动、温度和轴位移平稳，不存在外部因素导致故障的因素。从机组状态监测系统system1相关图谱看，故障存在以下典型特征：

（1）前后径向轴承上的四个振动监测点的振动值突然同步大幅度上涨，说明轴承振动上涨是真实的，振动上涨后在相同转速下未下降至故障发生前（见图3-31），说明转子存在较大的不平衡。

（2）现场机组运行声音异常，透平外保温有脱落现象，说明机组振动真实存在。

（3）轴承振动上涨时，振动相位也同步发生变化（见图3-32），从振动极坐标图上看，转子重心发生了变化（见图3-32），说明转子存在较大的不平衡。

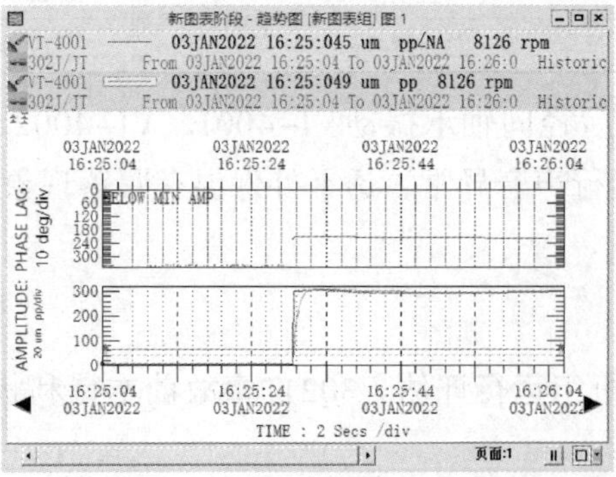

图 3-31　汽轮机轴承振动 VT-4001

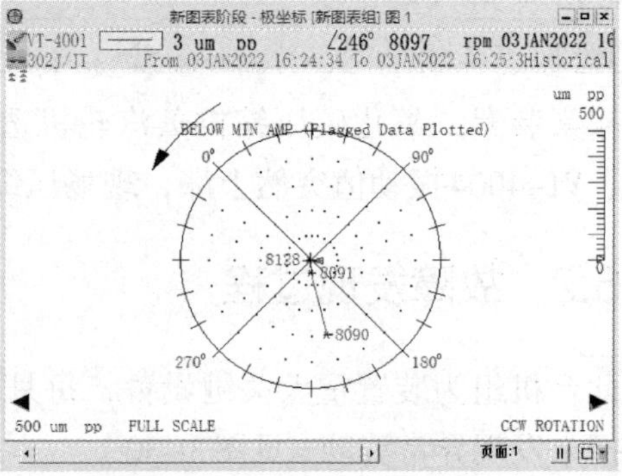

图 3-32　轴承振动极坐标图

根据故障发生前后机组的运行情况和机组状态监测系统system1相关典型图谱，判断为转子叶片发生了断裂。

6.4 故障验证情况

2022年1月4日8:30，开始对302JT进行检修，19:15在打开蒸汽轮机两端检修人孔后发现第六级蒸汽入口隔板外缸体有4块断裂叶片。

2022年1月5日6:00，吊离蒸汽轮机上缸体后发现：①转子第四级叶轮有1片叶片从根部断裂，4片叶片顶部断裂、3片叶片顶部弯曲（见图3-33）；②转子第五级有3片叶片阻尼台处有撞击坑点；③转子第六级1片叶片顶部弯曲，镀层脱落；④第四级隔板静叶整圈变形（见图3-34）。

2022年1月6日，蒸汽轮机更换转子、部分气封，机组恢复运行，检修后蒸汽轮机振动值、温度值与检修前对比未发现较大异常，均在正常范围内。

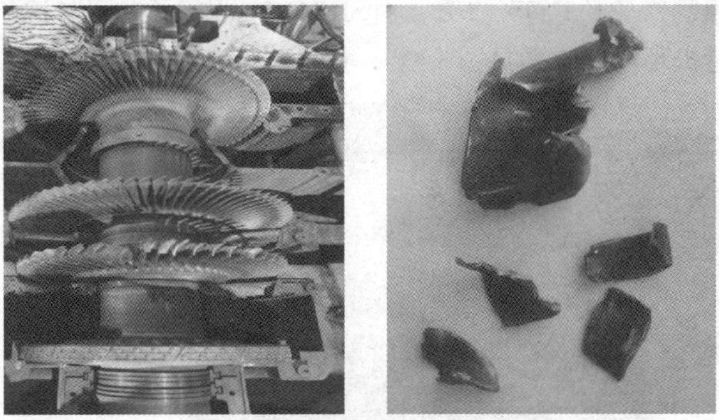

图3-33 转子损伤情况照片

图3-34 第四级隔板损伤情况照片

6.5 故障处理情况及效果

302JT解体大修，更换损伤的转子、密封。检修后，机组运行正常。

6.6 故障警示

（1）为了发现转子埋藏性缺陷，应与厂家或专业检验检测机构探讨应用检测新技术。

（2）为了保护机组，应对未设置轴承振动联锁的机组设置振动联锁。

（3）机组叶片使用寿命偏短，对机组每2~3个大修周期应更换转子，对更换的转子进行全面检查。

（本案例撰写人：蓝天）

7 二氧化碳机组汽轮机调速系统故障分析案例

7.1 故障概况

某尿素装置二氧化碳压缩机组蒸汽轮机DSTK-101，由SIEMENS西门子公司与杭州汽轮机厂技术合作设计制造，蒸汽轮机现场实景图见图3-35，技术特性参数(见表3-5)。

图3-35 ENK40/45型蒸汽轮机现场实景图

表3-5 ENK40/45-3型蒸汽轮机技术特性参数表

项目	参数	项目	参数
制造厂	杭州汽轮机厂（HTW）	抽汽量（设计）/（t/h）	55
型号	ENK40/45-3	抽汽压力（设 / 最大）/MPa	2.45/2.60
型式	抽汽、注汽、冷凝式	抽汽温度（设）/℃	320
轴功率 /kW	7287	注汽量（设）/（t/h）	17
额定功率 /kW	8861	注汽压力（设）/MPa	0.44
转速 /（r/min）	8432	注汽温度（设 / 最大）/℃	147
最大连续转速 /（r/min）	8966	排汽量（设）/（t/h）	38.7
脱扣转速 /（r/min）	9863	排汽压力 /MPa	0.012
临界转速 /（r/min）	2900~4500	排汽温度 /℃	50
进汽量（设）/（t/h）	76.7	旋转方向（自进汽端看）	逆时针
转子质量 /kg	1858	上半缸质量 /kg	7650
总质量 /kg	22500	进汽压力（设 / 最大）/MPa	3.8/4.2
进汽温度（设 / 最大）/℃	370/405		

2007年，二氧化碳压缩机组驱动蒸汽轮机调速GV阀在运行时，出现一段较长时间的调速阀阀位与转速控制线性对应失准，调控性不佳、功率不足等问题。2008年2月19—27日进行计划性大修。

7.2 故障发现过程

该蒸汽轮机自2005年计划性大修后，到2007年至2008年上半年，调速阀（GV阀，结构见图3-36）的控制指令数值与调速阀实际开度及实际转速、功率输出、蒸汽消耗、抽汽量等参数，线性对应控制失准。机组运行参数与设计值和正常控制指标参数值相差较大，可控性不良。

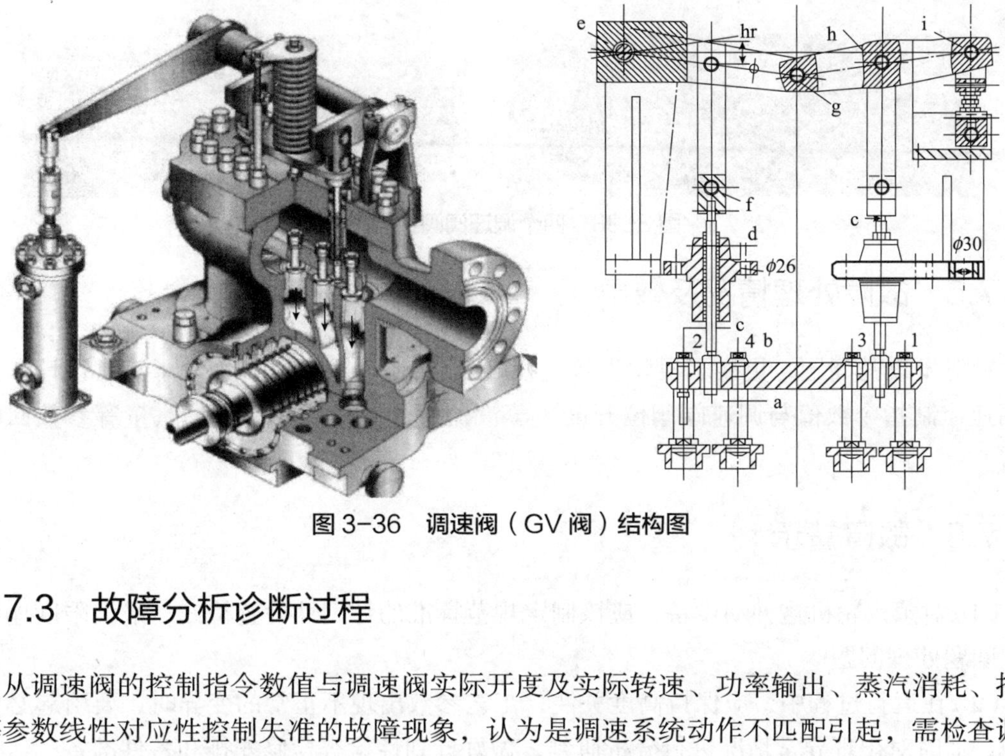

图3-36 调速阀（GV阀）结构图

7.3 故障分析诊断过程

从调速阀的控制指令数值与调速阀实际开度及实际转速、功率输出、蒸汽消耗、抽汽量等参数线性对应性控制失准的故障现象，认为是调速系统动作不匹配引起，需检查调速系统是否存在脱落、空行程、变形或卡涩等故障，并对调速系统进行重新调试。

7.4 故障验证情况

经检查，如图3-37、图3-38所示，该蒸汽轮机在历时3年多的运行过程中，出现了调速阀（GV阀）提两根可调拉杆中的其中一根（见图3-36“f”处）与调速阀控制机构的连接座的装配丝扣全部滑扣，防松销断脱，失去了与控制机构的连接。调速阀提梁原本两点提连功能失效，造成阀组提梁偏斜，四个阀头在原有水平开度状态，成了偏斜而出现阀位开度偏差。进而造成控制指令数值与调速阀实际阀头开度出现偏差；加之一个阀头（见图3-36之“2”号阀头）与阀杆配接的丝扣滑丝脱落，而失去跟随控制机构动作的功能，使“2”号阀头失控和失去调控功能。因此，本次计划性解体大修，通过带着问题找问题，采用手动导链拉调检查的方法，发现调速阀执行机构连杆滑丝脱落失效，“2”号阀头与阀杆滑丝脱落失效。验证了该蒸汽轮机在实际运行过程中，调控指令数据与调速阀实际开度、蒸汽流量、转速、抽汽量等能数严重不符的故障现象。

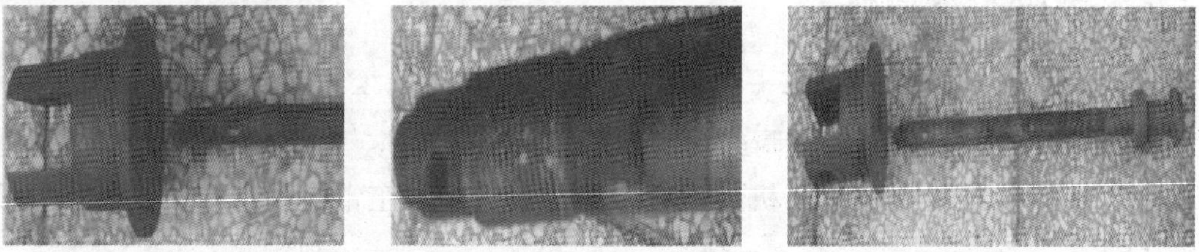

图 3-37　调速阀两根拉杆

图 3-38　四个调速阀阀头与阀杆

7.5　故障处理情况及效果

针对发现的问题，更换了滑丝失效的拉杆及“2”号阀头杆，恢复了正常设计，开车后调速控制指令数值与调速阀阀位开度、蒸汽流量、转速、功率、抽汽量等参数回归正常值。

7.6　故障警示

（1）对蒸汽轮机这种动设备，应该制定规范标准的计划性检查检修，最大限度地尽早发现问题处理问题。

（2）在运行过程中，应保持高度关注，工艺参数出现不正常的变异时，要引起必要的重视，适时对出现异常情况进行分析研判，做好计划性检查检修安排和备件准备，适时安排检查检修。

（3）对检修队伍，应该严格选用。确保整个检修过程不走过场，不漏检漏查，确保检修质量和检修过程的全面、细致，不留死角。

（本案例撰写人：施时楷）

8 二氧化碳压缩机组增速箱振动上涨故障分析案例

8.1 故障概况

某尿素装置二氧化碳压缩机组增速箱，如图3-39、图3-40所示，由沈阳鼓风机厂设计制造，齿轮箱型号GJD-250-3542/1.446，设备位号L-121，为一对单级圆柱式斜齿轮，速比1.466。齿轮、主轴和止推盘一起整锻加工。箱体为水平剖分结构，径向轴承为圆柱剖分式轴承，推力轴承为径向止推式结构。与二氧化碳压缩机组蒸汽轮机、低压缸、高压缸通过联轴器连接，共同顺序安装于共用橇装底座上，设备技术参数见表3-6。

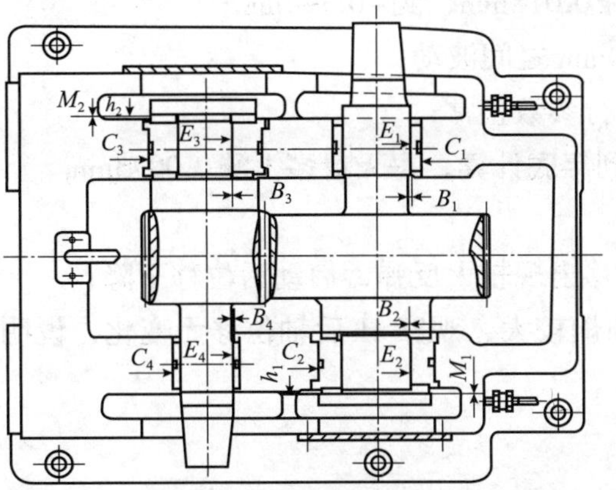

图3-39 二氧化碳压缩机组增速箱结构图

图3-40 二氧化碳压缩机组增速箱实际结构图

表3-6 DJD-250-3542/1.466型增速齿箱技术参数表

设备名称	增速齿轮箱		设备位号	L-121
设备型号	GJD-250-3542/1.446		结构型式	齿轮式
投运日期	1996年9月		使用年限	
制造厂	SBW/CHINA		制造年月	1994
设备用途	此设备用于给压缩机高压缸 2BCL306A 增速			
技术特性	中心距	250mm	速比	1.466
	小齿轮转速	12347r/min	大齿轮转速	8539r/min
	轴功率	3542kW		

8.2 故障发现过程

2012年11月9日开始，二氧化碳压缩机组增速箱L-121齿轮轴振动出现异常性升增。2012年11月9日至12月5日，出现振动异常情况。

（1）12月4日至5日数据（见表3-7）

表3-7　2012年12月4日至5日数据表

时间	12月4日8:00	12月4日16:00	12月4日24:00	12月5日8:00
T099/℃	62.8	62.5	62.6	62.8
T100/℃	60.5	60.2	59.7	59.9
油冷器出口油温/℃	38.5	38.2	38.2	38.3
XE1007A/mm	−0.312	−0.325	−0.325	−0.322
XE1007B/mm	−0.379	−0.419	−0.402	−0.397
A每班增长值/mm	0.002	0.013	0.000	−0.003
B每班增长值/mm	0.001	0.040	−0.017	−0.005
A每日增长值/mm	0.010			
B每日增长值/mm	0.018			

注：每日增长值为当日8:00减前一日8:00的数值。

（2）数据分析（2012年11月9日至12月5日）

①A上涨0.01mm，到−0.322mm；B点上涨0.018mm，到−0.397mm；

②高压缸轴位移XE41009A在0.245~0.260mm之间波动；

③压缩机组各个轴瓦的温度比较稳定，运行参数正常；

④以5日的B点、以最大位移0.6mm坚持到年底计算，每天最多上涨0.0075mm。

（3）评估

①接第二组轴流风机时停运南侧风机，位移出现较大反弹，启动后位移下降；

②拆轴承箱排气总管东侧盲法兰，管内油烟较大，观察4h后轴位移无变化，说明油烟排放对轴位移无影响。

（4）XE007A/B趋势图（见图3-41）

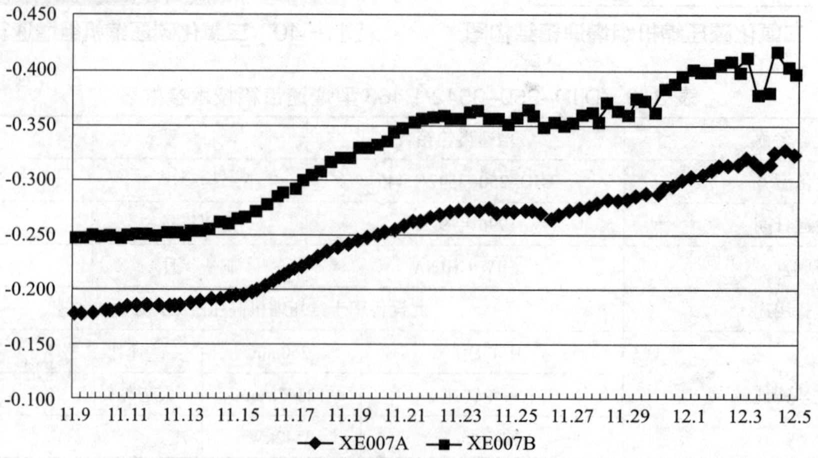

图3-41　L121增速齿轮箱XE007A/B振动趋势图

8.3 故障分析诊断过程

2012年11月开始，二氧化碳压缩机组增速箱高、低速齿轮轴的振动值，就出现了渐进式异常性升增。每天有0.010~0.018mm升增。增速箱高、低速齿轮轴的八个振动涡流传感器，都显示相同的升增趋势，可以认为增速齿轮箱的高、低速齿轮轴振动值异常性升增变动，从仪表监控方面来说，是真实，可信的。而引起机械振动异常升增，一定存在激发原因。这个原因在运行时，无法准确判定，但是，故障问题是一定存在的。考虑到每天升增量不大，建议监控运行。

2012年12月6日，因其振动值总体升增过大，加之其他设备原因，决定停机检修处理。

8.4 故障验证情况

2012年12月6日停机解体检修时，宏观上并没有发现齿轮轴存在明显的缺陷或问题。齿轮与齿轮轴表面金属光泽光洁亮丽，无明显可见的裂纹缺陷。采用着色探伤的方法，对高、低速这两个齿轮进行无损检测。见图3-42、图3-43，通过着色探伤检测，发现高速齿轮在齿轮与齿轮轴交汇应力集中处存在极为严重的裂纹，这就完全解释和验证了增速齿轮箱、增速齿轮轴振动值渐进式异常升增的根源和问题所在。

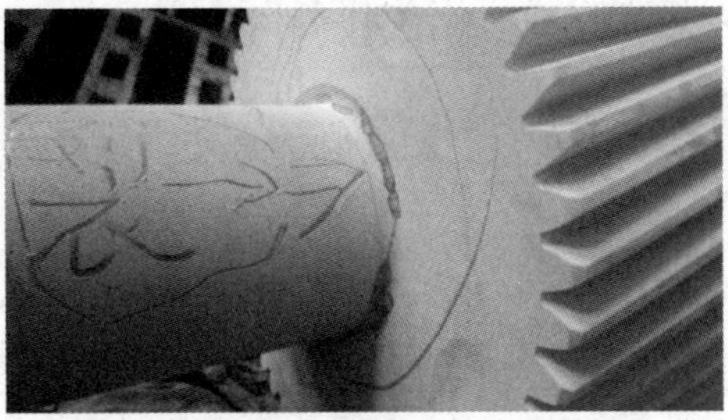

图3-42 增速箱齿轮轴裂纹照片1

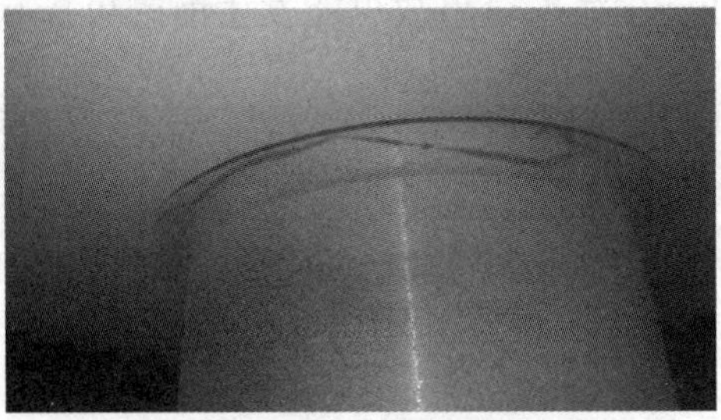

图3-43 增速箱齿轮轴裂纹照片2

8.5 故障处理情况及效果

检修中更换了高、低速转子，开车后机组各轴承振动值恢复正常。

8.6 故障警示

（1）状态监测系统反映出的紧密相关联的信号以及相同趋势的变动值，表明：状态监测系统获得的信息，基本上是真实可信的，应该得出机械方面存在对应的关联性故障。如果只有个别信号异常，则还可以排查个别传感器性能及其连接电缆、接口松动等是否存在问题，可以单独先行检查排除确认，以辩别真伪。

（2）对齿轮传动，特别是高速齿轮传动设备，采用涡流传感器来检测振动状态的变化，尚无确定、标准的规范指导准则。原因是涡流振动传感器的工作频率范围是

0~20000Hz。在频率超出20000Hz后，涡流振动传感器响应及标准线性准确性会有明显的偏离。所以，现阶段一般采用加速度传感器对高速齿轮传动进行振动监测监控。但是，对齿轮副这种渐进式振动值升增的情况，就应该另当别论。

（3）对运行中发现振动值异常变动信号的重要动设备，如离心式压缩机、蒸汽轮机、燃气轮机及高速齿轮箱等，应引起高度关注和足够的重视。特别是同机组同系统振动传感器集中采集反映的异常变动，更应该引起高度关注。在可预控、可预见的情况下，必须做好适时、及时、准确的停机检查；带着问题找问题，通过对可能存在问题的设备进行解体后的零部件，采用相应的检查检测手段，进行极为认真仔细的无损检测，直至发现存在某种性质的问题为止。对那些表面高精度、高粗糙度、应力集中部件、使用年限较长的零部件，用人眼直观检查，是发现不了问题的，应采用专业的无损探伤检测检查手段，对其进行全面的检测检查，确保问题显现、暴露，进而确认问题所在。切不可只进行粗心大意和不全面、不细致地所谓检查确认，就放过去了。这会使先前存在的问题得不到处理和解决，导致故障现象重复出现，最终造重大设备事故。

（4）该机组为1996年9月建成投用，至2012年已运行近16年。根据API标准和国家相关标准规定，设备的设计寿命在20~25年。因此，对关键性设备，在进入寿命末期时，更应该引起高度关注和重视。既要做好出现故障的思想准备，还要做好必要的储备以及及时发现问题、及时处理故障的预案准备工作。确保遇事不惊不慌，正确、及时、有序地将故障终止于设备安全事故可能发生前的可控状态，确保设备、生产和人身安全。

（本案例撰写人：施时楷）

9 空压站空气压缩机主油泵断轴故障分析案例

9.1 故障概况

9.1.1 结构型式

该机组为英格索兰公司制造，C1000系列CENTAC C75M × 3是多级离心式压缩机。机组为垂直剖分结构，采用三级压缩。压缩端（机头部分）由大齿轮驱动两根叶轮轴，第一级叶轮单独布置，以达到效率的最优化，第二、第三级背靠背共轴布置。压缩端布置在机组底部的冷却器之上，电机则由钢制底座支撑于油箱之上，冷却器与电机支撑结构相互连接，见图3-44、图3-45。

图3-44 外观图

图3-45 润滑油管

9.1.2 主要参数

机组主要参数见表3-8。

表3-8 机组主要参数

型号	C75M × 3	年份	2012年11月
额定转速	31982r/min	功率	1750hp
进气流量	13200m^3/h	进气压力	0.993bar（A）
进气温度	35℃	排气压力	9.0bar（A）
润滑油压	1.95bar	密封气压力	400kPa
润滑油温	47℃	厂家	IR英格索兰

9.1.3 主要功能

C-1101C是空压站装置的特护设备，向全厂各生产装置及公用工程辅助设施提供非净化风和仪表用净化风。

9.1.4 故障基本情况

C-1101C在开机过程中出现油压不稳，油压下降，联锁停机，检查发现主油泵发现主动轴断裂。

9.2 故障发现过程

2019年6月5日，机组C-1101C更换润滑油，检查清理油系统滤芯，检查主油泵的轴承及密封部件。6月6日10:00，开机运行，辅助油泵停泵后10s左右，润滑油压力低触发联锁停车。

9.3 故障分析诊断过程

9.3.1 故障分析

造成润滑油压低的原因有可能有：

（1）主油泵磨损，螺杆副间隙超标；

（2）主油泵调压装置弹簧或阀密封失效，导致泵内部回流；

（3）主油泵油路排气不充分，造成油压低联锁；

（4）润滑油路精滤堵塞。

9.3.2 故障原因判断

根据现场启机情况分析，辅助润滑油泵在开机前油压稳定，说明主油路本身无堵塞，精滤无堵塞。机组启动后，主油泵开始工作，在辅助润滑油泵停泵前油压正常，说明导致机组低油压联锁停机的原因是主油泵故障。

9.4 故障验证情况

9.4.1 拆检过程

检查辅助润滑油泵和润滑油管路系统未发现问题。拆检主油泵，发现主动螺杆从轴肩处断裂，从动螺杆副推力面咬合磨损，其他无异常，见图3-46。

图3-46 拆检过程

9.4.2 故障产生原因确认

从主油泵主动螺杆轴在联轴器键槽处的断面上看，断面平整，无明显扭曲变形，判断是主油泵主动螺杆受扭矩过大，超过屈服强度值，在螺杆轴肩应力集中处产生扭断。

从主油泵主从动螺杆磨损痕迹上看，应该是因为有空气积存在主副螺杆推力面位置，导致接触面润滑不良磨损，主从动螺杆间隙改变，进而咬合抱死，主动螺杆在轴肩处被强力扭断。

拆检主油泵管路，连接完好无泄漏迹象，入口单向阀密封良好，未发现明显泄漏情况。检查油路调压阀、油温控阀、双联油滤器未发现问题。最终确认主油泵积存空气的原因是主油泵油路设计问题，主油泵位置是整个油路最高点，进出口均朝下，管路及油泵没有设置高点排气。如果进口管路中有空气，在辅助油泵启动后，润滑油逆向从主油泵出口进入泵体，通过螺杆与腔体的间隙，进入主油泵入口管路，管路中的空气被压缩聚集在主油泵的入口段，在辅助润滑油泵停泵后，这些空气又被从主油泵入口压缩到出口前聚集，导致在主油泵出口位置的螺杆推力面缺油抱死，主动螺杆轴在其轴肩应力集中薄弱处断裂。

9.5 故障处理情况及效果

9.5.1 故障处理情况

根据主油泵油路的位置和润滑油流向，确定空气聚集在主油泵泵体入口弯头顶部，在此位置加工M10螺纹孔，加装排气阀。修订运行操作规程，在开辅助润滑油泵时，打开主油泵排气阀排气。在开机时，确认排气口无气体排出后方可启动。改造前后主油泵见图3-47、图3-48。

9.5.2 处理后效果

增加入口排气阀后，更换主油泵，压缩机启机前，运行人员按照修订后的操作规程进行排气、确认，压缩机启动后主油泵运行正常，润滑油压稳定在2.05bar左右，机组运行平稳，未再发生低油压联锁停机故障。

图 3-47　改造前主油泵图

图 3-48　改造后主油泵图

9.6　故障警示

经过本次故障，提醒了运行人员和维护人员，大型机组在开机前，油路润滑油压不稳，要查明原因，不能频繁启动，导致设备故障问题扩大化，造成设备零部件损伤。

（本案例已在《压缩机》杂志2020年第5期发表，并有局部修改；本案例撰写人：谭永刚、孙应辉）

10　空气压缩机振动跳车故障分析案例

10.1　故障概况

10.1.1　结构型式

某装置03C1001A空压机为离心式空气压缩机，型号为C100075MX3，由电动机驱动。压缩机与驱动器直接连接，整个设备安装在公用的基板上，配有自供应的润滑系统、控制系统及辅助系统。空气通过安装在机组上的进气调节阀，进入压缩机流进第一级压缩。叶轮1将速度加给气体，然后气体进入静止的扩压器部分2，将速度能转化成压力能。内置于机组中的中间冷却器3将压缩过程中所产生的热量冷却，从而提高压缩效率；冷却后的气体，通过不锈钢水气分离器4除去冷凝水。当气体通过不锈钢水气分离器后，降低了气体所带的水分。这样的过程在每一个接续的阶段重复，直到气体压缩达到所要求的工作压力。压缩机结构见图3-49，空压机性能参数见表3-9。

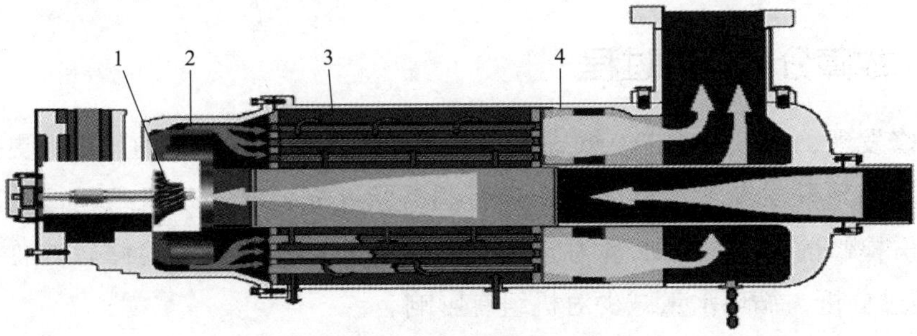

图3-49　压缩机结构图

1—叶轮；2—扩压器；3—中间冷却器；4—水气分离器

表3-9　空压机性能参数表

名称	单位	空压机
气量	Nm^3/h	10500
进气压力	MPa（A）	0.097
排气压力	MPa（A）	0.62
进气温度	℃	32.6
排气温度	℃	45
介质		空气
调节方式		可调喷嘴

10.1.2 主要功能

离心式空气压缩机属于速度式压缩机，在用气负荷稳定时，离心空气压缩机工作稳定、可靠。具有结构紧凑、重量轻、排气量范围大，且有利于节能；易损件少，运转可靠、寿命长；排气不受润滑油污染，供气品质高的特点。在化工装置得到广泛采用。

03C1001A空压机的作用是将空气压缩输送到空分装置，制造氮气、氧气。氮气供化肥一期/二期、甲醇一期/二期四套装置使用，氧气供化肥一期装置生产。

10.1.3 故障基本情况

空压机机组二级振动跳车，刚开始怀疑是由于仪表问题导致，所以对仪表进行检查排除后，盘车轻松，重新启动空压机，均正常运行，二级振动值与跳车前振动值一样0.20mil（1mil=0.0254mm）左右；运行一段时间后，再次出现二级振动跳车现象。

10.2 故障发现过程

某装置四期空分03C1001A五次跳车（2019年4月30日，5月24日两次，6月3日，6月4日），均是二级振动报警、后跳车。6月3日第四次跳车，二级X轴振动未到报警值，就跳车。报警时间与跳车时间两者时间间隔5min，从振动趋势图上，波峰最大值0.6mil，二级X轴振动报警值1.0mil、跳车值1.2mil，Y轴振动报警值0.8mil、跳车值1.0mil。6月4日第五次跳车，操作人员明显感觉润滑系统油管振动增大。

10.3 故障分析诊断过程

通过检修发现，空气过滤芯（纸式）芯纸发黄，表面附着浓厚的灰垢，更换后更有利于机组运行；齿形联轴节润滑脂减少，进行润滑脂补充，有利于机组运行；四期空分在2019年4月份检修前，总循环水量为727m^3/h，4月份因振动跳车检修后，总循环水量为653m^3/h，经过分析，循环水量减少对机组有影响。

结合2019年6月4日跳车数据分析：15:21:01旁通阀开始打开，15:28:02旁通阀一直打开至61.42%，进气阀开度变化100%开度，15:29:23跳车。通过检查设备控制设定并通过喘振次数计算：$\frac{103.9-98-98\times 0.03}{98\times 0.01}=3$。

控制系统捕捉到机组已经出现3次喘振，最小负载电流叠加，而且机组在满载运行时电流值仅为104A，已经很接近最小负载电流值103.9A，说明机组的性能已经严重下降，很容易出现喘振的现象。喘振烈度不同，可能对设备运行产生的影响也不一样，级间喘振很难被识别出来，同时也会带来转子振动高等问题。机组的电机电流在减少，说明机组性能，做功在下降，也就是气路不通。

10.4 故障验证情况

通过维修人员解体检修发现，一、二、三级叶轮和扩压器结垢均严重，其中，一级叶轮叶片上附着的灰尘最为明显，二、三级导流板与扩压器有白色晶体。二级导流板与扩压器表面形成有白色晶体（初步断定为海盐）且坚实的结垢，结垢已经影响气流运动，降低设备运行效率，使性能曲线漂移。结垢不均匀掉落，会破坏叶轮的动平衡，使转子的轴振动升高。随着机组运行，结垢越来越严重，振动值会慢慢涨上去。冷却器气路翅片附灰尘非常严重，尤其是二级冷却器翅片之间有白色晶体堵塞在翅片之间，严重影响气流流动。三级导流板根部冲刷严重，根部已经断裂，颗粒粉尘冲刷气流通道后，造成内部表面的磨损。二级扩压板出现冲刷腐蚀。

造成故障的原因是：颗粒粉尘冲刷气流通道后，造成内部表面的磨损；白色晶体在扩压器结垢，引起化学腐蚀。

10.5 故障处理情况及效果

检修人员对叶轮、扩压器和冷却器上的结垢及附着的灰尘清理后，空压机恢复正常运行。系统压力：517kPa，压力设定：520kPa，进气阀开度：100%，旁通阀开度：0，电机电流：110A，各级压力Ⅰ/Ⅱ/Ⅲ：110/280/530kPa，各级温度Ⅰ/Ⅱ/Ⅲ：36/39/39℃，各级振动Ⅰ/Ⅱ/Ⅲ：0.09/0.11/0.09mil，油压：202kPa，油温：47℃，电机定子温度A/B/C：57/57/56℃，电机前后轴承温度：52/50℃，见图3-50。

图3-50 空压机铭牌

10.6 故障警示

通过本故障案例可以看出，虽然现场已经安装了自洁式过滤器，铭牌上也标明了过滤精度可以达到1 μm；但国内的自洁式过滤器许多还达不到这个过滤精度，长时间运行容易导致微小的固体颗粒持续地被吸入压缩过程中，影响叶轮的动平衡及级间冷却器的效率。

（本案例撰写人：何惠凡、黄振峰）

11 氨冰机汽轮机轴端汽封泄漏故障分析案例

11.1 故障概况

某合成氨装置氨冰机蒸汽透平由日本三菱重工株式会社广岛机器制作所设计制造，型号为5BH-3，背压式。其缸体为水平剖分式，转子为整体锻造结构，共3级喷嘴，入口引入压力11.87MPa、温度505℃的高压蒸汽经过3级喷嘴做功后降为压力4.6MPa、温度383℃的中压蒸汽，然后由出口排汽管线排入中压蒸汽管网。该透平根据进、排汽两侧蒸汽压力不同，两轴端各设置不同型式的梳齿型迷宫密封。

该透平存在两侧轴端汽封泄漏的故障，泄漏蒸汽通过轴端末级汽封外漏，除了会直接影响机组做功效率外，泄漏的高温蒸汽流能导致汽缸外的轴径温度升高，高温经过轴传输或蒸汽通过轴与轴承箱之间的间隙进入两侧的轴承箱直接加热轴承，蒸汽在轴承箱内冷却凝结使润滑油中混入水分，油质乳化变质，破坏其润滑性能，严重的会造成轴承温度过高、巴氏合金层融化，导致严重的设备故障。

11.2 故障发现过程

该蒸汽透平在2015年和2018年先后两次出现轴端汽封泄漏量大的故障。具体表现为汽轮机两轴端有明显的气流噪声，用手靠近缸体与轴承箱之间的缝隙能明显感觉到高温蒸气流阻力；同时，两侧轴承箱体靠近轴端最末级汽封部位局部温度偏高，其中进汽侧温度高达110℃。排汽侧盘车电机及电缆线温度高达93℃，监测探头处温度高达86℃。为了防止高温蒸汽对盘车电机及电缆直接加热引起次生故障，加装了隔离板作为临时性保护。

11.3 故障分析诊断过程

11.3.1 轴封系统各部分的功能原理分析

（1）该透平轴端汽封为梳齿型迷宫密封，每级汽封环由6块扇形密封块组成，每个密封块背面各有一片不锈钢弹簧片作为缓冲补偿，当轴与密封齿碰擦时，密封块自行弹开，避免轴与密封齿过度摩擦。根据进、排汽两侧蒸汽温度、压力不同，两侧弹簧片耐热性和刚度不同。进汽侧轴封共8级，第1~5级为高低齿斜齿密封，第6~7级为高低齿直齿密封，第8级为平齿密封。其间分布3个排汽腔室（又称膨胀室），腔室分别与中压蒸汽管网、低压蒸汽管网、轴封蒸汽冷凝器相连。排汽侧汽封共6级，第1~5级为高低齿直齿密封，第6级为平齿密封。其间分布2个排汽腔室，腔室分别与低压蒸汽管网、轴封蒸汽冷凝器相连（见图3-51）。

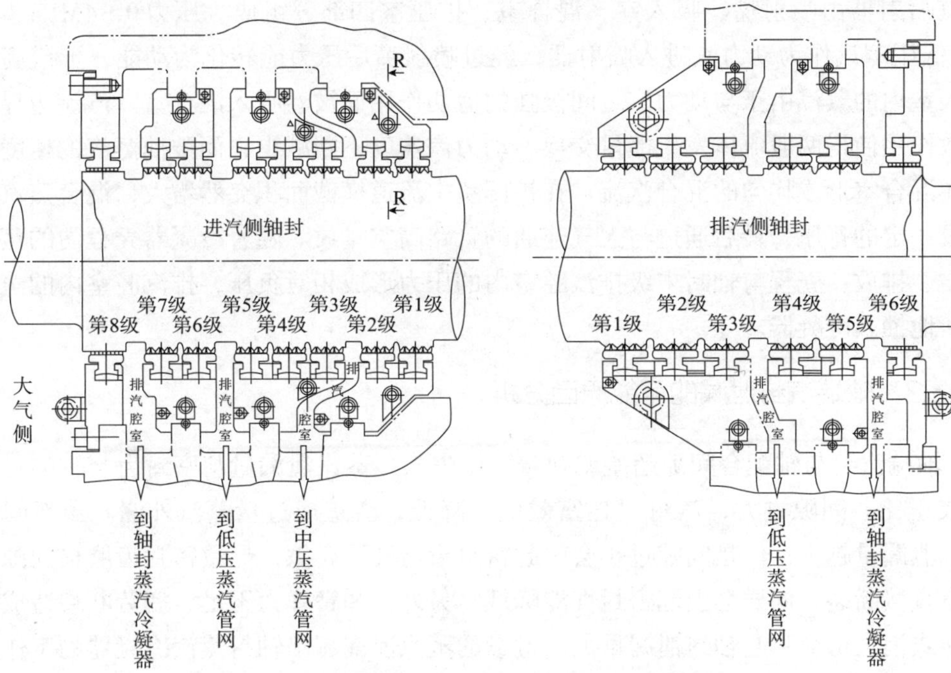

图3-51 进、排汽侧轴封分布图

汽封通过“迷宫效应”对泄漏蒸汽逐级降压，降压后的部分蒸汽先后通过排汽腔室排至中、低压蒸汽管网，剩余少量的泄漏蒸汽进入两侧轴封的末级排汽腔室，最终全部抽入轴封蒸汽冷凝器，从而实现蒸汽零外漏。

（2）轴封蒸汽冷凝器与抽汽喷射器及附件组成轴封抽汽系统（见图3-52）。

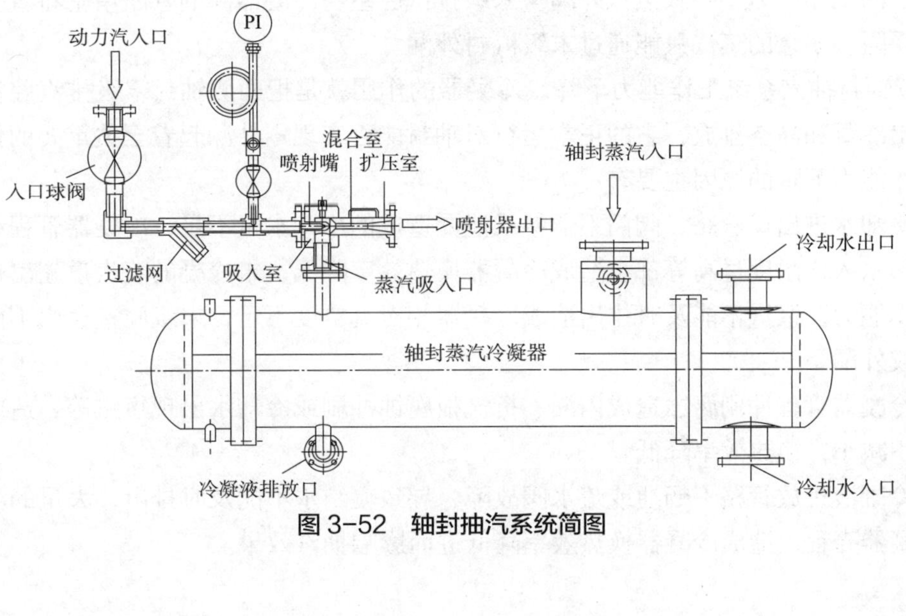

图3-52 轴封抽汽系统简图

轴封蒸汽冷凝器为固定管板式结构，泄漏至末级排汽腔室的轴封蒸汽被抽入冷凝器壳程，管程为冷却水。在冷凝器内蒸汽与冷却水换热，一部分冷凝成水通过底部的疏水器排放，未冷凝的蒸汽通过抽汽喷射器抽出，高空排放。

抽汽喷射器由喷射嘴、吸入室、混合室、扩压室四部分组成。压力0.34MPa、温度197℃的低压蒸汽作为动力汽进入喷射器，经过喷射嘴后压力能转化为动能，形成高速汽流，吸入室内的蒸汽由于与动力汽之间极强的剪切作用而被卷吸入混合室。汽流边界层的紊流扩散作用使得两股流体发生能量交换，动力汽速度不断减少，而被抽蒸汽的速度不断增大并在混合室形成均匀的混合汽流。在扩压室中流道横截面积突然增大，混合蒸汽减速增压形成一定的背压，最后通过与大气连通的管路高空排放。随着冷凝器壳程内的蒸汽冷凝、抽出、排放，壳程与轴封末级排汽腔室内的压力形成相对负压，排汽腔室内的蒸汽被源源不断地抽入冷凝器。

11.3.2 轴端汽封泄漏的可能原因分析

（1）轴端汽封与轴配合间隙超差或弹簧作用失效。蒸汽泄漏量与密封齿与轴的径向间隙大小成正比。间隙过大，汽封“迷宫效应”降低，会造成过量蒸汽外漏。虽然间隙越小，蒸汽泄漏量越少，但是间隙过小会引起密封齿与转子碰擦，导致密封齿磨损间隙变大或密封齿直接断裂，同样会引起密封性能降低。另外，弹簧弹力不足、疲劳断裂造成补偿能力下降或消失也会引起轴封泄漏量大。过量的蒸汽泄漏超出轴封蒸汽冷凝器的工作能力就会导致蒸汽从轴端泄漏出来。

（2）与各级排汽腔室相连通的管路不通畅。轴封间分布的排汽腔室及其连接管路主要作用是将大部分降压后的泄漏蒸汽引出并回收利用，减少泄漏蒸汽量，保证后几级轴封的密封效果。任何一个排汽腔室及排汽管路不通畅，无法及时排出的蒸汽只能通过后几级汽封和排汽腔室泄漏，这样势必会造成后几级轴封和排汽腔室的负荷增加，最终超出轴封蒸汽冷凝器的工作能力，导致蒸汽外漏。末级排汽腔室与冷凝器间的管路堵塞将直接导致蒸汽抽出受阻，多余的蒸汽只能通过末级汽封外漏。

（3）轴封抽汽系统工作能力下降。冷凝器的作用就是把两侧轴封末级排汽腔室的蒸汽全部抽出冷凝和高空排放，它的正常运行对轴封能否实现零外漏起着至关重要的作用。造成其工作能力下降的原因主要有：

①冷却水进出口管路、阀门不通畅或泄漏造成的冷却水量不足，冷凝器管程结垢、堵塞及冷却水入口温度过高等都会造成冷凝器换热效率降低，未冷凝的蒸汽量超出抽汽喷射器的工作能力，蒸汽不能及时排出造成冷凝器相对真空度不足，末级腔室蒸汽不能及时抽出，造成外漏。

②冷凝器管程冲刷腐蚀造成内漏、折流板腐蚀冲刷或冷却水出现短路等，造成冷凝器换热面积减小，换热效率降低。

③冷凝液排放管路不畅通或疏水阀故障，导致凝结水不能及时排出，大量的凝结水聚集在冷凝器壳程，造成冷凝器换热效率降低进而影响抽汽效果。

④抽汽喷射器动力汽管路、阀门、入口过滤器不通畅或泄漏，造成动力汽不足以及喷射器喷射嘴堵塞、冲刷变大，这些都会造成抽汽喷射器抽汽能力不足，导致蒸汽外漏。

11.4 故障验证情况

根据以上原因分析，在大修中对轴封系统做了全面检查，发现了以下问题：

（1）对轴端汽封间隙进行检查测量，发现间隙值在设计范围内，但部分密封齿出现断齿、缺口现象，部分弹簧片出现疲劳断裂（见图3-53）。

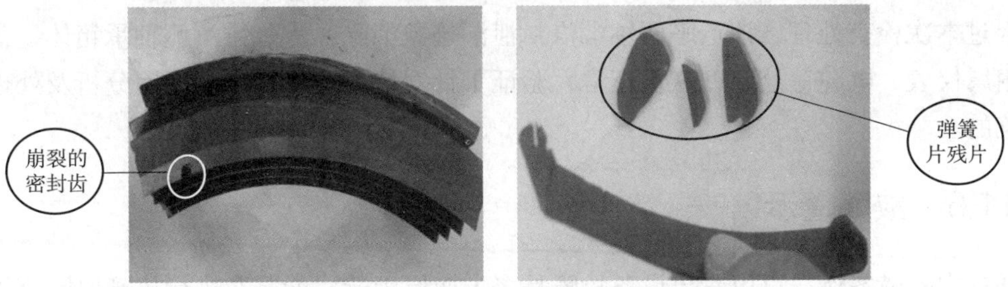

图 3-53

（2）检查各排汽腔室及连通管路，没有发现堵塞。

（3）拆卸检查冷凝器两端封头及冷却水管。发现管程内壁附着较厚的水垢，冷却水入口有杂物堵塞（见图3-54）。

图 3-54

（4）对抽汽喷射器及管件进行全面检查，发现动力汽入口球阀被带压堵漏时压入的过量密封胶完全堵塞，喷射嘴喷射口处有坚硬的钙化物堵塞（见图3-55）。

图 3-55

11.5 故障处理情况及效果

（1）对出现断齿、缺口的密封块更换新件并确认其密封间隙符合设计要求；

（2）更换出现损坏的弹簧片并对进、排汽两侧弹簧片材质进行确认，确保其安装正确；

（3）对各排汽腔室及连通管路进行吹扫疏通；

（4）对杂物进行清理，同时对管程进行高压水射流清理管壁水垢；

（5）对球阀内的密封胶及喷射嘴钙化物进行清理，管线进行吹扫疏通。

经过本次检查处理，该透平两轴端汽封泄漏迹象消除，进、排汽侧轴承箱体、盘车电机及附属仪表、电缆等处温度恢复正常，验证了针对该故障所作出的原因分析及处理措施是正确的。

11.6 故障警示

通过本故障案例，可以看出设备故障是多方面原因造成的，在进行故障原因分析及处理的过程中要结合设备本体、工艺条件及其附属设备在内的多方面系统地分析，找到产生故障的根本原因才能有效地从根源上消除故障。设备在年度计划大修中应对其可能影响其正常运行的附属设备及系统经过诊断后有针对性地进行检查、清理，确保设备各个系统在日常运行中发挥其作用，达到长周期运行的目的。

（本案例已在《压缩机技术》杂志2020年第2期发表，并有局部修改；本案例撰写人：侯中文）

12 发电机汽轮机振动异常故障分析案例

12.1 故障概况

某装置发电机组由湖北武汉长江动力有限公司设计制造，其动力部分为中压、单缸、冲动、单抽、可调整抽汽凝汽式蒸汽轮机。汽轮机本体为前、中、后三段组成的单汽缸结构，通流部分为2个调节级和9个压力级共11级，第1级为双列调节级，第5级为单列调节级；高压段配汽采用提板式调节汽阀，由高压油动机控制；中压段配汽采用带平衡室的旋转隔板，由中压油动机控制。其主要技术参数为：规格型号C12–3.43/0.49，额定功率12000kW，主蒸汽压力3.43MPa（A），主蒸汽温度435℃，抽汽压力0.49MPa（A），抽汽量50t/h，最大抽汽量70t/h，额定转速3000r/min，汽轮机—发电机轴系临界转速1711r/min。该设备配套有一套美国本特利3500在线监测系统。

2012年4月下旬，新安装的发电机组在联机发电试运行，当负荷增加到40%左右时，蒸汽轮机的进、排汽端轴承振动值升增至超过200μm，为确保机组安全，打闸停机。

12.2 故障发现过程

2012年4月下旬，新安装的发电机组，经过单机试车后，进入联机发电试运行程序。当蒸汽轮机转速进入发电机可并列发电时，随着负荷的增加，蒸汽轮机的进、排汽端轴承振动值也随之升增，当负荷增加到40%左右时，蒸汽轮机的振动值升增至超过200μm，为确保机组安全，机组迫使打闸停机。如此经历5次试运行，故障依旧，原因不明。

4月10日第6次试机，前5次的故障现象重复出现。通过在蒸汽轮机前端（进汽端）轴承箱架设四个百分表，即轴向二个，左、右各一个。在试车过程中，当发电机进入并列发电，负荷逐渐增加时，蒸汽轮机的振动值也随着升增。当负荷增加到40%左右时，蒸汽轮机的振动值升增到230μm，为保护设备安全，被迫打闸停机，后续程序无法进行。

在整个试机过程中，发现一个异常现象：随着负荷的增加，振动值升增，架在蒸汽轮机前端轴承箱下部的两个百分表，北侧是正向向前伸长的；而南侧（即液压控制器安装侧）则出现了异常性反向位移，对于这个异常情况，怀疑是蒸汽轮机受热膨胀受阻。4月11日，对机组的整个安装情况，进行一次全方位的再检查，发现蒸汽轮机液压控制器底部周围无缝隙，被完整地埋在二次罐浆水泥里（图3-56），限制了蒸汽轮机受热膨胀的自由度，改变了蒸汽轮机受热膨胀的胀差状况，导致随着热量的增加，蒸汽轮机的外缸体、转子等动、静部件膨胀位移受限、变形，从而促使蒸汽轮机振动不断升增。

图3-56　汽轮机发电机组现场实景照片

12.3　故障分析诊断过程

在第6次试机过程中，发现蒸汽轮机北侧正向膨胀伸长；而南侧出现返向异常性位移的故障现象，判断为蒸汽轮机某处机械性受限，不能确保蒸汽轮机受热膨胀的自由伸长的位移。对蒸汽轮机的现场安装情况进行了再检查和确认。最终发现了液压控制器底部被二次灌浆水泥围埋的故障点。

驱动蒸汽轮机可调导叶液压控制器被二次灌浆的水泥埋住，制约了蒸汽轮机的热膨胀，造成蒸汽轮机带负荷到发电机并列，负荷加至40%左右时，随着蒸汽量、蒸汽压力、蒸汽温度对蒸汽轮机缸体热膨胀量的不断增大，外缸体向前端（进汽）热膨胀伸展受限，转子受热膨胀影响不断向前伸长，造成胀差失衡、失控，迫使转子与缸体动、静件产生相对比较严重的挤压形变和相对位置变动，极限情况下，可能产生动、静件的碰磨，从而迫使蒸汽轮机轴振动值不断升增，直至无法继续增加负荷而停机的故障。

图3-57　可调导叶控制器支承臂及液压控制执行器

12.4　故障验证情况

4月11日，采用气动风镐彻底清除干净围埋液压控制器底部周围的二次灌浆水泥（图3-57、图3-58、图3-59），12日启动，负荷增加到80%，蒸汽轮机的振动值一直平稳，在设计值的良好范围内。

图 3-58 被二次灌浆水泥埋住液压控制执行器箱体

图 3-59 清除近 260mm 厚的二次灌浆水泥的情形

12.5 故障处理情况及效果

4月11日上午，拆除了液压控制器；如图3-59所示，完全验证了发现液压控制器被二次灌浆水泥围埋的事实；工艺人员采用气动风镐彻底清除干净围埋液压控制器底部周围的二次灌浆水泥，直至16:00左右，将处于自由状态的液压控制器回装。17:00左右，启动润滑油系统，晚上工艺人员接班后开始升温。12日11:00左右启动，至16:00左右，发电机并列，负荷增加到80%，蒸汽轮机的振动值，一直平稳，在设计值的良好范围内。该发电机组成功实现安全、平稳地并网发电。

12.6 故障警示

（1）对新安装的设备，应有专业人员对整个安装施工过程进行工艺安排。特别涉及各相关专业的交叉作业，应有工序流程、专业人员的跟踪监督和检查确认。做到每个工序清晰明了，合规合理。

（2）强化对专业工程技术人员的理论、技术、责任心的培养历练，提高专业业务能力。

（3）对所有设备出现异常、违背自然规律的故障现象，应通过合乎自然规律和理论性原理的方法，进行思考、分析和检查、反思，从中找到问题所在，进而达到解决、消除问题的目的。

（本案例撰写人：施时楷）

13 天然气压缩机止推轴承温度高故障分析案例

13.1 故障概况

某合成氨装置采用美国KBR深冷净化器工艺，天然气压缩机组（102J）是合成氨装置中的重要设备之一，该机组由一台中压凝汽式汽轮机和一台多级离心式压缩机组成，压缩机的主要设备性能参数见表3-10。

表3-10 102J主要设备性能参数表

生产厂家	沈阳鼓风机厂
设备型号	BCL405
工作介质	天然气
进口温度/℃	35.3
出口温度/℃	95.3
进口压力/MPa	2.75
出口压力/MPa	5.15
转速/（r/min）	9800
功率/kW	2015
润滑油牌号	长城L-TSA 46汽轮机油
止推轴承型式	金斯伯雷式

2015年机组检修后，压缩机止推轴承四个温度监测点一直处于较高数值，最高达到104℃，较正常60℃左右高出近40℃，但四个温度点同时出现升高，且运行趋势相对比较稳定，所以采取监控运行。但机组轴承温度长期较高运行对机组的整体运行稳定性和轴承使用寿命将会产生较大影响。通过多次分析和两次检修采取措施，发现轴承润滑过高是由润滑油供油不足，润滑不良导致的，最终对轴承采取机械修复措施，成功解决轴承温度高的问题。

13.2 故障发现过程

2015年4月，102J机组根据运行周期进行解体大修，更换了止推轴承和干气密封。4月18日，机组恢复运行，发现压缩机止推轴承的TE7190、TE7191、TE7192、TE7193四个温度测点均比检修前出现明显上涨，由正常值75℃以下最高上升至104℃，已经触发一级报警，威胁机组的安全稳定运行，止推轴承温度变化趋势见图3-60。

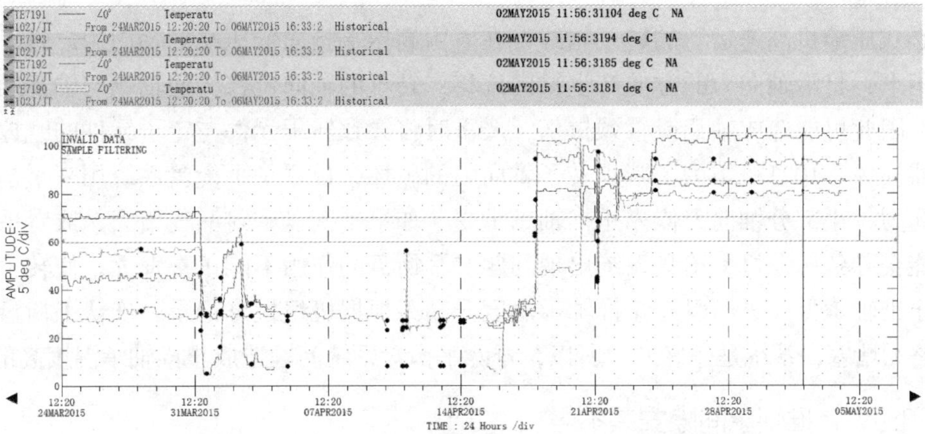

图3-60 2015年102J检修前后止推轴承温度变化趋势

13.3 故障分析诊断过程

根据机组止推轴承温度异常升高现象，从可能影响机组轴承温度升高的以下因素进行分析。

13.3.1 润滑油品质达不到要求

润滑油长期使用后，主要参数将会逐步偏离指标，使润滑效果变差。如果油品不清洁，存在异物污染，带入轴承后会将轴瓦刮伤，甚至使轴承温度升高而引起巴氏合金熔化；油中有水进入，会影响压力油膜的形成，达不到良好润滑的效果，给轴承造成较大的损伤。油品分析报告显示：运动黏度44.52mm^2/s、水分20mg/kg、NAS等级7，各项指标均符合设计要求，排除油品劣化造成止推轴承温度高的可能。

13.3.2 润滑油供给量不足

如果润滑油供给量不足，将导致润滑不良，引起轴承温度升高，严重时会使巴氏合金熔化。造成润滑油油量不足的原因有油泵打量不足、润滑油压力调节阀调整过低、供油管线或者进油孔有异物堵塞等。经过仔细排查，润滑油总管压力为0.25MPa，轴承润滑油进油压力为0.1MPa，压力满足设计要求。润滑油供给量无法检查判断，因此，润滑油供给量不足可能是造成止推轴承温度高的原因之一。

13.3.3 润滑油进油温度高

如果润滑油进油温度高，将会造成机组轴承润滑不良，从而导致轴承温度升高。造成润滑油温度高的原因有润滑油冷却器结垢、油冷却器循环水温度高等。通过排查确认，润滑油冷却器刚刚进行机械水射流清洗，循环水温度及润滑油供油温度均显示正常，所以，排除润滑油温高造成止推轴承温度高的可能。

13.3.4 压缩机平衡盘系统出现问题

离心式压缩机高速运行的转子始终存在着由高压端指向低压端的轴向力。转子在轴向力的作用下，将沿轴向力的方向产生轴向位移，转子的轴向位移将使轴颈与轴瓦间产生相对运动，因此可能造成轴瓦或轴颈拉伤，严重时将导致转子元件与定子元件的摩擦、碰撞乃至机器损坏。102J机组为了减少转子轴向力的破坏，设置了平衡盘系统用来平衡转子大部分轴向力，小部分轴向力依靠止推轴承承受。如果平衡盘密封漏气增大，或者平衡管堵塞，可能会导致压缩机平衡盘系统出现问题，平衡盘的作用不能正常发挥，使转子轴向力施加到止推轴承上，进而引起止推轴承温度升高。根据机组检修记录，确认平衡盘间隙正常、管路无堵塞，系统是完好的，所以，排除平衡盘系统问题造成止推轴承温度高的可能。

13.3.5 止推轴承间隙安装不当

离心式压缩机轴向力的平衡和消除主要依靠平衡盘系统，小部分轴向力依靠止推轴承分担。止推轴承作为静止件，由止推间隙确定转子的轴向位置，转子的剩余轴向力会使它靠紧止推轴承（中间有一层极薄的油膜），从而限制转子窜动。止推间隙根据运动部件的热膨胀系数进行设计，间隙太大会因为轴窜动而导致动、静部件出现问题；间隙太小则无法补偿热涨量，易造成止推轴承温度升高。止推间隙设计值为0.25~0.35mm，更换止推轴承后安装值为0.25mm，处于设计值的下限，易造成轴承温度升高。因此，止推间隙偏小可能是造成止推轴承温度升高的原因。

综上，经过分析和排查，造成压缩机止推轴承温度高的原因可能是止推间隙偏小和润滑油供给量不足。

13.4 故障验证情况

根据上述分析判断，基于止推轴承温度处于一个较高上限的平稳运行状态，所以未在线采取干预影响措施。采取对机组加强运行监控管理举措，机组一直稳定运行到2016年4月装置停车检修。装置停车检修期间，根据之前判断，检查102J止推轴承，调整止推轴承间隙值至0.33mm，同时检查供油回路。根据轴瓦润滑进油通道设计和新瓦块运行状态，对止推瓦块巴氏合金棱角面进行扩大倒角处理，以增大润滑油的进油量，更好地润滑和冷却。通过处理，机组开车后，止推轴承温度出现明显好转，TE7191、TE7192、TE7193均恢复到76℃以下的正常值，只有TE7190还存在单点偏高，轴承温度趋势见图3-61。由此验证之前判断轴承温度高的原因与止推间隙偏小和润滑油进油量不足有关。

13.5 故障处理情况及效果

2017年4月，因机组干气密封故障再次检修，更换新的干气密封。检查止推轴承状况良好，根据上次瓦块平面倒角处理后对轴瓦温度的效果，再次对轴瓦巴氏合金棱角进行倒角处理，以更好地增加润滑油的进油量。经过此次处理，检修后开车，止推轴承的四个温度测点均恢复到了正常值，见图3-62。

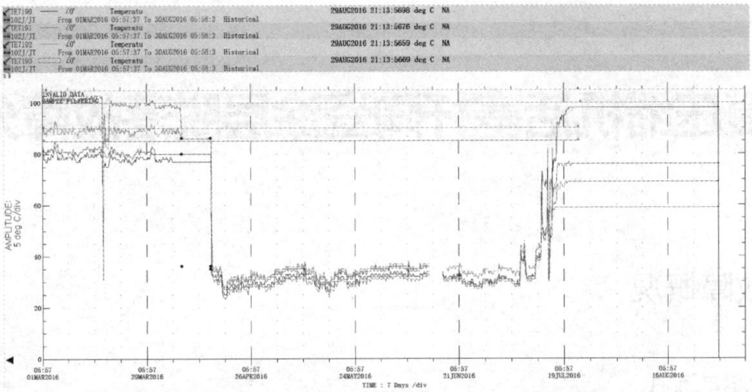

图3-61 2016年102J检修前后止推轴承温度趋势

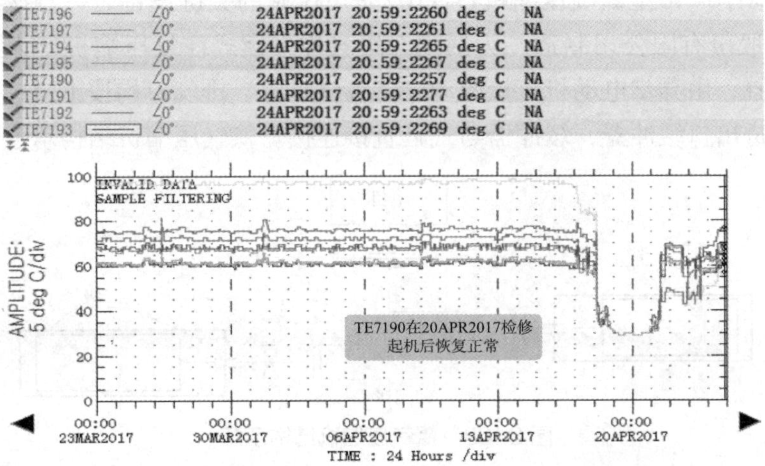

图3-62 2017年102J检修前后止推轴承温度趋势

处理后运行效果：经过对天然气压缩机止推轴承轴瓦间隙进行调整，增大止推轴承间隙；对止推轴瓦巴氏合金棱角进行倒角处理，增大润滑油供给量。解决了更换新轴承瓦块后出现的止推轴承温度高问题，轴承温度均恢复到正常运行状况。

13.6 故障警示

通过本故障案例可以发现，在设备检修后、运行工况改变时，要及时关注设备的运行状况和运行参数。特别是在动设备检修更换关键备件时，要仔细核对新旧备件的质量和差异，设备投运后及时关注设备运行参数。对于出现异常的运行参数要重点从设备运行状态的改变方面及时分析和判断，查找出影响因素并针对性采取有效措施，从而避免设备异常现场加剧，导致设备损坏，给生产带来严重影响。

（本案例已在《化工设备与管道》杂志2020年第4期发表，并有局部修改；本案例提供人：侯松）

14 往复压缩机活塞杆陶瓷涂层脱落故障分析案例

14.1 故障概况

14.1.1 结构型式

2D3.5-2.81/6-40型氮气压缩机C-1102是空压站的关键设备之一，该机组主机由沈阳远大压缩机股份有限公司制造，为两列二级对称平衡式往复压缩机，为无油润滑水冷式、双作用气缸，由异步电动机直接驱动。每级气缸进、排气口均按上进、下出布置。每个气缸均配置进出口缓冲器，缓冲器与气缸直接连接。氮气压缩机结构示意见图3-63。

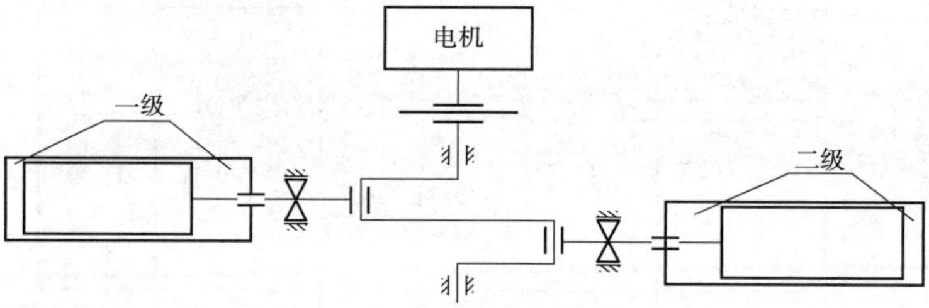

图3-63 氮气压缩机结构示意

14.1.2 主要参数

氮气压缩机主要参数见表3-11。

表3-11 氮气压缩机主要参数

压缩机参数		电机参数	
设备型号	2D3.5-2.81/6-40	设备型号	YX3 355M1-10 WTHF1
设备类型	往复式压缩机	频率	50Hz
容积流量	2.81m³/min	防护等级	IP55
吸气压力	0.6MPa（G）	电压	380V
排气压力	4.0MPa（G）	电流	230A
轴功率	90kW	额定功率	110kW

14.1.3 主要功能

氮气增压机是公用工程重要生产设备之一，氮气增压后通过中压氮气官网为全厂提供

3.2~4.0MPa中压氮气，用于全厂各装置开停工的气密及事故状态下的应急处置。

14.1.4　基本故障情况

氮气压缩机因活塞杆表面涂层脱落，导致填料密封环异常磨损，造成轴封漏气并通过中体窜入压缩机曲轴箱，携带少量润滑油从呼吸帽处喷出。

14.2　故障发现过程及影响

14.2.1　故障发现过程

2021年2月1日，空压站氮气压缩机C-1102在运行过程中，内操人员发现压缩机一级二级排气压力都开始逐步降低，排气量也降低，运行人员联系动设备维护人员一同赶到现场后，发现压缩机曲轴箱上盖呼吸帽有气体泄漏，伴随润滑油飞溅往外喷出，运行人员快速停车，并汇报给设备工程师。

14.2.2　故障对生产造成的影响

该机组为非连续运行设备，及时更换了氮气压缩机活塞杆等配件，未对生产造成影响。

14.3　故障分析诊断过程

14.3.1　故障分析

引起氮气压缩机一级、二级都压力下降的原因可能有：
（1）各级气阀可能有内漏；
（2）活塞环磨损；
（3）填料泄漏。

14.3.2　故障分析判断

经了解，故障产生是突然性的，之前没有压力波动，判断不会是压缩机活塞环长期运行后的磨损导致压力降低。另外，气阀若是关闭不严内漏，也是渐进过程，不会突然发生压力降低，且现场进排气温度没有明显变化。导致曲轴箱呼吸帽气体泄漏、压力下降的原因应该是填料的异常泄漏，建议解体检查填料函。

14.4　故障验证情况

14.4.1　拆检过程

机组从系统隔离后开始拆检，打开填料函盖板后发现内部散布大量黑色粉末和少许片装物，填料压盖与活塞杆之间缝隙被粉末填满。活塞杆表面布满黑色粉末，擦拭后发现活塞杆表面陶瓷涂层成片脱落，已露出金属原色。将活塞杆抽出检查，确认活塞杆表面陶瓷涂层已经大面积脱落，出现局部过热发蓝现象。活塞环及支撑环没有明显磨损，为测量压缩机止点间隙，同步拆卸了两个气阀，气阀密封垫片和阀片没有明显泄漏痕迹。将填料函拆出解体，填料密封环已磨损变形，密封圆柱面出现堆起，已经完全失效，见图3-64、图3-65。

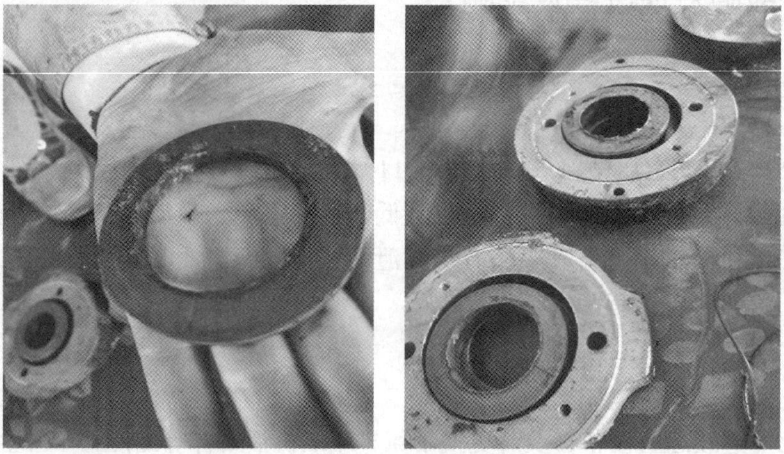

图3-64　一级、二级填料磨损情况

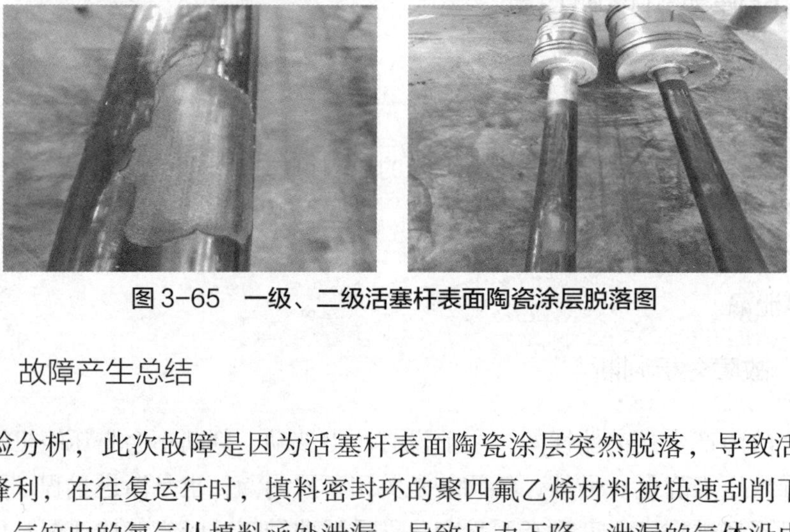

图3-65　一级、二级活塞杆表面陶瓷涂层脱落图

14.4.2　故障产生总结

通过拆检分析，此次故障是因为活塞杆表面陶瓷涂层突然脱落，导致活塞杆表面陶瓷断层异常锋利，在往复运行时，填料密封环的聚四氟乙烯材料被快速刮削下来，造成填料快速失效，气缸中的氮气从填料函处泄漏，导致压力下降，泄漏的气体沿中体进入曲轴箱，从呼吸帽喷出，并将润滑油带出。

14.4.3　活塞杆陶瓷涂层脱落分析

本机组活塞杆采用的是高性能陶瓷涂层活塞杆，它的陶瓷粉末特性见图3-66。

分析造成活塞杆表面陶瓷涂层脱落的可能原因有：

（1）活塞杆在制造处理涂层过程中的原始缺陷；

（2）填料密封环的箍紧弹簧设计太紧，引起摩擦力过大，导致活塞杆表面过热涂层炸裂；

（3）活塞杆在检修过程中出现磕碰引起裂纹。

图 3-66 陶瓷粉末特性

首先与制造厂家一起筛查活塞杆表面陶瓷涂层在制作过程中可能产生缺陷的因素，排除了制造质量原因。

通过与活塞杆表面陶瓷喷涂制造厂家咨询沟通，喷涂工艺较为成熟，在活塞杆出厂时经过严格质量检验程序，并且本机活塞杆在最近一次检修时，没有发现明显裂纹，且在检修中做了着色无损探伤，从检修报告看没有细小裂纹。本机在最近一次检修中，严格执行过程三级检查验收程序，三级质检设备工程师没有发现异常损坏，回装活塞杆之前，没有发现陶瓷涂层部位有磕碰现象。结合这次拆检，二级活塞杆陶瓷涂层表面有过热发蓝现象，表明活塞杆表面与填料密封环摩擦力过大。通过检修人员对检修过程的描述，发现最近一次更换填料密封环时，密封环的闭合收紧弹簧直径比之前大。在填料总成回装后，回装活塞杆时，活塞杆过填料时有明显大于平时的阻力，维修人员涂抹润滑油后，多人合力推进气缸。说明密封环闭合弹簧直径超出设计要求是本次活塞杆表面陶瓷涂层脱落的主要原因。

14.5 故障处理情况及效果

本压缩机一二级填料总成如图3-67所示，因压力不同设置层数不同，密封环材料为填充聚四氟乙烯，填料盒设置冷却水。

填料组装要求，安装前必须清洗填料的各零部件，保证无油污和其他脏物，正确安装各层填料盒，保证填料冷却水路畅通，正确安装密封环在填料盒里的先后顺序及轴向间隙，测量密封环闭合弹簧、新旧弹簧直径。在检修过程中，填料密封环清理很彻底，密封环安装次序依照图纸没有错误，密封环轴向间隙0.25mm符合技术要求，根据拆检下的旧弹簧，确认闭合弹簧直径比更换前大了2mm。经与厂家沟通，确认弹簧批次有误。最终更换密封环弹簧后，填料与活塞杆摩擦力降低。

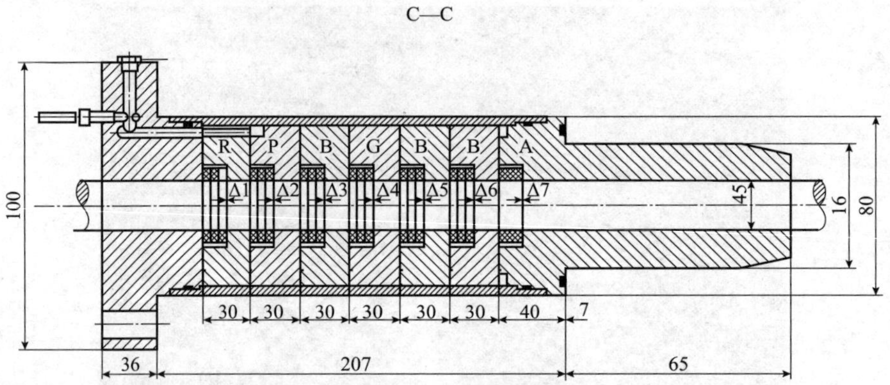

图3-67　填料总成

活塞杆返厂修复，按照陶瓷喷涂要求，确保过程可控，专人跟进喷涂质量控制点。

活塞杆修复后，维护人员做了无损着色探伤检测，确认无微小裂纹。填料密封环新闭合弹簧到货后，测量弹簧直径及长度，确认无误，回装试机，运行后，每隔4h测量活塞杆与填料摩擦部位，最高温度为90℃，达到了预期效果。

14.6　故障警示

通过对本次压缩机此次故障分析及解决，使设备管理人员及检修人员在配件领取、新旧配件复核尺寸上提高了认识。并且在日常压缩机巡检时有的放矢，通过观察填料冷却水是否畅通，测量活塞杆温度，来判断填料有无异常磨损；通过观察曲轴箱呼吸帽呼出的油气，判断填料是否有异常泄漏，最终提高压缩机的运行质量。

（本案例已在《压缩机》杂志2021年第174期发表，并有局部修改；本案例撰写人：谭占宾、孙应辉）

15　往复压缩机活塞杆连接锁紧螺母松动故障分析案例

15.1　故障概况

15.1.1　结构型式

2D20-5.25/23.5-108型新氢压缩机组，由沈阳远大压缩机有限责任公司制造。本压缩机为卧式两列二级，对称平衡式压缩机，少油润滑双作用水冷式往复式压缩机，见图3-68。

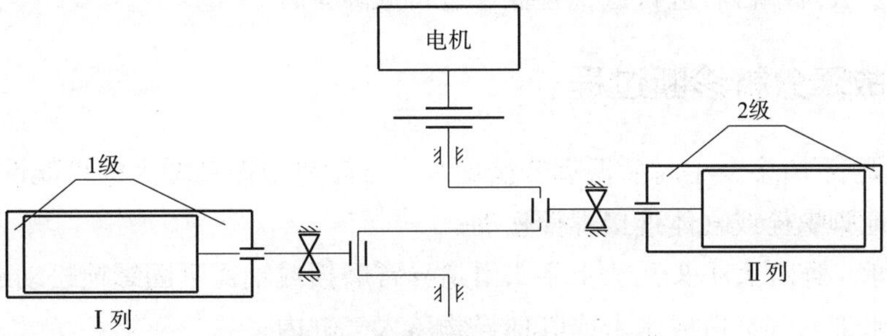

图3-68　新氢压缩机组结构示意

15.1.2　主要参数

新氢压缩机组主要参数见表3-12。

表3-12　新氢压缩机组主要参数

项目	参数
排气量（吸入状态）	$5.25m^3/min$
吸气压力（一级/二级）	2.35/5.1MPa（G）
排气压力（一级/二级）	5.1/10.8MPa（G）
吸气温度（一级/二级）	40/40℃
排气温度（一级/二级）	119/117℃
润滑油压力	0.35~0.4MPa（G）
压缩机转速	372r/min
活塞行程	280mm
气缸直径（一级/二级）	220/160mm
轴功率	445kW
介质	氢气、甲烷等

15.1.3 主要功能

柴油加氢反应压力是加氢精制工艺过程的重要参数，K101压缩机用于将界区过来的2.5MPa的新鲜氢气增压至9.0MPa，供给反应器，同时将反应器压力升至反应压力。

15.1.4 故障基本情况

机组更换填料总成，开机后压缩机二级活塞杆与十字头连接锁紧螺母松动，导致压缩机振动逐渐增大，机组无法正常运行。

15.2 故障发现过程

2020年4月2日9:00左右，柴油加氢装置K-101A往复式压缩机机组按照正常程序由检修单位进行填料总成更换，4月2日约20:30组装完毕。4月3日约10:00试车，机组运行参数正常，运行部组织进行了切机，运行至当天晚上23:30操作人员发现气缸振动开始增大，通知运行部和维保单位人员到现场检查并做好切机准备。4月4日凌晨1:30左右现场组织进行切机，A机停机后进行氮气置换，进行故障排查。

15.3 故障分析诊断过程

机组开机运行10多个小时后振动开始增大，导致机组振动增大的可能性原因有：

（1）机身地脚螺栓或缸体连接螺栓松动；

（2）主轴承、连杆大小头瓦、十字头滑道异常磨损或轴瓦紧固螺栓松动或断裂；

（3）油和水带入气缸造成水击或其他异物落入气缸内；

（4）活塞杆与十字头连接液压锁紧螺母松动；

（5）活塞体与活塞杆锁紧螺母松动。

15.4 故障验证情况

现场组织维保单位对压缩机进行检查，缸体各部件连接螺栓、支腿螺栓未见松动，拆卸排气阀未见明显的液体，测量活塞杆跳动值水平0.01mm，垂直0.02mm，测量二级气缸内外止点间隙时发现外侧止点间隙0.60mm，远远小于安装标准（4mm），发现活塞杆与十字头连接已松动。拆开缸盖检查无撞击痕迹，活塞体锁紧螺母未松动，检查一级活塞杆与十字头连接液压锁紧螺母，未见异常，检查其他部件未发现异常情况。

通过以上检查和测量确认，本次机组振动是由于二级活塞杆与十字头连接液压锁紧螺母松动所导致。

15.5 故障处理情况及效果

在拆卸锁紧螺母时发现，松动后螺母与打压体的螺纹因运行时往复惯性冲击，导致螺纹受损滑扣，已经不能按照正常旋转的方法拆卸出来。现场经各部门相互沟通，HSE部现场检查确认，开具动火票，在动火部位做好防火措施后，用角磨机和手电钻配合将液压上紧外螺母切断拆卸下来。检查活塞杆与十字头连接螺母，没有螺纹磨损或断裂；检查活塞及活塞杆、十字头内螺纹，无损伤。对各部件检查清洗完毕后，开始回装，现场在运行部工程师及设备中心工程师逐级监督确认下，按照标准要求对液压锁紧装置进行三次打压紧固。完成所有回装后，4月6日9:00空负荷试车1h，机组运行正常（图3-69）。

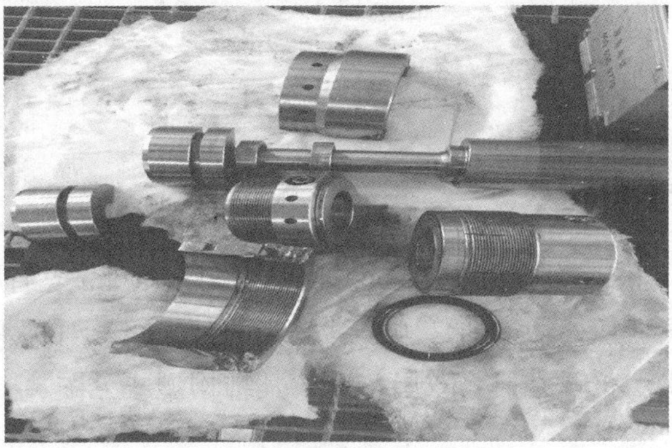

图3-69

结合现场检查情况对可能会造成液压螺母松动的原因进行梳理：

（1）液压螺母组件安装前清洗彻底，多人仔细检查，没有毛刺，不是松动原因；

（2）打压泵表头表盘有MPa和PSI两圈刻度，在当时打压时两人已反复确认，不是松动原因；

（3）依照液压螺母打压规范，应当打压三次，每次间隔1h，时效处理，才能使活塞杆伸长量达到设定值；但实际情况是检修人员沟通不到位，只打压了两次，且每次间隔时间30min，未按照技术规范要求进行，是这次液压螺母松动的主要原因。

15.6 故障警示

通过本次故障，反映出在设备检修过程中关键工序质量把控存在问题，检维修销项作业卡存在漏项，对检修过程中的关键数据确认存在失误。中心组织运行部和维保单位对检维修销项卡进行修订完善，对关键数据进行三级确认，防止因检修人员疏忽导致设备事故的发生。

（本案例已在《压缩机》杂志2020年6月刊，第160期发表，并有局部修改；本案例撰写人：谭永刚、刘云波、孙应辉）

16　往复压缩机气阀故障分析案例

16.1　故障概况

16.1.1　结构型式

2D20-5.25/23.5-108型新氢压缩机组，是某公司60万t/a柴油加氢装置的特护机组，由沈阳远大压缩机有限责任公司制造。本压缩机为两列二级，对称平衡式压缩机。气缸为少油润滑双作用水冷式。布置方式为双层布置，其结构型式见图3-70。

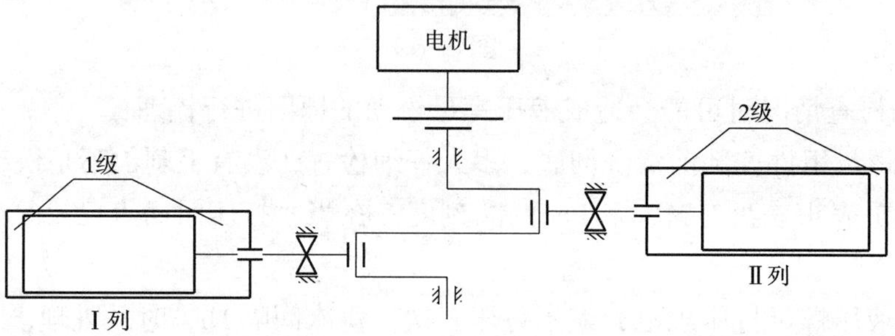

图3-70　氢气压缩机结构示意

16.1.2　主要参数

氢气压缩机主要参数见表3-13。

表3-13　氢气压缩机主要参数

项目	参数
排气量（吸入状态）	5.25m³/min
吸气压力（一级/二级）	2.35/5.1MPa（G）
排气压力（一级/二级）	5.1/10.8MPa（G）
吸气温度（一级/二级）	40/40℃
排气温度（一级/二级）	119/117℃
润滑油压力	0.35~0.4MPa（G）
压缩机转速	372r/min
活塞行程	280mm
气缸直径（一级/二级）	220/160mm
轴功率	445kW
介质	氢气、甲烷等

16.1.3 主要功能

反应压力是加氢精制工艺过程的重要参数，K101压缩机用于将界区过来的2.5MPa的新鲜氢气增压至9.0MPa，供给反应器，同时将反应器压力升至反应所需压力。

16.1.4 故障基本情况

本次压缩机故障是压缩机介质中杂物积聚在阀片密封面上引起的压缩机气阀阀片断裂，弹簧断裂，由此导致气体在气缸内反复压缩，压缩机级间排气压力升高，排气温度升高，达到报警值。

16.2 故障发现过程

16.2.1 压缩机故障发现过程

2018年4月2日14:00，运行人员发现K-101A机组一级排气压力高报警，一级排气温度偏高，二级进气压力偏高。运行人员联系维护人员到现场，动设备人员发现有两个二级吸气阀阀盖温度偏高，平时87℃，现在113℃，且还在持续上升，检查气阀脉冲吸合声音，阀片运动声音不正常。确认故障后运行人员立即将压缩机切至K-101B机。

16.2.2 故障对生产造成的影响

运行部内操人员发现及时，切机及时，没有造成设备的进一步损坏，对工艺生产也没有造成影响。

16.3 故障分析诊断过程

16.3.1 故障分析

根据根据K-101A氢气压缩机一级排气压力高的现象，产生原因可能有：

（1）二级入口气阀密封垫漏；

（2）二级入口气阀阀片断裂；

（3）二级入口气阀进入异物导致气阀关闭不严；

（4）二级入口气阀弹簧断裂；

（5）二级入口气阀压筒没有压紧气阀。

16.3.2 故障判断

根据现场停机前，用听棒检查二级气阀运行声音，两个气阀运行声音有差异，其中一个没有气阀阀片的运行脉冲贴合拍打声，判断这个二级吸气阀阀片断裂或者气阀弹簧断裂，导致二级吸气阀故障造成一级排气压力高报警，一级排气温度偏高。

16.4 故障验证情况

16.4.1 拆检过程

机组从系统隔离后，维护人员开始拆卸二级吸气阀，拆出阀后，将吸气阀解体检查，发现有一个二级吸气阀阀片局部断裂，如图3-71所示。断裂部位正是弹簧支撑部位，弹簧与阀片产生压痕，造成阀片应力集中，阀片在不停的开启闭合中折断。而产生断裂的阀片大部分已发蓝变色，阀片过热变软，导致产生弹簧压痕，最终导致断裂，断裂口就在弹簧直径的切线部位。拆检还发现另一个二级吸气气阀弹簧断裂。用卡尺测量，一组阀里所布置的弹簧明显有高度差，说明在更换弹簧时，没有将高度一致的弹簧装入同一个气阀里，造成个别弹簧受力不均，有的受力过大导致断裂。另外，一些弹簧带有锥度，安装时没有区分大小头，导致阀片支撑不稳，个别弹簧受力过大导致断裂。

图3-71 阀片局部断裂

继续拆检，发现二级进气阀的气阀流道进入杂质，根据杂质材质判断为压缩机管道入口滤网破损，进入压缩机气缸，进入气阀流道，卡在气阀密封面上，如图3-72所示，导致气阀密封失效。

图3-72 气封解体情况

16.4.2 故障产生总结

（1）气阀故障的原因是管道杂质进入阀片损坏阀片。

（2）弹簧尺寸不一致导致安装在阀片上的弹簧高度不一致，受力不均。

（3）安装时没有检查弹簧，有些弹簧带锥度，安装在阀片上弹簧倾斜，受力不均，弹簧断裂。

16.5 故障处理情况及效果

16.5.1 故障处理情况

（1）更换故障气阀阀片。

（2）气阀阀座用研磨膏在研磨平台进行研磨处理。

（3）对于同一个气阀，若有弹簧断裂的，全部更换。

（4）更换压缩机进气管道过滤器滤芯，清理管道破损的滤芯钢丝网。

16.5.2 处理后的效果

通过6h抢修，气阀更换了组件，部件得以研磨修理，试车后，级间温度与压力均正常。

16.6 故障警示

往复式压缩机气阀，是压缩机部件中最重要也是最容易损坏的部件之一。通过本次气阀故障梳理，故障产生原因既有配件本身质量问题，也可能是由压缩机入口管道过滤器失效破损引起，也有维护人员施工不规范造成气阀失效的可能。作为设备管理维护人员，要在配件到货验收、配件更换等各环节做到严格把关，规范管理与监督。

（本案例已在《压缩机》杂志2022年第179期发表，并有局部修改；本案例撰写人：马德文、吴淑培）

17 循环气压缩机振动故障分析案例

17.1 故障概况

DW-3.5/16.5-58型循环气压缩机（D型两级水冷活塞式），循环气压缩机主要用于将进气压力为1.65MPa的循环气进行压缩，提供排气压力5.8MPa的循环气，主要用于石油、化工等行业。往复式压缩机存在振动逐渐变大现象，振动值超过设计值18mm/s以上，尤其二级缸较明显，甚至达22mm/s。经反复进行处理，均未能有效彻底解决。

17.2 故障发现过程

2021年1月1日开始，循环气压缩机一、二级缸振动值缓慢地逐渐上涨，通过调整垂直支撑及紧固地脚螺栓，暂时延缓了上涨的速度，但随着机组负荷不断发生变化，振动值持续上涨，最高时达到22mm/s。仔细盘查原因，支撑固定缸头位置太牢固，起不到减震缓冲的作用。

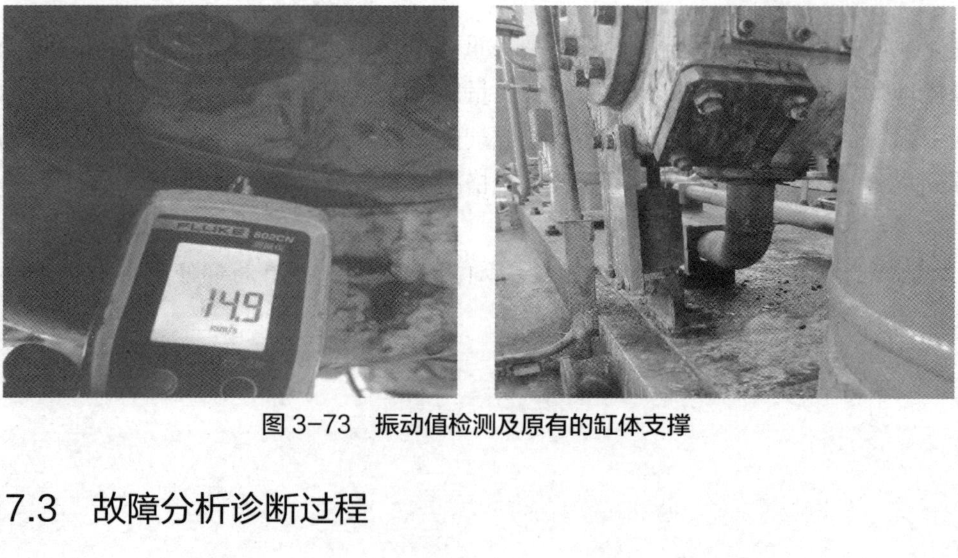

图3-73　振动值检测及原有的缸体支撑

17.3 故障分析诊断过程

机组运行时，缸头会根据系统负荷和气阀做功情况产生不规则的振动，通过支撑将力传到设备基础上，基础会给一、二级缸体反作用力，产生振动。当长时间振动得不到消除时，会对设备本体运行产生危害。往复式压缩机机械振动测量与评价见表3-14。

表 3-14 往复式活塞压缩机机械振动测量与评价（GB/T 7777—2003）

压缩机类别	压缩机结构型式	振动烈度（mm/s）≤
Ⅰ	对称平衡型	18.0
Ⅱ	角度式（L形、V形、W形、扇形）、对置、立式	28.0
Ⅲ	其他卧式	45.0
Ⅳ	微型、无基础	45.0
Ⅴ	移动式、直联便携式	71.0

（1）通过调整缸头的地脚螺栓松紧情况，控制振动值的上涨速度，见图3-74。

（2）调整一级缸垂直支撑的千斤顶，固定缸头振动，从而控制振动值上涨速度，见图3-75。

图 3-74 缸头地脚螺栓

图 3-75 一级缸垂直支撑千斤顶

（3）调整支撑与缸头连接的固定螺栓（图3-76），通过松紧在支撑板上面的滑动开口销，重新调整缸头中心位置，从而控制振动值上涨速度。

（4）在基座板上焊接连接钢板（图3-77），与支架用螺栓连接，试车运行效果较好，但是运行一段时间后，地脚螺栓出现了断裂情况。

图 3-76 缸体连接固定螺栓

图 3-77 基础板上焊接钢板

17.4 故障验证情况

（1）地脚螺栓振断1条。

（2）垂直支撑的千斤顶没有调节余量。

（3）调整滑动销，振动还是没有好转的趋势。

（4）在基座板上焊接连接钢板，起到了作用。

17.5 故障处理情况及效果

缸体支架与基础钢板由螺栓连接，振动产生的交变应力由螺栓直接承受，最终断裂，导致振动越来越大。

（1）将原有的缸体支架更换为16mm厚的钢板，长度约为480mm，在板材上面开好螺栓孔。拿到现场将板焊接固定在基础钢板上，作用是能在机组运行时，将缸体做功产生的振动通过钢板的挠性连接消除一部分力。

（2）改变支架与基础钢对钢的硬接触方式，决定在支架与基础板之间加2mm橡胶板，起到缓冲作用；同时在螺母下加弹簧垫，起到防松动作用（图3-78）。

图3-78

橡胶板经过11个多月的实际运行，未发生螺栓断裂情况，特别是一级和二级缸体的振动值从改造完成开车后，基本未发生变化，维持在12mm/s以下，满足现场实际使用时的振动值标准要求。

17.6 故障警示

通过本故障案例，对设备结构特性及特点要研究得深、吃得透。现场实际问题解决后要多做总结，举一反三地推敲成功经验。

（本案例撰写人：范学斌）

18　往复式压缩机刮油器漏油故障分析案例

18.1　故障概况

18.1.1　结构型式

苯乙烯C-3002B尾气增压机组4M16-60.6/0.4-27.3为四列对称平衡M型往复式压缩机，由温州固耐重工有限责任公司制造。该往复式压缩机用于把压力为0.038~0.048MPa的氢气经过四级压缩升压到2.73MPa，压缩机循环润滑油经曲轴箱进入油冷器、油过滤器，经管路及内部通道进入各润滑点，见图3-79。

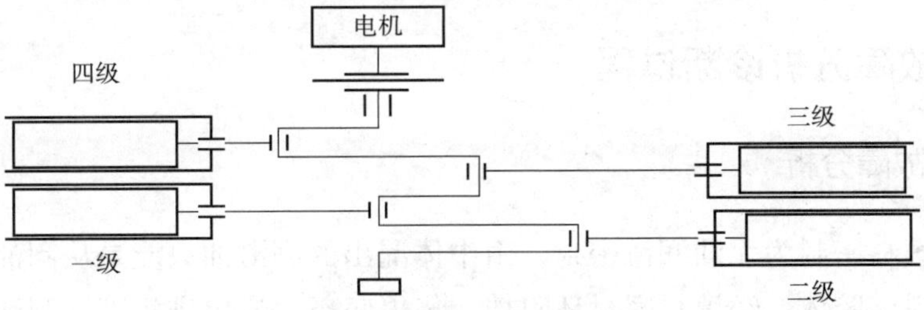

图3-79　往复式压缩机结构示意

18.1.2　主要参数

往复式压缩机主要参数见表3-15。

表3-15　往复式压缩机主要参数

型号	4M16-60.6/0.4-27.3	润滑油压力	0.6MPa
型式	四列对称平衡型	冷却水压力	1.40MPa
容积流量	60.6m³/min	冷却水耗量	178t/h
行程	320mm	注油耗量	—
转速	298r/min	主机重量	33268kg
轴功率	626kW	机组重量	82368kg
进气压力	0.038~0.048Pa（G）	最大件重量	5930kg（一级缸组件）
排气压力	2.73MPa（G）	主机外形尺寸	6860mm×370mm×1700mm
吸气温度	37.4℃	机组占地面积	15m×8.9m
传动方式	增安空水冷异步电机直接驱动压缩机		

18.1.3 主要功能

苯乙烯装置产生的尾气中含有大量的氢气，尾气增压机用于将含氢气的尾气增压至2.5MPa输送至二部进行回收。

18.1.4 故障基本情况

压缩机刮油环漏油，导致压缩机油耗增大，定期从积液罐中排油。

18.2 故障发现过程

18.2.1 故障发生过程

2015年6月3日，维护人员巡检时发现C-3002B压缩机中体排液管处排油量大，每分钟超过30滴，曲轴箱油位较平时有轻微下降。汇报给设备组后，运行人员组织切机。

18.2.2 故障对生产的影响

刮油环漏油对生产没有造成影响，但漏油量大增加了润滑油的消耗。

18.3 故障分析诊断过程

18.3.1 故障分析

该往复机填料密封为无油润滑密封，由中体漏出的润滑油只能是从刮油环侧泄漏，由活塞杆带至填料函腔体，经填料密封环阻挡，集聚底部，流出排污管。刮油环刮油效果不良。导致漏油的主要原因有以下几点：

（1）压缩机活塞杆圆柱面粗糙度达不到要求。

（2）十字头运动带来润滑油的飞溅方向设置有问题，朝向了回油孔。

（3）刮油器刮油环刃口加工质量不行，刃口环线不完整，内环面与活塞杆接触面不够，润滑油顺着磨损部位漏出。

（4）活塞杆在刮油环位置的径向跳动值过大。

（5）刮油器组件里刮油环在刮油盒里的轴向间隙不合适。

（6）刮油环成对组合的定位销位置不对，导致两环配对后开口方向一致。

（7）刮油器回油孔设计不合理造成回油不畅。

18.3.2 故障原因分析总结及建议

根据机组运行状况和之前检修情况，本机活塞杆表面有陶瓷涂层，未发现划痕及凹坑，不是漏油原因。检查运行时十字头运动带来润滑油的飞溅方向，未朝向刮油器回油孔位置，不是漏油原因。检查机组之前检修记录，活塞杆水平与垂直跳动，各级活塞杆径向圆跳动均在0.05mm以下，不是漏油原因。建议检查刮油环开口方向及回油孔堵塞问题。

18.4 故障验证情况

18.4.1 拆检过程

压缩机系统隔离后，维护人员拆检发现中体高压腔里积了大量油，见图3-80、图3-81。

图3-80 填料函密封环积油积炭严重

图3-81 刮油环漏油现象图

拆解刮油环组件：

（1）检查刮油器刮油环刃口加工质量，刮油环刃口环线完整，经涂色研磨检查，刃口完好，环面接触超过95%，不是漏油原因。

（2）测量刮油环在刮油环盒的轴向间隙，为0.15mm，符合技术要求，不是漏油原因。

（3）检查刮油环成对组合的定位销位置，发现其中一组刮油环定位销位置不对，开口位置基本重合，不能使成对刮油环开口位置错开30°，达不到技术要求，是漏油的原因之一。

（4）检查刮油器回油孔，回油孔为一直径10mm的孔，活塞杆直径80mm，机组转速298r/min，活塞冲程320mm，各项数据表明此回油孔不能满足正常回油量，回油孔径太小，刮油环刮下的油来不及回到曲轴箱，刮油盒里充满了积油，此时的刮油环在活塞杆的带动下不停地将润滑油拍打挤出刮油盒外，是造成刮油器组件刮油失效、导致漏油的最重要原因。

18.4.2 故障原因产生总结

依据拆检测量结果，确定刮油环成对组装时，定位销的方向设置错误，导致切口未错开是故障原因之一，刮油环回油孔太小是主要故障原因。

18.5 故障处理情况及效果

18.5.1 故障处理情况

（1）将成对刮油环组进行开口定位销孔位置重新布置钻孔，使两配对刮油环的开口位置延活塞杆轴向完全错开，达到技术要求规定的30°，切断漏油通道，见图3-82。

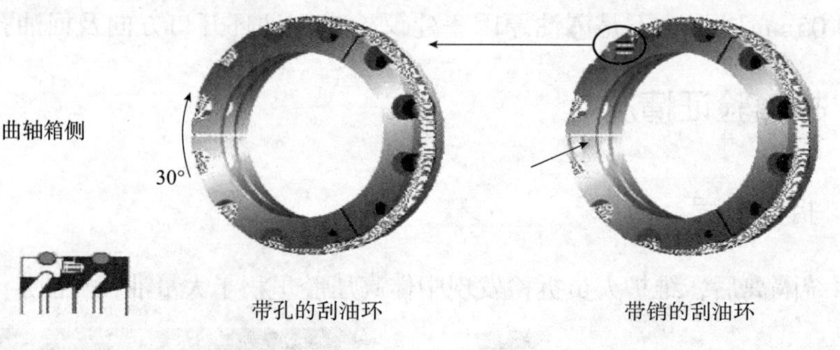

图 3-82　刮油环

（2）对刮油器座回油孔进行改造加大：分析刮油器座本身不承载，尽可能加大回油通道截面积，在刮油器座的回油孔处，使之与在刮油器回油孔对应位置，利用电钻钻排孔、角磨机、直磨机将回油孔改为矩形槽，回油通道截面积是原来的8倍。如图3-83所示为刮油器剖面图。

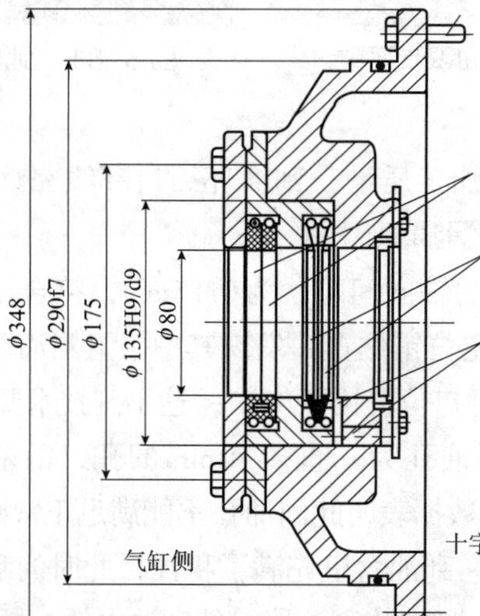

图 3-83　刮油器剖面图

刮油器座回油孔现场改造见图3-84、图3-85。

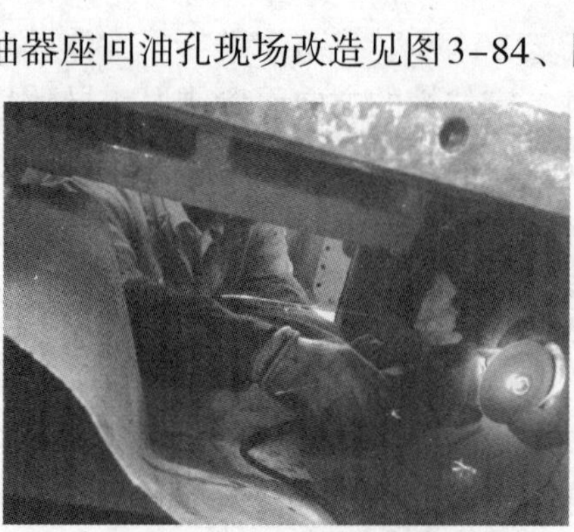

图 3-84　角磨机切回油槽

图 3-85　铣削后的刮油器回油孔

对于刮油器组件的回油孔采用铣床加工：在刮油器组件上原有的10mm直径的孔使用铣床将其铣削加宽，铣削扩大回油流道截面积，形成40mm宽的回油流道槽。改造效果前后见图3-86、图3-87。

图3-86　改造前刮油器座回油孔

图3-87　改造后回油孔效果图

18.5.2　处理后的效果

改造后机组运行2个月，正常切机停运后，拆开中体侧封盖检查中体腔体，没有发现积油现象，填料函法兰处没有油泥或积炭产生，曲轴箱油位也保持稳定。改造后至今，压缩机刮油效果良好。

18.6　故障警示

通过本机刮油环漏油故障，警示设备在检修维护过程中，配件在安装前，要认真检查配件结构型式是否正确，满足技术要求。

（本案例已在《压缩机》杂志2020年第1期发表，并有局部修改；本案例撰写人：马德文、吴淑培、孙应辉）

19　机组蒸汽轮机振动异常波动故障分析案例

19.1　故障概况

某硫酸生产装置的蒸汽轮机驱动风机机组，为西门子公司的产品。由风机、减速机、悬臂背压式蒸汽轮机及控制油与润滑油系统组成，设备参数见表3-16，设备结构见图3-88。控制系统见图3-89，于2012年5月建成投用。多次出现振值异常突发性升高，而自动联锁跳机。跳机后重启，能较长时间平稳运行。

表3-16　蒸汽轮机风机机组设备技术性能参数

设备名称	蒸汽轮机风机		制造厂		西门子（SIEMENS）				
型号	STC-SO SFP 14.0		标准规范		API611/612				
蒸汽透平型号	SST-060		标准规范						
工作介质	空气、中压蒸汽		平均相对分子质量		9.655/11.28				
主要项目	风机				蒸汽透平				
	最低	正常	最高	最高	最低	最低	正常	最高	最高
进口温度 /℃		32.4	40.0		390	400	435	455	460
出口温度 /℃									377
进口压力 /（kgf/cm²）			0.981		28.0	30.0	33.3	37.0	42.0
出口压力 /（kgf/cm²）			1.541		2.90	—	3.90	4.10	4.90
泄漏气压									2.00
总功率 /kW	5050								
转速 /（r/min）		4209			6277	11012	11562	—	—
跳闸转速 /（r/min）					12113				
径向轴承	四块可倾瓦		推力轴承		固定式				
轴封型式	油膜密封		润滑油		ISO VG32 透平油				

19.2　故障发现过程

2013年3月、4月份风机机组蒸汽轮机因紧急切断阀（TTV阀或称事故阀）阀座脱出停车检修处理，使阀座复位固定后，恢复开车生产。2013年7月、9月、10月，多次出现振值异常突发性升高到跳车保护值，而自动联锁跳机。跳机后立即开车，能正常启动投运，且能较长时间平稳运行。

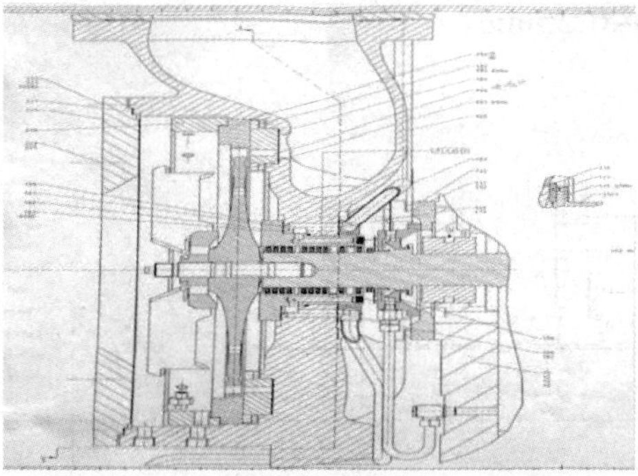

图 3-88 SST-060 型蒸汽轮机结构图

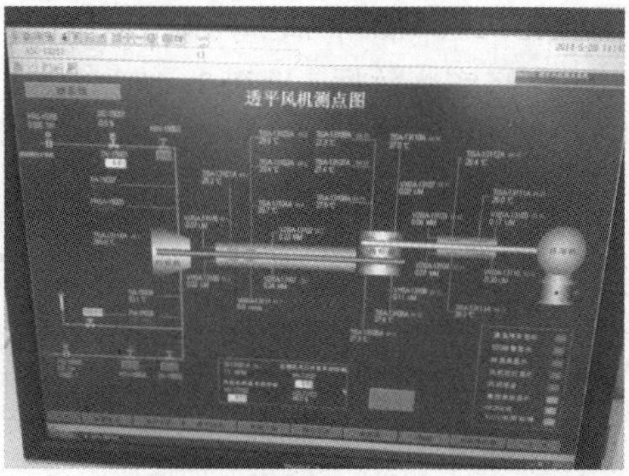

图 3-89 SST-060 型蒸汽轮机主控室控制系统图

19.3 故障分析诊断过程

从设备原始安装时所采集的数据（见表3-17）可知，结合类似故障来看，初步判断是蒸汽轮机的转子径向轴承间隙过大，造成转子出现异常振动。

表 3-17 2012 年 4 月机组新安装时的原始数据

自由侧径向轴瓦内径	100.02mm	止推侧径向轴瓦内径	100.04mm
自由侧径向轴瓦轴颈	99.85mm	止推侧径向轴瓦轴颈	99.81mm
自由侧径向轴承间隙	0.17mm	止推侧径向轴承间隙	0.23mm

可倾瓦轴承由多（四）块轴瓦组成，瓦块可以适当自由摆动，其间隙值的理论性指导建议取值范围一般为转子轴承轴颈的1.2‰~2‰。实践证明：滑动（含可倾瓦）轴承和转子轴承轴颈之间的装配间隙值，一般选在1.2‰~1.5‰之间是可靠性、安全性、稳定性较为理想的取值范围。从其初始安装时的测量值（见表3-16）来看，0.17mm是合适的，0.23mm是偏大的。同时，经过2年时间的运行，轴瓦巴氏合金表面与轴颈经过挤压磨合，其间隙也会有所增加。再加之润滑油冷却效果的劣化，油温升高，润滑油的黏性降低，润滑油在较大的轴承间隙内形成油膜，就会较厚，黏性降低使油膜刚度减弱，形成油膜涡动，就会造成蒸汽轮机转子发生突发性的失稳。油膜涡动产生时，如果不能得到及时的降温度、降转速等破除性条件的改变，就会形成越来越严重的加剧性劣化，机器振动就会不断上升，直至进入联锁跳车。当跳车转速降为零后，重新启机，只要没有达到油膜涡动的临界点，蒸汽轮机仍会正常平稳地运行。

19.4 故障验证情况

2014年5月20日，硫酸生产装置停机检修，对SST-060型蒸汽机进行彻底的解体检查。检查、测量的实际情况和真实数据如下（滑动轴承间隙计算关系见图3-90）。

（1）SST-060径向轴承间隙和止推轴承间隙“设计值”：

蒸汽轮机转子自由端径向轴承间隙“设计值”0.236~0.265mm；

蒸汽机轮转子止推端径向轴承间隙“设计值”0.236~0.265mm；

蒸汽轮机转子止推轴承间隙“设计值”0.20~0.25mm。

（2）检修实测数据（见表3-18）。

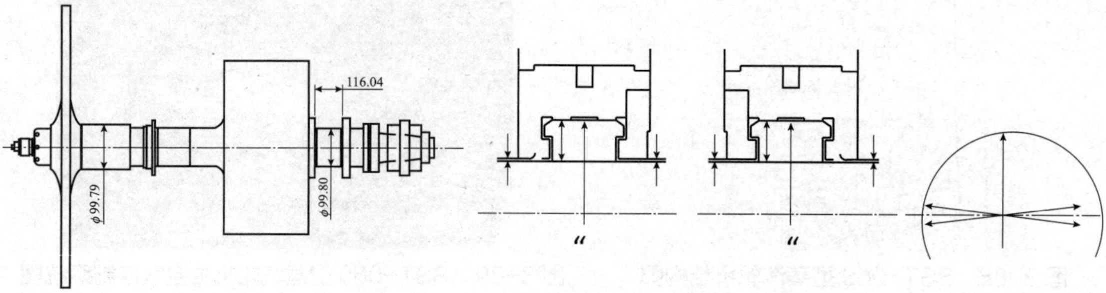

图3-90　滑动轴承间隙计算关系图

表3-18　SST-060型蒸汽轮机实际装配间隙数据表

mm

转子自由侧轴颈直径 d	ϕ99.79	ϕ99.79	ϕ99.79	ϕ99.79
转子止推侧轴颈直径 d	ϕ99.80	ϕ99.80	ϕ99.80	ϕ99.80
		A	B	C
转子自由侧径向轴承轴瓦壳体内径 D		120.01	120.01	120.01
转子止推侧径向轴承轴瓦壳体内径 D		120.02	120.02	120.02
	a	b	c	e
转子自由侧径向轴承轴瓦壳体两侧油封间隙				
转子止推侧径向轴承轴瓦壳体两侧油封间隙				
	1号瓦块厚度	2号瓦块厚度	3号瓦块厚度	4号瓦块厚度
转子自由侧径向轴承轴瓦厚度数值 T	9.985	9.985	9.985	9.985
转子止推侧径向轴承轴瓦厚度数值 T	9.980	9.985	9.985	9.985
转子自由侧径向轴承与转子轴颈的配合间隙	$\delta_1=D-d-2T=120.01-99.79-2\times 9.985=20.22-19.97=0.25$			
转子止推侧径向轴承与转子轴颈的配合间隙	$\delta_2=D-d-2T=120.02-99.80-2\times 9.980=20.22-19.96=0.26$			
实测转子止推轴承两止推盘面之间的距离	116.04			
实测转子止推轴承间隙值（打表+测量计算）	0.20			

从本次大修的过程来看，验证了前期故障发生的原因所在：

（1）SIEMENS西门子SST-060型蒸汽轮机径向轴承的间隙，不是2012年4月采集记录的0.17mm、0.23mm的数值，而是0.25mm、0.26mm。这个间隙，对蒸汽轮机转子轴承轴颈为100mm的轴径来说，确实超差太多了，达到了2.5‰。

（2）这种事实上的轴承间隙值，在润滑油温度完全可控的条件下，确实也能维持正常稳定和长周期运行。但是，在设备所在地因夏季高温天气环境，加上该设备润滑油冷却系统因循环冷却水水质不佳原因，造成润滑油温度可控性不良的条件。由于滑动轴承的间隙超大，油膜较厚，油黏度降低，造成油膜刚度降低，蒸汽轮机转子在高速运行过程中，极易产生油膜涡动，从而使蒸汽轮机振动值异常升高达联锁而跳车停机。

19.5 故障处理情况及效果

该蒸汽轮机的径向轴承轴瓦，为四块瓦背中心销定位支点的可倾瓦块。其新、旧瓦块总有效厚度是设计制造加工时固定的。用户现场是不能为了减小滑动轴承间隙而做增厚调整的。因此，当时到库房查验备件，确认新、旧瓦块厚度并无差别后，在征得西门子公司国内现场服务工程技术人员的确认后，对旧瓦块进行了无损着色探伤检验，确认无缺陷后，回装复用。

为了改善油冷却器的冷却效能，在润滑油冷却器循环水入口管处增设了一台管道增压水泵，以增加油冷却器循环冷却水的流速。

检修工作完成启动开车，整个过程基本安全、正常、顺利，相关测点数据见图3-91。

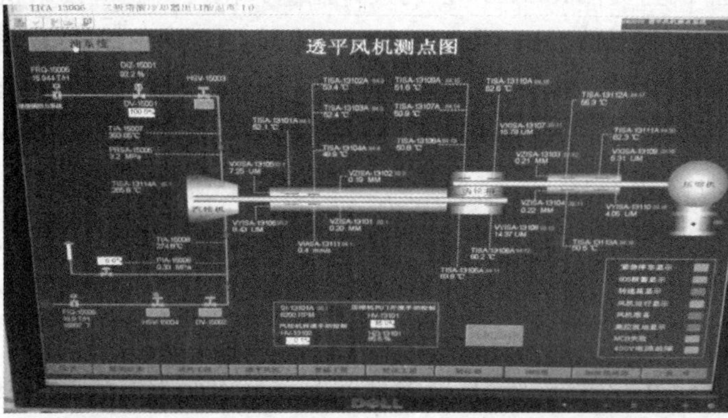

图3-91 运行状态时蒸汽轮机驱动风机机组控制屏图

19.6 故障警示

（1）对进口设备，特别是蒸汽轮机，在采购谈判其间，就应该要求厂家必须提供翔实、准确、齐全的设备技术资料和相关关键技术数据。

（2）使用国外动设备的企业，对于关联性较强的工艺介质，如循环水系统的水质，应该做到良好的工业级软化和纯净性处理，确保水质硬度及含杂质尽可能好和少，以规避或降低循环冷却水管内的结垢、堵塞，影响设备润滑油系统或工艺介质系统的冷却效果，失去对润滑油油温等工艺介质性能参数指标的控制，使设备在经过较长时间运行后，出现突发性、异常性振动波动而使设备出现振值升增而跳机停车。

（3）对新安装的关键性重要设备，在安装检查过程中，用户工程技术人员，应亲自验证确认所采集和记录的实测数据。

（本案例撰写人：施时楷）

20 膨胀机轴承缺油干磨故障分析案例

20.1 故障概况

某合成装置膨胀机为美国Rotoflow公司设计制造，由一台感应发电机装载的单级涡轮膨胀机组成。涡轮膨胀机的动力被用来驱动一个直接耦合到涡轮膨胀器轴上的感应发电机。涡轮膨胀发电机装置安装在结构钢滑橇上，有完整的润滑、密封气体系统。润滑油系统为膨胀机的运行提供润滑、密封和冷却，保证机组的正常运行。

设备型号：60-19EIP；设计工况下，入口压力：3455kPa；入口温度：-129.4℃；出口压力：3259kPa，出口温度：-131.4℃，流量：111390kg/h；转速：3000r/min；输出功率：150kW。主要功能：①降低工艺气温度，提供冷量，使工艺气中杂质气体液化；②通过膨胀机涡轮驱动感应发电机进行发电。

膨胀机控制系统在2022年4月装置检修期间改造，由原来罗克韦尔的PLC改为北京康吉森公司的SIS系统，6月7日膨胀机停机后，因发电机并未分闸，电网反供电使发电机变为电动机，拖动膨胀机继续运行。膨胀机发电机未停机时，分闸接触器TX和合闸接触器CX同时吸合。查看控制原理图，该发电机在分闸接触器TX吸合，合闸接触器CX释放的条件下才能与电网脱离。接触器同时吸合，发电机不能从电网脱离。机组停机状态下，合闸接触器CX未释放，导致发电机未从电网脱离。

20.2 故障发现过程

2022年6月7日，合成装置停车检修减负荷，9:59膨胀机减负荷停机，关闭膨胀机入口切断阀，10:35工艺人员停润滑油B泵。工艺人员发现膨胀机仍在运行后，电气人员立即检查膨胀机发电机的实际情况，13:47:18紧急分闸停膨胀机发电机。膨胀机在无油润滑情况下工作3小时12分。

20.3 故障分析诊断过程

膨胀机在无油润滑情况下继续运行3h，膨胀机两侧轴承分别采用整体式螺旋槽形轴承，且承受轴向力，轴承内径及端面有巴氏合金镀层，轴承径向间隙为0.06mm，止推间隙为0.08mm，因轴承间隙较小，在无油润滑及冷却情况下，巴氏合金镀层因摩擦温度会骤然升高，而巴氏合金熔点仅115℃，经分析判断，轴承已经出现损伤。

20.4　故障验证情况

（1）两侧轴承巴氏合金脱层，损伤严重（图3-92）。

图3-92　巴氏合金脱层的轴承

（2）主轴轴径处有不同程度磨损（图3-93）。

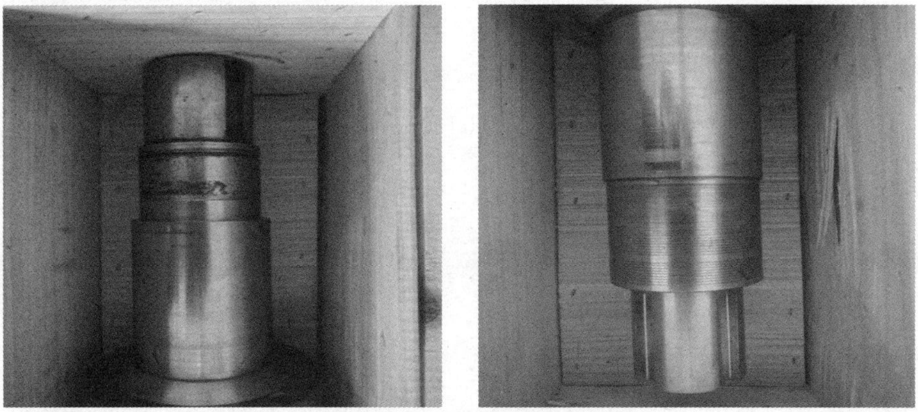

图3-93　磨损的主轴轴径

（3）油封、气封严重磨损（图3-94）。

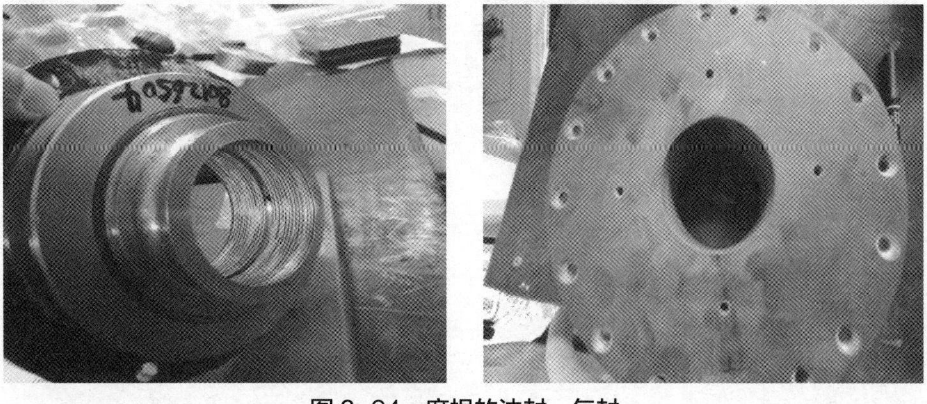

图3-94　磨损的油封、气封

结论：经过拆检确认轴承在无油润滑冷却情况下运行导致严重损伤，并且致使气封、油封、主轴也均有不同程度的损伤。

20.5 故障处理情况及效果

处理措施：更换主轴、气封、油封。

效果：经更换备件后设备运行良好。

20.6 故障警示

（1）技术人员对膨胀机系统改造未予以足够的重视，过于依赖系统生产厂家，未能做到对于改造项目执行的全面管理。

（2）功能测试不充分，在膨胀机开车过程中因条件所限，停机功能未实际测试，未发现发电机不能与电网脱离的隐患。

（3）存在技术盲区，对于梯形图理解不深入，未能识别新旧系统间的组态差异。

（本案例撰写人：姬岛州）

21 燃料气压缩机干气密封泄漏故障分析案例

21.1 故障概况

21.1.1 结构型式

燃料气螺杆压缩机0321-K-02属于容积型压缩机，分吸入、压缩、排出三个过程，其结构组成为阴阳转子、同步齿轮、轴承、干气密封、辅助油泵强制润滑等卧式结构容积型压缩机，其结构见图3-95。

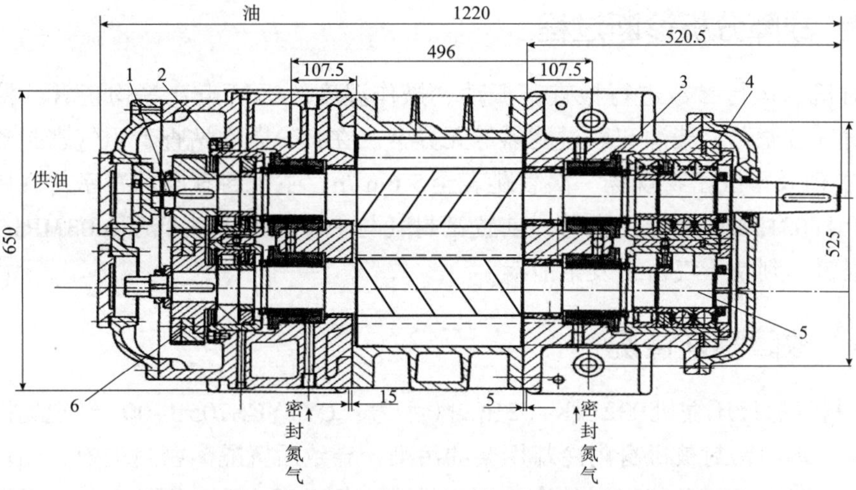

图3-95 0321-K-02结构图

1—阳转子部件；2—吸入端轴承；3—干气密封；4—排端轴承座；5—阴转子部件；6—大齿轮（同步齿轮）

21.1.2 主要参数

机组的主要设计及运行参数见表3-19。

表3-19 机组主要设计及运行参数

型号	容积流量/（m^3/min）（入口状态）	吸气压力/kPa（G）	吸气温度	排气压力/MPa（G）	排气温度/℃		机组功率/kW	主电机功率/kW	转速/（r/min）
GL18/0.8	18	2.7	常温	0.8	压缩机出口≤85	冷却后≤40	134	185	1980

21.1.3 主要功能

燃料气螺杆压缩机0321-K-02是储运装置关键设备，其主要作用是将火炬高、低压管网瓦斯气输送至产品精制装置，经脱硫脱酸等工序，并入燃料气管网供全厂使用。此机组0321-K-01/02正常运行为一开一备，每两个月切换一次，其平稳运行是装置长周期运行的重要保障。

21.1.4 故障基本情况

干气密封系统氮气总流量达到9Nm³/h，严重超过0.5Nm³/h内控值，机组干气密封泄漏。查询设备档案记录，该干气密封累计运行周期为15个月。

21.2 故障发现过程

2022年1月5日，操作人员在巡检时发现主动轴非动端干气密封密封氮气流量达到9Nm³/h，严重超过0.5Nm³/h内控值，怀疑机组内干气密封泄漏，马上向部门主管工程师进行上报并切机至0321-K-01运行。此次故障操作过程及时准确，未造成燃料气管网内燃料气热值降低，确保了主装置平稳运行。

21.3 故障分析诊断过程

现场对机组运行参数进行检查，振动、操作温度、运行声音等均正常。检查入口过滤器、密封气过滤器、柴油双联过滤器等无异常。在FCS操作站查看干气密封流量已达到（超过）报警值及干气密封现场一次表跳表至5.6m³/h；主密封气与前置密封气压差值低于0.1MPa，PDT0313A压差低已报警；前置密封气与平衡管压差值低于0.03MPa，PDT0312压差已低报警，判断干气密封发生泄漏。

21.4 故障验证情况

（1）燃料气螺杆压缩机0321-K-02密封（型号：CYTYGS705B-00）经现场拆解后发现密封环破碎，端面密封被机身内冷却用柴油污染，导致后置隔离密封失效；动环座上的三个顶丝松脱（图3-96）且与密封外壳磨损，导致内侧动环卡死（图3-97）；拆除密封发现动环O形圈变形，端面弹簧无回力。

图3-96 动环顶丝松脱

图3-97 动环卡死

（2）干气密封氮气未先投用，压缩机机身内介质气压力高于密封压力，介质气窜到干气密封内，介质气中的杂质及柴油进入密封面，导致密封磨损间隙已达到6μm，损坏程度严重。

（3）经过现场对机组的拆检，确定了干气密封磨损泄漏，同时发现，因为机组停车时存在设备反转，导致介质侧密封损坏，和后置隔离密封磨损间隙超过11μm，已达到失效的情况，见图3-98。

零件：介质侧动环

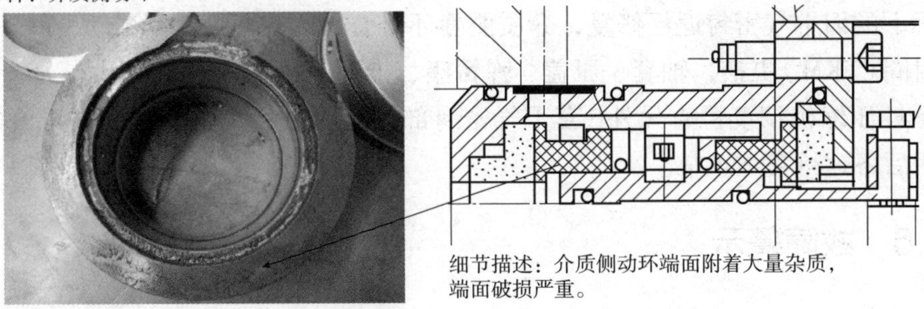

零件：介质侧静环

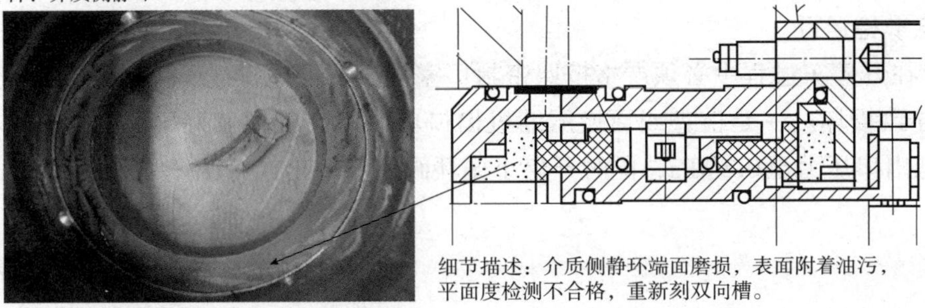

零件：大气侧动环

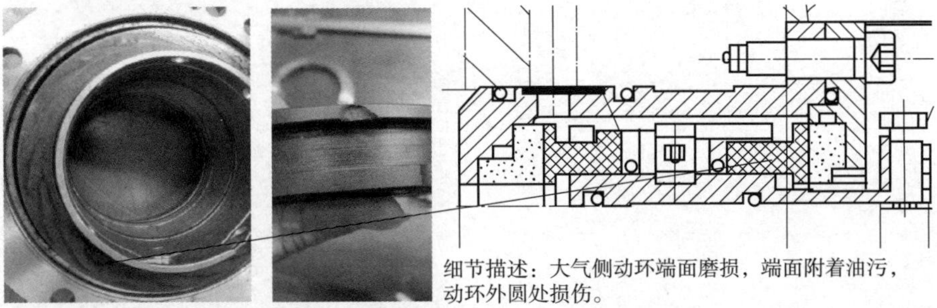

零件：大气侧静环

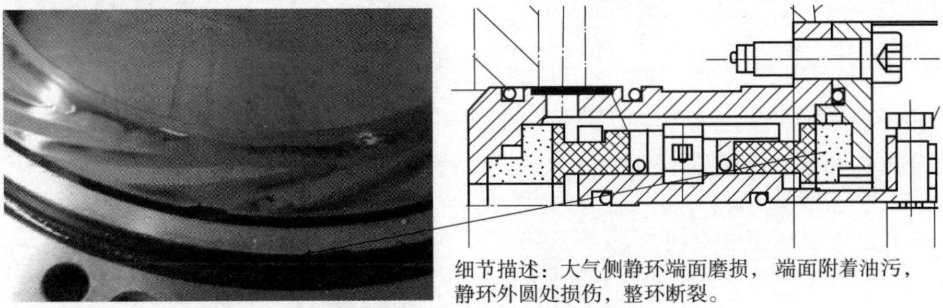

图3-98　干气密封拆解情况

21.5 故障处理情况及效果

针对本次出现的问题，对机组操作规程进行优化，在开机前必须先投用干气密封系统，避免造成介质气反串污染干气密封，设备停机后及时关闭出口阀，同时打开大循环泄压阀，降低机组出口压力，另外对出口管线两个止回阀拆检研磨、做水压及气密试验，避免出口管网内压力气体反窜回压缩机，造成设备反转损坏密封或电机。

对拆下的旧干气密封返厂修复，介质侧静环研磨、刻双向槽，其余动、静环更换，弹簧、密封圈（FKM）更换，轴套、压盖、弹簧座、推环等清洗，原件复用。

对螺杆压缩机清洗检查另外3套干气密封部件，更换主动轴非驱动端干气密封1套，机组投用后各运行参数正常。

21.6 故障警示

（1）关注工艺介质变化情况，及时提醒工艺优化调整操作，防止因介质压力变化影响设备安全平稳运行。

（2）在开停车过程中必须严格按照密封厂家提供的顺序操作，停机时要防止设备长时间反转导致损坏。一是检查或更换压缩机出口单向阀，确保其好用；二是开启大循环流程，降低出口压力至0.2MPa，同时开启小循环阀门，使出入口压差降为最小值。

（本案例撰写人：任庆涛、张晓涛）

22 电厂汽轮发电机转子不平衡故障分析案例

22.1 故障概况

1#汽轮发电机组型号为CN12-3.43/0.49，单抽凝汽式汽轮机；额定功率为12MW，由南京汽轮电机厂制造。机组共有4个轴承，其中：1#、2#轴承支撑汽轮机转子，3#、4#轴承支撑发电机转子。汽轮机与发电机通过刚性联轴器连接，发电机与励磁机同轴连接。整个轴系支撑结构见图3-99。运行过程中，轴瓦直振动比较大；更换轴瓦后，效果仍旧不太理想。

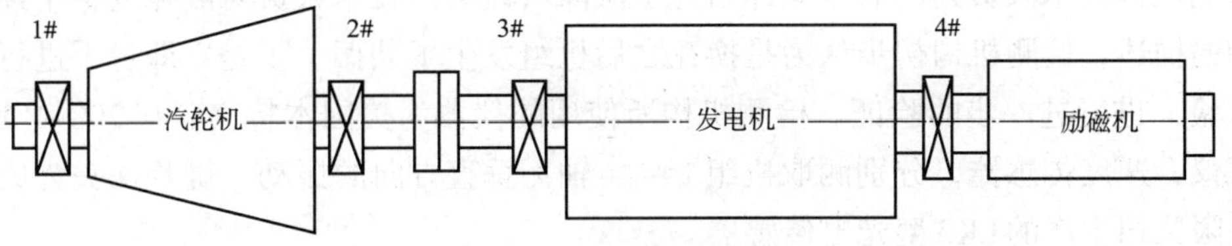

图3-99 轴系结构简图

22.2 故障发现过程

22.2.1 更换4#轴瓦

自2005年8月份测量振动以来，1#汽轮机4#轴瓦振动一直比较大，振动速度有效值保持在4~6mm/s，而ISO10816-1中同类设备的参考报警值为7.1mm/s有效值；振动位移保持在30~40μm，汽轮机振动经验报警值为50μm。而进入2007年之后振动速度有效值就一直超过6mm/s，且始终在6~7mm/s波动，十分接近报警值。其他几个轴瓦振动值则都在良好的水平。由于汽轮机组属于电厂的关键设备，对于整个公司的生产稳定有着异常重要的作用，于是利用2007年全厂设备大修机会，对汽轮机整个轴系进行了仔细的检查。

检查中发现4#轴瓦巴氏合金有一块约1cm^{2}的剥落，旁边隐约可以看到一条裂纹，长度约为20mm。于是对4#瓦进行了更换，其他部分未做大的变动，只是重新调整了轴瓦的间隙、对中数据。

22.2.2 更换3#轴瓦

大修结束重新开车之后，4#轴瓦振动值稍有减小，再次降到6mm/s以下，检修效果仍旧不太理想。值得注意的是，此次检修之后其他几个轴瓦振动均有明显上升，其中3#轴套瓦垂直方向的振动速度有效值达到了8mm/s以上，超过了报警值。

在坚持运行一段时间未见好转之后，决定再次停车对几个轴瓦进行仔细检查。检查中发现3#轴瓦巴氏合金有大片剥落的现象。还有一个现象值得注意，脱开联轴器时发现柱销被卡死在销孔之内，很难取出。于是更换了3#轴瓦并对联轴器重新进行了对中，其他部位未做改动。

检修之后重新开车，升速过程中，经过一阶临界转速时振动超过了70 μm的允许值，按照规定无法继续升速，于是将机组停下来再次检查轴瓦。此次检查，除了联轴器柱销仍旧很紧之外，轴瓦各项安装数据均在允许范围之内。另外检查滑销系统也未发现异常。检查之后重新开车，升速过程中振动仍旧超标。

22.3 故障分析及诊断过程

由于始终无法准确找到引起振动增大的最初源头，所以决定请专业检测机构对汽轮机振动故障进行系统的诊断和处理。

检测机构技术人员到厂后，立即召开了故障研讨会。技术人员对故障的整个经过进行了详细的描述，检测机构初步认为是换瓦之后机组发生了共振。于是立即着手进行汽机的升速试验，进行进一步的验证。检测机构所使用的仪器为美国本特立公司208-P DAIU振动测试仪，速度传感器，分别测取机组1#~4#轴瓦垂直方向的振动。键相探头为成都昕亚科技有限公司生产的LK3型光电传感器。

22.3.1 第一次升降速试验

2007年9月9日，在机组升速过程中进行了振动检测。其中1#~4#轴瓦振动升降速波德图见图3-100。

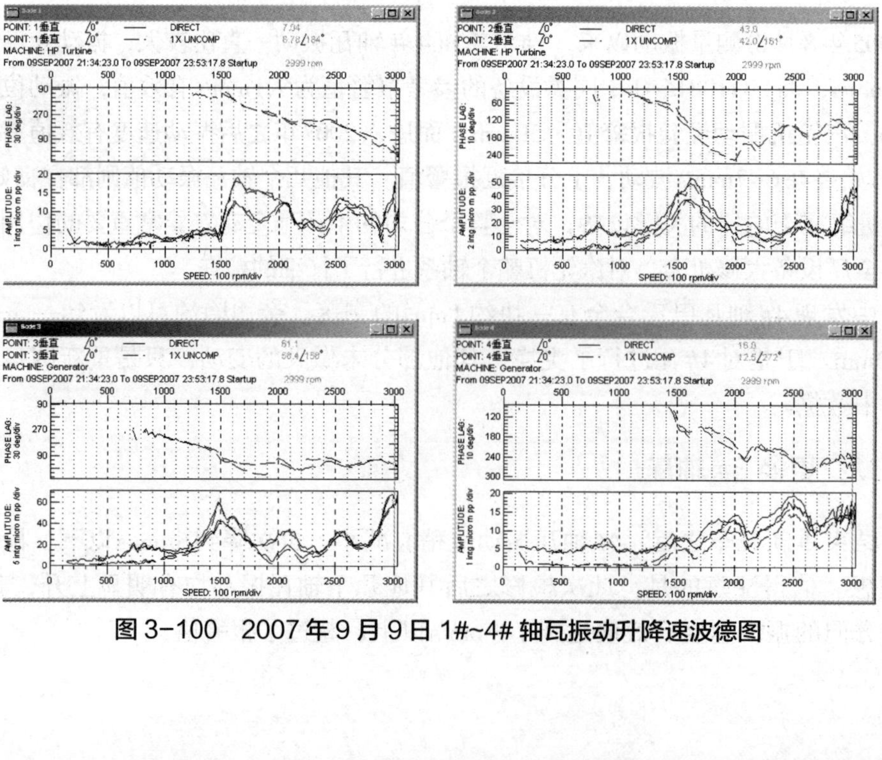

图3-100 2007年9月9日1#~4#轴瓦振动升降速波德图

在机组达到额定转速3000r/min空载运行时，对机组几个轴瓦各方向振动进行了巡测，测试数据见表3-20。

表3-20 汽轮机组各测点3000r/min空载振动数据表（μm∠deg，μm）

轴称号	1#	2#	3#	4#
垂直	4∠167，6	40∠160，43	57∠150，64	18∠235，20
水平	19∠81，22	20∠205，23	45∠206，45	41∠1，44
轴向	11∠25，12	28∠321，31	26∠331，30	30∠69，32

空载时3#轴瓦垂直方向振动速度频谱图见图3-101。

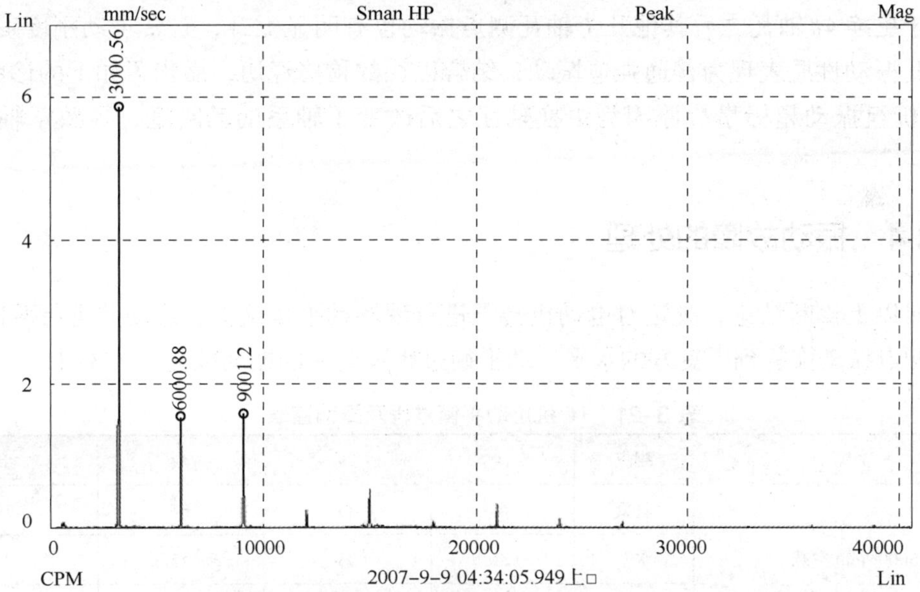

图3-101 空载时3#轴瓦垂直方向振动速度频谱图

3#轴套瓦振动速度的时域波形见图3-102。

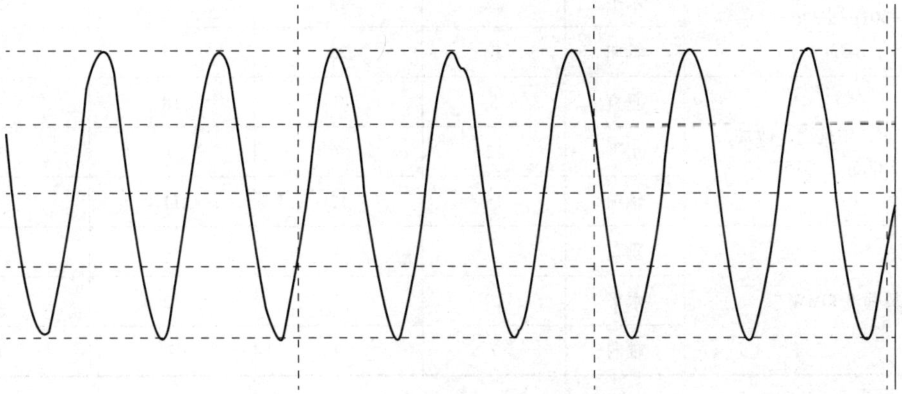

图3-102 3#轴瓦振动速度时域波形

22.3.2 振动数据分析

从升降速各轴瓦波德图可以看出，机组在1500~1600r/min时达到了一阶临界转速，而设计时机组的一阶临界转速为1800r/min，说明轴系的刚度发生了变化。而从表3-20的各测点振动数据可以发现，2#、3#、4#测点振动较大，尤其3#垂直方向振动最大，达到了64 μm，超过50 μm的报警值，且频谱图中占优势的是转速的1倍频，时域波形也接近标准的正弦波，说明3#轴瓦振动性质为普通强迫振动。而其他几个测点的振动情况也与之非常接近。

22.3.3 诊断结论

由于更换4#轴瓦之后其他几个轴瓦测点振动也有明显上升，且转子动刚度发生了变化，轴瓦振动性质表现为普通强迫振动，结合以往的检修经历，做出了如下的诊断结论：1#汽轮机组振动超标事故原因为更换轴瓦之后改变了轴系的动刚度，导致了轴系的不平衡。

22.4 振动故障的处理

针对以上诊断结论，决定对电动机转子进行现场动平衡试验。现场共进行两次加重，之后各测点振动恢复到了良好的水平。动平衡过程及前后的振动数据见表3-21。

表3-21 1#机组动平衡过程及振动值表

μm

工况	测点	1#	2#	3#	4#
3000r/min 空载	垂直	6	43	64	20
	水平	22	23	45	44
	轴向	12	31	30	32
第一次加重 P_3=301g ∠ 330°	垂直	5	29	40	14
	水平	22	14	21	28
	轴向	10	23	14	20
第二次加重：取前次，改加：P_3=587.5g ∠ 315°	垂直	5	8	18	8
	水平	12	7	9	13
	轴向	15	12	11	17
负荷 8.30MW	垂直	3	4	9	8
	水平	10	7	12	10
	轴向	7	9	7	10

两次加重后各轴瓦的振动波德图见图3-103、图3-104。

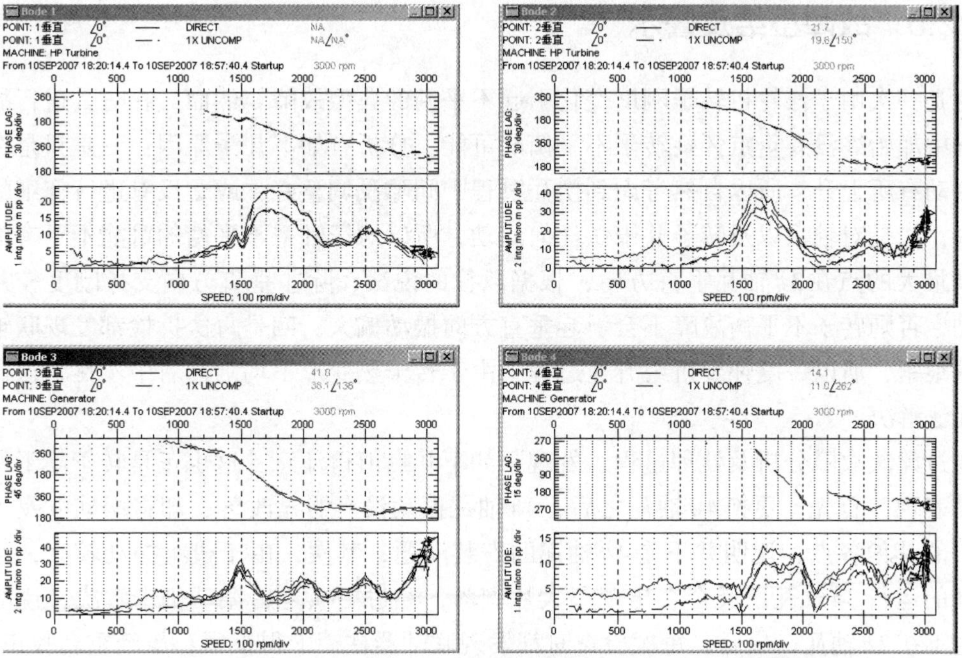

图 3-103 1# 机组 1#~4# 轴承第一次加重后振动波德图

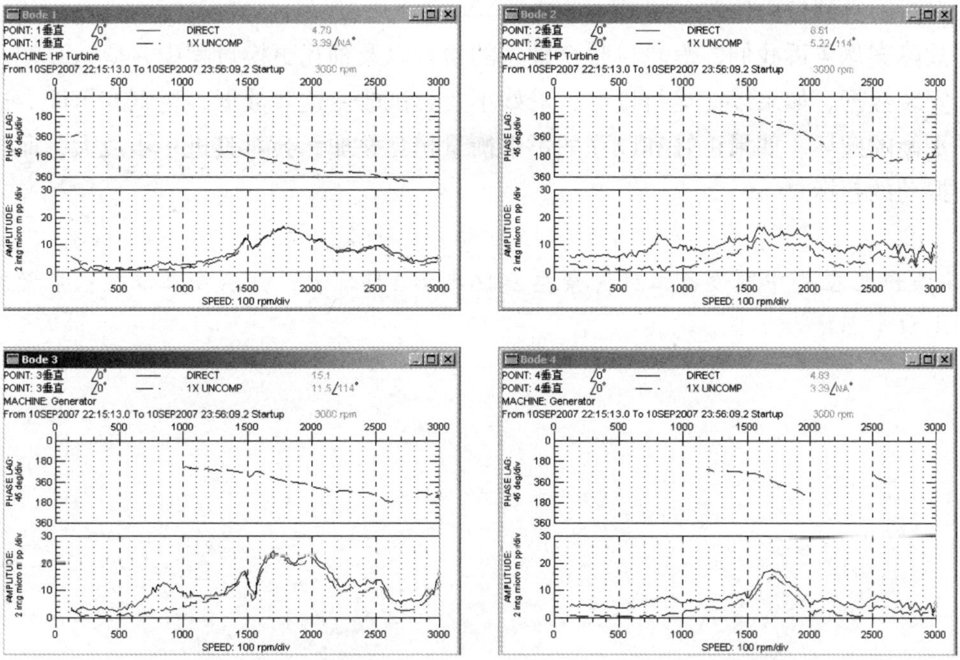

图 3-104 1# 机组 1#~4# 轴承第二次加重后振动波德图

可见，两次加重振动均有明显的好转，转子的一阶临界转速已经基本恢复到1700~1800r/min，且在经过一阶临界转速时的振动上升的不明显。目前机组的振动已经恢复到了正常良好的水平。

22.5 故障小结及警示

这是一次由于汽轮机转子刚度变化引起不平衡的典型故障。然而，在对其进行故障诊断过程中却始终没有重点怀疑转子不平衡的可能。分析有如下几个原因：一是只是在换瓦之后振动有所上升，所以自然考虑到换瓦过程中间隙没调整好，或是没有进行仔细的联轴器对中；二是对轴系以及转子并未做任何改动，所以对于轴系不平衡的可能不予考虑；三是振动最大的点在3#轴瓦垂直方向，根据以往的说法，除非垂直方向支撑刚度较差或存在松动，否则转子不平衡故障不会引起垂直方向振动偏大；四是每次拆检都发现联轴器柱销卡得很紧，所以一度怀疑机组升速过程中由于转子热变形不均引起对中不良，这一点也始终无法解决。

通过此次故障分析及处理过程，发现了如下几点值得注意，这也正是转子不平衡故障的具体表现。首先，更换4#轴瓦之后，4#轴瓦振动没有明显改善，却将振动波及了整个轴系上的其他各点，说明并不是4#轴瓦的安装问题；其次，由于机组振动较大，经过一段时间的运行3#轴瓦巴氏合金出现了大片剥落，经过更换之后振动仍未解决，说明主要症结也不在3#轴瓦；最后，每次检查时都发现联轴器柱销卡得很紧，虽经重新找正之后，再次开车仍旧会继续发生。说明如果一味地强制找正，会将轴系平衡再次破坏，而开车后轴系会自行回复到自由位置。

本故障案例告诉我们，汽轮机整个轴系的检查以及轴瓦更换过程中，应认真记录下各项原始安装数据。如果以往运行良好，最好不要尝试改变这些数据，否则有可能会造成整个轴系平衡的破坏，如果正好和以往的不平衡量相互叠加，会对其进一步放大，而导致整个机组振动的超标。

（本案例已在《中国设备工程》杂志2016年第3期发表，并有局部修改；本案例撰写人：闫志勇）

第四篇

其他类

1　化工装置开式齿轮润滑油用量调整优化案例

1.1　概述

装配有大型开式齿轮的设备，往往体积比较庞大、造价高、维修难度和费用巨大，其运行质量的好坏有时甚至对整个生产线的运行起着决定性作用。尤其是传动部分中的关健位置，即开式齿轮部位，由于长期暴露在空气中，大都遭受着粉尘、水分、有害气体等物质的危害，且承受着巨大的接触应力和交变应力，这都对开式齿轮的润滑提出了很高的要求。

然而，国内大部分企业却意识不到开式齿轮润滑的重要性，从用油上来看，很多企业使用普通闭式齿轮油、机油或通用润滑脂；而润滑方式上也是各有千秋，有油池浸泡，有手工涂抹，也有滴油加注；润滑用量也非常随意，没有任何依据可参考，不是润滑不足就是过量润滑造成浪费。就好比人吃饭一样，经常吃不饱，就无法获得必要的养分供给；相反地，每顿饭吃得过多，又很容易把肠胃搞坏。这都是不科学的做法。公司针对几台大型开式齿轮用油情况，经过长时间的摸索，逐渐找到比较经济合理的润滑用量。

1.2　润滑优化调整经过

公司于2006年开始对设备润滑进行专项整治，首先，安排一名工程师主管润滑管理，制定并下发了《设备润滑管理规定》，在每个车间指定1名专职润滑工，负责本装置的设备润滑工作，每个装置设立一个专用油库，并在油库内实行定置管理。其次，根据实际使用效果，重新修订了润滑表，规范了设备用油。主要是淘汰了一些落后的劣质油品，重新调整了设备用油的牌号，并规定了加/补/换油周期和用量。公司属于化肥企业，大部分属于机泵类通用设备，润滑油用量不大，经过统计，每年用量在100万元左右。然而，在对这100万元油品进行分析后却发现，几台大型开式齿轮设备所用的油品，一年内的用量却有50多万元，占到了50%的比例。于是对这几台开式齿轮用油牌号及用量进行了专项调查分析。经统计，当前用油量见表4-1。

表4-1　设备润滑当前用油量

设备名称	润滑油品种	每天用量	每年用油费用
选矿4台球磨机	克鲁勃C-F3	2.6kg/台	30万元（开车率60%）
NPK干燥机	美孚特嘉325NC	10kg	20万元（开车率72%）
NPK造粒机	美孚特嘉325NC	0.4kg	8000元（开车率72%）

续表

设备名称	润滑油品种	每天用量	每年用油费用
NPK包裹筒	美孚特嘉325NC	4kg	8万元（开车率72%）
MAP干燥造粒机	长城2#通用锂基脂	3.5kg	约5000元（开车率40%）

可以看到，几台开式齿轮用量差别很大，粗略一算，每年用油费用竟然达到50多万元，由于各装置开车率是逐渐上升的，所以实际用量和理论计算值有一定的差距。但同样可以看出，有的设备用油量非常大，而有的设备用油量却非常小，还有的设备在用2#锂基脂给开式齿轮润滑。对于开式齿轮润滑油用量，国际上应用较多的是美国AGMA齿轮标准，在查询标准中有关润滑用量的指标后，结合各台设备的实际情况，对润滑进行了以下优化调整。

1.2.1 选矿4台球磨机

球磨机为美国进口设备，又是选矿装置上的关键设备，其周边环境较好，粉尘很少，且开式齿轮外部有一整圈防尘罩，但考虑到该设备的重要性，再加上运行中负荷较大、转速较高，因此自投用之初就使用的是进口润滑油。最初使用的是美孚特嘉325NC沥青基溶剂稀释型开齿专用油，但车间反映喷洒量过大，用油费用过高，很多黑色的润滑油被抛洒到旁边轴承座和地面上，卫生很差。尤其是不利于观察齿面的润滑情况。于是在进行重新招标后，改用了克鲁勃C-F3型合成开式齿轮油，这种油黏度高、颜色浅，黏附性强、浪费少，而且便于观察齿面状况。而在用量方面，最初厂家技术人员设定的喷油量为每天2.6kg/台，由于公司没有润滑方面的专家，所以只能严格按照厂家设定的量喷洒。

按照AGMA标准，结合齿轮转速、负荷和齿轮尺寸进行计算，这几台球磨机每天用量应为1.5kg/台。与厂家设定值相比，虽然每天只有1.1kg的差距，但对于这种价格相当昂贵的油品（当时采购价为135元/kg），这4台每天用量就能节省594元，折算下来，若按60%的开车率计算，每年可以节省13万元，是一个比较可观的数字。

于是，经过近3个月的调整和实际测算，最终将用油量调整为1.5kg，并且经过对调整后的齿轮振动、齿面温度进行测量和分析，齿轮各方面的指标均非常正常，齿面上也没有任何进一步磨损的痕迹，见图4-1，说明此次润滑用量的调整是非常成功的。

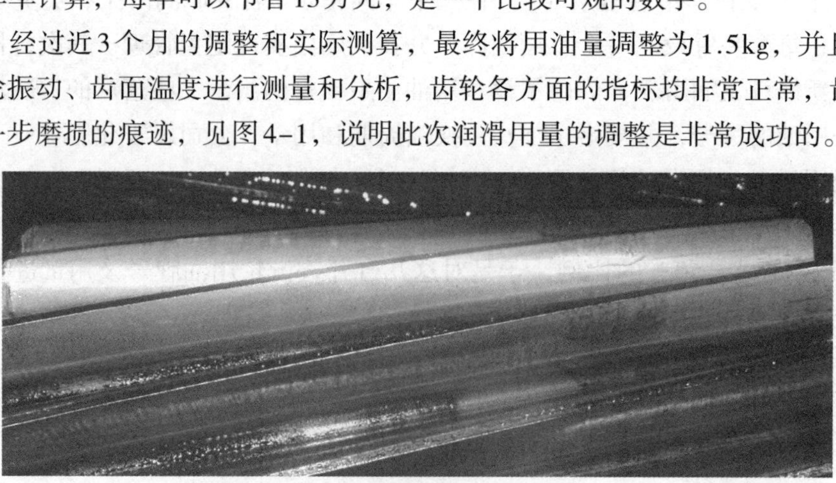

图4-1 3#球磨机齿面照片

1.2.2 NPK车间干燥机、包裹筒、造粒机

这几台设备都是使用的美孚特嘉325NC沥青基溶剂稀释型齿轮油，这种油品被喷洒到齿面上，随着其中溶剂的挥发，剩下的一层沥青会牢牢黏附在齿面上，润滑效果也比较好。然而，根据喷油参数对喷油量进行计算后才发现，干燥机和包裹筒的用油量远远高于科学用量。因此，参考球磨机的调整经验，先后使用了缩短喷油间隔时间、延长了喷油时间、减少油泵压力等调整方法，然而收效却不大，喷油量仍旧超标。最终查找了喷洒系统随机资料后才发现，最初这两台设备试运转时，为了尽快使润滑油布满齿面，多设置了两个持续喷洒的时间，而按照要求齿面油量够用后要及时取消这两个持续喷洒时间。然而，无论设备厂家人员还是公司现场配合的人员都忽略了这一步，设备已经运转了一年，都是按照最初磨合时的喷洒量进行喷洒，这就是导致这两台设备用油量偏大的根本原因。查到原因后，立即对喷油参数重新进行了调整，去掉这两个持续喷洒时间，最终实际测算的喷油量为：干燥机2kg/d、包裹筒0.8kg/d，按照72%的开车率算，每年节约了75%的用油费用，约20万元。

另外，造粒机的用量比较特殊，所用的喷洒系统为原装进口的，根据喷洒控制系统设定的参数计算，理论用量应该比较合理，但实际测算油缸的油量变化却发现实际用量非常小，每天只有不到0.4kg，而齿面上已有一些点蚀和锈斑了。于是经过不断的调整和测算，最终将用量控制在1.1kg/d左右，虽然增加了一些用油费用，但很好地保证了齿面的润滑。

1.2.3 MAP车间干燥造粒机

本设备属于2004年新安装的设备，最初由于缺乏监管，车间使用的是国产2#通用锂基脂。这种锂基脂通常应用在一般工况下的轴承上，但对于开式齿轮这种特殊的部位，是绝对不许使用普通锂基脂的。由于大量润滑脂附着在齿面上，如果不仔细看根本看不到齿面情况，只能看到黄色的润滑脂，这也是开车一年了车间仍觉得润滑良好的原因。结果，停车后擦掉齿面上的润滑脂后才发现，已经出现了严重的齿面剥落情况，尤其是大齿轮，由于硬度较低，剥落现象更加明显，如不及时处理，很快即将彻底报废，见图4-2。而这样大型的齿轮，从订货、制作、发货、安装直至投用，至少需要4个月的时间，将对公司生产造成沉重的打击，甚至严重打乱全年生产计划，其损失将是不敢想象的。于是，通知车间对齿面进行了彻底的清洗，对于剥落严重的部位，用砂轮机将其边缘部位进行了打磨，使之圆滑过渡。用油方面，改用了美孚特嘉325NC开式齿轮油，用量控制在2kg/d左右，经过几个月的跟踪监测，齿面未再出现进一步的损伤，润滑状况明显好转，见图4-3，避免了一次严重设备事故的发生。

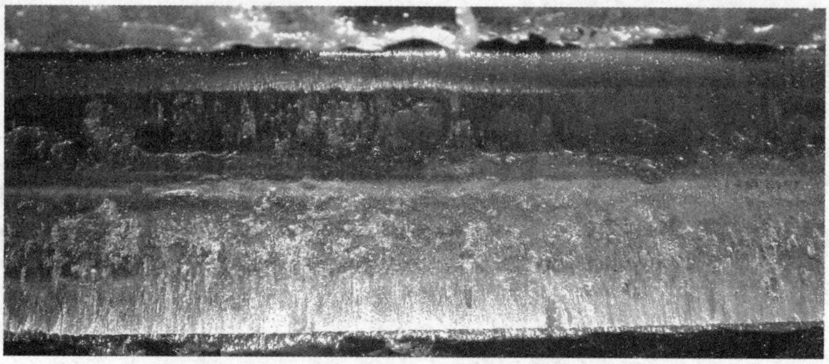

图 4-2 MAP 干燥造粒机齿面损坏时的照片

（齿面剥落的深度普遍在1mm左右，有的甚至已经达到2~3mm）

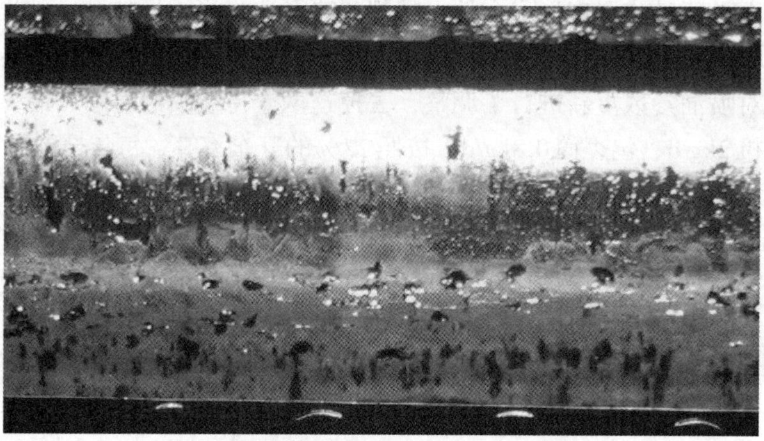

图 4-3 MAP 干燥造粒机齿面更换润滑油后运行几年后的照片

（其中颜色比较暗的位置是原打磨后的凹点）

1.3 故障警示

开式齿轮的润滑，关系着整台设备的运行质量，无论是用油规格还是用量选择，都不是随意而为的，有成功的经验和标准可以借鉴。在对以上几台设备的用油规格和用量进行调整后，不仅每年节约了大量的用油费用，还对不合理的润滑方式进行了纠正，有力地保证了这些大型关键设备的平稳运行。

（本案例已在《设备管理与维修》杂志2016年第5期发表，并有局部修改；本案例撰写人：闫志勇）

2 选矿装置球磨机小齿轮轴承故障分析案例

2.1 故障概况

化工生产属于流程化作业，对过程装备的连续稳定运行要求较高，一旦出现异常情况需要对故障部位、性质、严重程度进行准确判断，为进一步采取维护、修理措施提供科学的依据，提高检修的针对性、准确性，最大限度地保证装置运行可控。近年来，对于化工过程装备的状态监测与故障诊断技术在国内得到了越来越广泛的应用，该项技术可极大地提高对各类设备，尤其是动设备运行状态的可控程度，及时、准确发现故障隐患，采取可靠的维修保养措施，防止出现大的意外事件发生。

球磨机传动部分示意见图4-4。

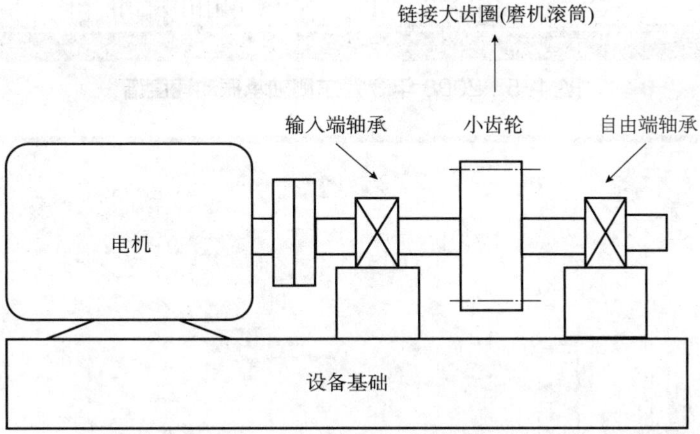

图4-4 球磨机传动部分示意

磨机主尺寸：ϕ3.6m×5.4m，周边传动型湿式格子型球磨机；

电机：高压同步电机（16级），功率932.5kW，6kV，同步转速250r/min，滑动轴承支撑；

小齿轮：转速250r/min，齿数19个，轴承型号FAG 23245（双列球面滚柱轴承）；

大齿圈：转速17.34r/min，齿数274个；

齿轮啮合频率：4750r/min。

2.2 故障发现过程

2010年3月22日，维修人员反映3#球磨机小齿轮西侧轴承近期出现异常声音，要求利用状态检测仪器确认故障性质及严重程度，以便采取相应检修措施。

2.3 故障分析诊断过程

3#磨机在2008年3月时，曾经发现小齿轮东侧轴承内部有一种撞击声，打开轴承上盖发现润滑脂中存在小片的铜粉末，是铜保持架上磨损下来的。当时频谱上在齿轮啮合频率及其谐频峰值旁边出现了大量的小齿轮转速边带，见图4-5。而轴承gSE谱上出现了2831r/min及其谐频峰值，整体噪声地平有所上升，见图4-6。而经过软件计算，2831r/min与FAG23244轴承的内环故障频率（BPFI）十分接近。

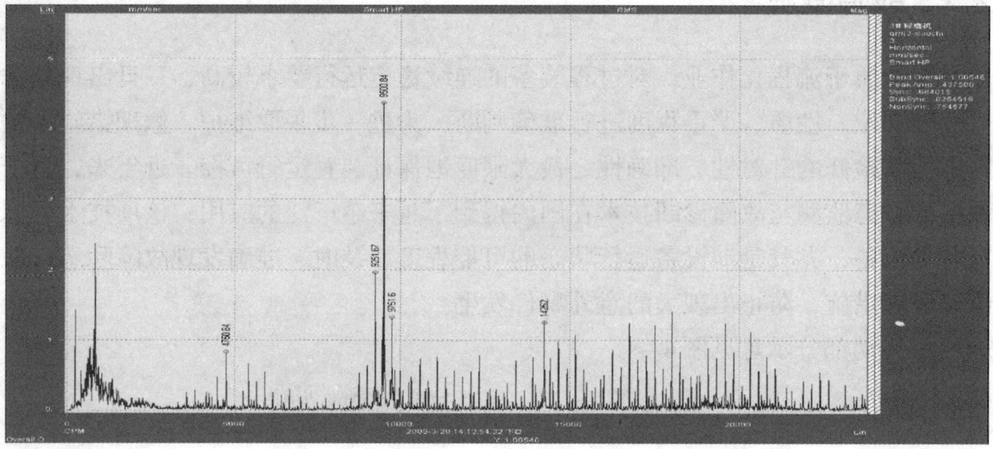

图4-5 2008年3月东侧轴承振动速度谱

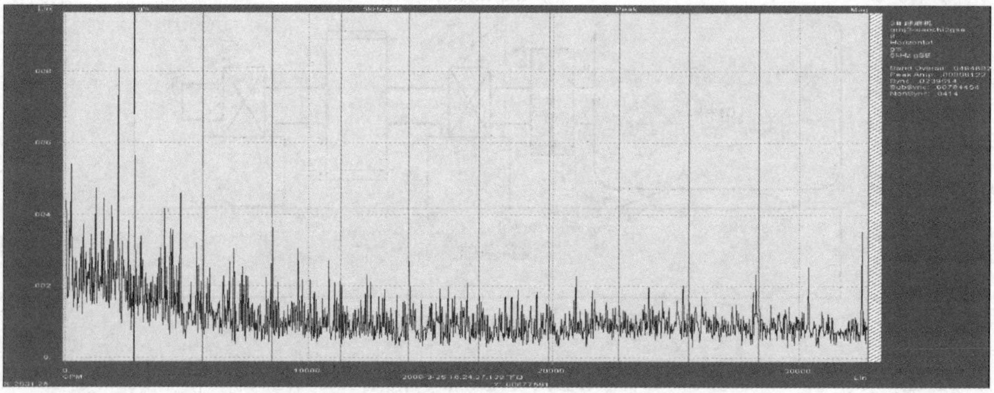

图4-6 2008年3月东侧轴承振动gSE谱

开盖检查轴承时并未发现严重的轴承损伤现象，仅有一些从铜保持架上磨下的铜粉末，而铜硬度较小，对轴承内外圈及滚动体短期内不会造成明显的磨损。虽然问题并不严重，仍可监护下继续运行，但还是采取了将轴承内部润滑脂及金属粉末进行仔细清洗的措施。进行上述处理后，3#磨机继续开车，但加强了对该轴承的状态监测，并要求车间对其加强润滑，尽量做到少量多次。在这以后的时间里，东侧轴承故障一直没有再继续发展，而稳定在一个振动水平。

但此次却又发现了西侧轴承故障，而采集振动数据后发现，原坚持带病运行的东侧轴承故障并未有明显发展，而西侧轴承速度谱上却出现了明显的2153r/min及其谐频峰值，而齿轮啮合频率4750r/min仅勉强可以看到，如图4-7所示。而gSE谱中，也是2153r/min及其谐频峰值占绝对优势，如图4-8所示。经过计算2153r/min与FAG23244轴承的外环故障频率（BPFO）一致。而当时检测到的gSE值已经达到了8gSE，而根据经验，正常的轴承gSE值一般不超过2gSE，即使是单纯的润滑不良、本体振动过大时，这个参数也不超3gSE，而目前该轴承gSE值已经严重超标。

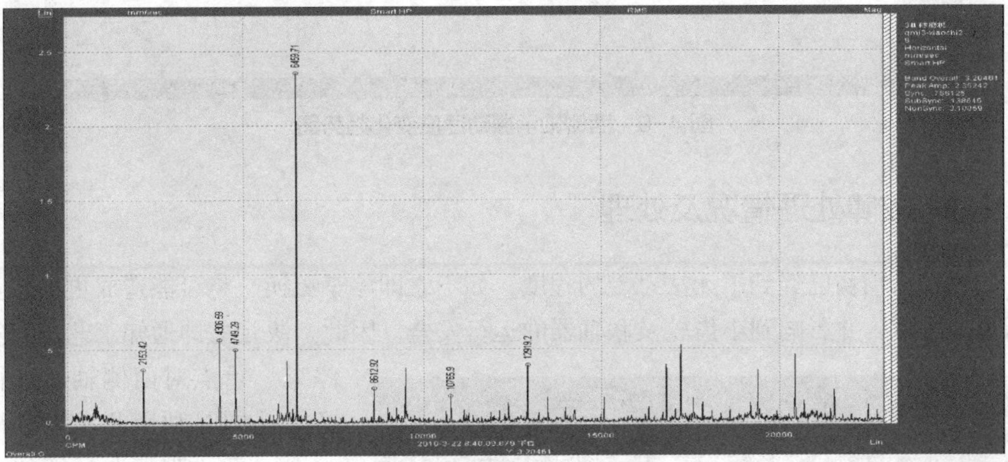

图4-7 西侧轴承振动速度谱

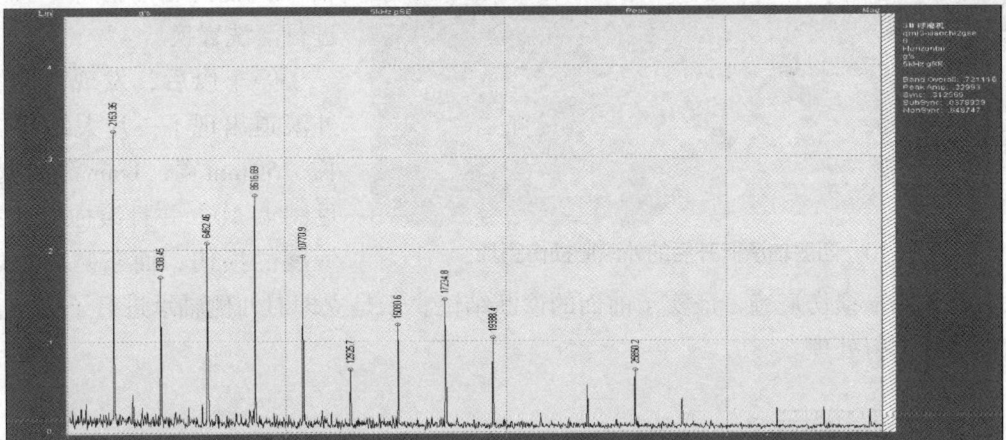

图4-8 西侧轴承振动gSE谱

经过与历史数据对比，发现无论是速度有效值、gSE值，还是速度谱、gSE谱上的异常频率幅值，均有大幅度上升，如图4-9所示，已大大超出了正常的波动范围。而东侧轴承gSE谱却没有变换，只是在速度谱上有所体现。这说明，东侧轴承故障并未发展，而是由于西侧轴承出现严重轴承故障，对东侧轴承的振动有一定的影响。

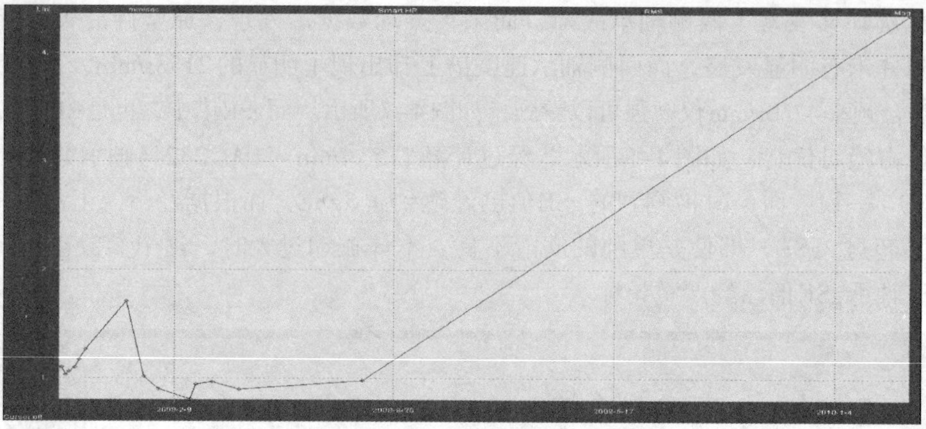

图4-9　西侧轴承振动速度变化趋势图

2.4　故障处理情况及处理

鉴于轴承损伤已经到了无法忍受的程度，如不立即停车更换，将可能造成更加严重的轴承散架故障，并影响到小齿轮及联轴器的运行安全。因此，决定立即通知工艺车间安排停车，重点对西侧轴承进行更换，并同时利用此次机会检查一下一直“带病”运行的东侧轴承，若仍有铜粉末，可对其进行清洗置换。

图4-10　西侧轴承拆开后的外滚道损伤图片

停车以后，发现西侧轴承外滚道出现了一片大约150mm长、50mm宽、1mm深的剥落，见图4-10。并且滚柱也有不同程度的损伤，而东侧轴承内部却没有任何明显损伤痕迹，证实了前面的诊断结论。于是立即对西侧轴承进行了更换，未对东侧轴承进行处理。

2.5　故障警示

应用状态监测与故障诊断技术，准确判断球磨机振动原因为小齿轮西侧轴承损坏故障，并果断采取了停机检修的措施。经过拆检验证了诊断结论，及时进行了更换，避免了一次因轴承损坏导致的恶性事故发生，保证了装置的可靠运行。

（本案例已在《中国设备工程》杂志2016年第2期发表，并有局部修改；本案例撰写人：闫志勇）

3 包裹筒减速机故障分析案例

3.1 故障概况

3.1.1 结构型式

包裹筒是一连续回转的卧式圆筒设备，它是由筒体、大小齿轮、滚圈、挡托辊、传动装置、进出料箱等部件组成。

3.1.2 主要参数

筒体 ϕ 2500mm × 8000mm。

3.1.3 主要功能

包裹筒用于复合肥表面的包裹涂覆油和粉。

3.1.4 故障基本情况

减速机内部齿轮齿面点蚀、断齿。

3.2 故障发现过程

2016年9月，包裹筒减速机更换为某国产品牌的ZSY250减速箱。

2018年9月，设备大修时检查发现包裹筒减速箱一轴齿轮轴、二轴齿轮、三轴齿轮齿面点蚀，有大量磨损。振动测量加速度为7~9m/s^2、速度为2~2.4mm/s、位移为0.05~0.07mm（正常范围值）。

2018年11月12—14日，计划停车。15日早上发现减速箱处声音异常，检查发现开式齿轮喷洒润滑系统的压缩空气管线堵塞，清理后恢复正常，但减速箱依然存在异声。

11月19日，对减速箱进行振动测量声音加大，测量值为：加速度为38.5m/s^2，速度为5.0mm/s，位移为0.031mm。下午测量值为：加速度为34.8m/s^2，速度为5.4mm/s，位移为0.049mm（超出正常范围）。

11月20日，继续进行测量，振动值为：加速度为40.7m/s^2，速度为5.3mm/s，位移为0.044mm（振动值过大）。放油检查发现油里有金属屑。

1月23日下午，车间计划停车，更换新减速箱；检查拆下的减速箱一轴齿面磨损，二轴及三轴齿轮各断一齿。

11月26日下午，工艺二车间开车。27日测量减速箱振动值为：加速度为$6.8m/s^2$，速度为1.8mm/s，位移为0.038mm，30日测量振动值为：加速度为$9.3m/s^2$，速度为2.3mm/s，位移为0.046mm。符合正常值。

12月5日，测量振动值为：加速度为$13.2m/s^2$，速度为3.1mm/s，位移为0.032mm。12月6日振动加大，测量未显示有松动、联轴器对中不良等现象，一、三轴振动加速度值大，下午利用停车期间检查发现一轴齿轮轴损坏3个齿。

12月7日，更换减速箱一轴，13日测量减速箱振动值：加速度为$55.2m/s^2$，速度为8.1mm/s，位移为0.928mm，噪声巨大。

12月13日上午，测量减速箱的振动值已超出测量范围。打全返料检查，二轴大齿轮半齿宽打齿。

12月14日凌晨0:10，减速箱一轴、二轴全部损坏，更换减速箱。

3.3 故障分析诊断过程

（1）针对现场减速机振动异常和异声情况，技术人员进行如下检查和检测：

①对减速机进行每日振动离线检测；检查结果为减速机从正常运行到异常存在明显的突变情况，没有出现应有的渐变过程。

②对减速机联轴器对中进行激光对中检查；检测结果为联轴器对中符合技术要求。

③对减速机地脚螺栓松动情况进行检查；检查结果为地脚螺栓无松动情况。

④查看调阅了包裹筒运行载荷情况，均在能力范围内。

⑤调阅了该减速机品牌其他类型减速机的使用情况；摆线针轮减速机使用寿命短（主要原因是选型不当）。

⑥调阅了减速机润滑油更换情况；均按规定周期进行换油，根据油位变化情况进行适时补油，不存在缺油或油品劣化情况。

（2）结合减速机以往检修、更换、维护情况，分析故障原因如下：

①减速机制造质量差。

②包裹筒为回转窑类设备，筒体运行过程中反向冲击大，特别是减速机与小齿轮间的联轴器为刚性较大的齿式联轴器，隔振缓冲效果差。

③驱动系统原始设计存在缺陷，选型不当或过小，安全系数低，过载能力不足。

④减速机安装找正采用激光对中仪进行，安装误差控制在技术要求范围内，排除安装不当引发故障可能。

⑤减速机均按规定周期进行换油，排除润滑不当引发故障的可能。

3.4 故障验证情况

（1）故障监控情况：

①使用离线振动检测仪进行检测，在齿轮发生较严重问题时，才能呈现明显的故障特征频率。

②使用便携式振动检测表进行振动检测，仅可判断振动趋势情况。

（2）减速机拆检情况：

①减速机上下箱体轴承位均加补偿胶（正常孔位不需要）。

②减速机相啮合的齿轮齿顶间隙大（2~3mm），理论中心距明显小于箱体孔中心距，一对啮合的齿轮轮齿处于非正常啮合位，为齿顶接触，此情况易产生断齿。

③根据减速机拆解情况，证明该减速机制造质量差。

④振动检测不能检测出设备自身制造和设计缺陷。

3.5 故障处理情况及效果

针对故障分析结果，在后续采取了以下措施并进行了跟踪。

（1）购置国产其他品牌的减速机进行更换使用，较之前使用的品牌没有出现断齿情况，但依然存在齿面磨损和点蚀情况。

（2）更换减速机输出轴联轴器，提高了安全系数，但仍然出现齿式联轴器齿面断齿情况。

（3）进一步分析判断减速机、减速机输出端联轴器频繁出现故障的根本原因是包裹筒的驱动系统设计存在缺陷，安全系数小，过载能力差，抗冲击能力差。

（4）类比相同装置的回转窑的驱动系统设计，在联轴器选择上应选择弹性联轴器，以消除回转窑运行过程中的反向冲击。

3.6 故障警示

（1）对于整体部件如减速机、耦合器类，出现较频繁的或呈现周期性故障情况时，应考虑原始设计是否存在选型不当或安全系数过小情况。

（2）分析判断较频繁发生的或是呈现周期性的设备故障时，应同时检查相配套件的使用情况，如与减速机相连的输入输出联轴器的损坏情况。

（3）检修信息的完整性记录、备品备件的品牌及使用周期都对完整、准确分析故障根本原因有很大帮助。

（4）分析故障原因过程中，应注意细节问题。

（5）小型部件采用振动在线监测方式进行预防性诊断，在经济性上性价比较差，建议采用便携式离线振动检测仪，对故障中期和后期进行在线跟踪报警，以便及时掌握设备运行状况。

（本案例撰写人：马龙海）

4 柱塞泵减速机轴承故障分析案例

4.1 故障概况

该减速机为某装置A类设备输送原料泵的减速机，德国非鲁瓦进口配套设备，该泵驱动方式为电机驱动，通过减速机齿轮箱的减速作用，使得泵的转速降低到FELUWA 泵传动齿轮箱的传动速度。泵传动齿轮箱将齿轮的旋转运动转换为活塞的往复运动，同时将速度降低到活塞所需的冲程次数。该减速机的型号为B3DH13A，三级传动。电机通过联轴器传动该减速机，减速机再通过空心轴与曲轴相连带动曲轴箱工作，进而实现泵的连续工作。减速机结构见图4-11。

图 4-11　减速机结构

巡检人员发现该减速机有异响，初步判断异响来自减速机的轴承部位，通过跟踪和持续监测，发现减速机中间轴承部位温度有升高趋势，判断该部位轴承损坏，逐级汇报后及时进行了停车处理，避免了故障扩大。该故障造成单系统停车6h，后系统减负荷，对产量造成了一定影响。

4.2 故障发现过程

2020年9月15日下午，现场工艺人员正常巡检返回时，约13:30路过该减速机听见有异响声，测温、测振均正常，联系总控发现电流出现了波动，13:32异响声变大，马上汇报联系当班班长，班长随即联系设备监督，13:35设备监督、工艺监督到达现场检查，测量主减速箱水平振动最高2.8mm/s，垂直振动最大1.2mm/s，轴向振动最高1.4mm/s，主减速箱其他部位温度测得47.2℃，从输入方向数第3根轴的轴承处测得52.3℃，轴承部件响声异常，并且有明显扩大趋势，判断是轴承损坏，迅速联系中控停车。停车后再测温度53.6℃，有上涨趋势。

4.3 故障分析诊断过程

该泵在近期巡检过程中，振动、温度、声音都在正常范围之内。

巡检过程中发现异常后，通过对减速机进行测温、测振及总控查看电流曲线等方式对异常部位进行分析判断，并持续对声音异响进行跟踪，分析判断减速机轴承损坏，当检测到轴承位置温度升高、异响变大时，为防止设备损坏扩大，联系中控进行停车处理。

主要原因：轴承更换不及时。

截至2020年9月15日13:52，该泵累计运行1149.09天，27578.16h。根据API标准在额定条件下连续运转为25000h，有可能发生疲劳损坏。咨询其他使用厂家，该泵的减速机轴承使用寿命超过6年还在使用，考虑振动、温度没有变化，计划检修期间检查轴承外观无问题，经综合考虑没有更换，对于轴承使用寿命评估需要提高。

次要原因：使用条件变化，介质浓度的提高。

该泵使用介质数据表中有要求，主要是密度、黏度和固体含量，其中固体含量（介质浓度）有超过65%时运行，超设计条件运行会造成轴承负荷大，轴承寿命缩短。

4.4 故障验证情况

故障现象：轴承保持架断裂，造成异响和振动。

保持架出现断裂问题，与轴承制造商技术人员进行了交流，保持架损坏故障现象会在第一时间暴露出来，出现异响、振动大、温度上升、磨损加剧等现象，这是突发的故障。

拆卸减速机上盖后发现轴承滚柱有一处脱落，保持架一处断裂，圆柱滚子已乱，造成电流波动大。

经过拆检，验证了最初的分析诊断是正确的，从输入方向数第2根轴北侧轴承保持架损坏。如果不及时发现并停车处理，可能导致减速机齿轮轴或齿轮损坏，扩大损失。拆检轴承损坏情况见图4-12。

图4-12 轴承损坏

4.5 故障处理情况及效果

由于检修减速机更换轴承时间较长，为减少停车时间，尽快开车，将备用系统的减速机进行拆卸，对该减速机进行了直接更换后及时开车。后对故障减速机进行了相关检查；检查轴承磨损情况，轴承顶间隙测量，齿轮侧间隙测量，轴承侧盖深度测量等。

拆检情况：二级齿轮处轴承损坏，测量齿轮侧间隙为二级0.49mm，三级0.47mm

偏大。

处理方法：通过评估，对3根齿轮轴的6盘轴承均进行了更换，齿轮侧间隙为二级0.41mm、三级0.31mm。一级轴承左压盖深度48.67mm，垫厚3.03mm，按原尺寸回装轴承，盘不动车，后一级轴承压盖左侧垫减去0.30mm，轴承压盖右侧垫减去0.10mm。

检修后盘车正常，一级、二级、三级齿轮咬合接触面正常，盘车正常、试车良好，声音正常。

后续利用检修时机对另外2台减速机轴承也进行了更换，避免再次出现同类故障。

4.6 故障警示

本故障案例，警示我们对轴承的使用周期及日常运行状况要清楚地把握，建议不要超周期使用，尽量做到提前、预防性检维修、更换，同时对系统工艺工况进行调整控制，尽量在设计工况下运行。

（本案例撰写人：刘立国）

5　地下槽搅拌浆减速机故障分析案例

5.1　故障概况

概述：地下槽搅拌浆A31002A/B主要由电机、减速机、支架及支架座、搅拌轴、桨叶等主要部件组成；其属于旋桨式搅拌器，型式为单层双叶桨；其作用是将大地槽中洗涤液进行搅拌，防止产生沉淀，沉淀后将导致废液泵无法抽取洗涤液进行洗涤循环利用。结构见图4-13。

（1）设备名称：地下槽搅拌浆；

（2）型号：LZJ7.5-1500/34；

（3）型式：45° 单层双叶折叶桨，n=34r/min；

（4）桨叶直径：ϕ 1500mm；

（5）减速机：RF10-40.37-7.5；

（6）电机：Y2-132M-4/ 7.5kW；

（7）功能：搅拌、防止产生沉淀；

（8）故障情况：轴承损坏、减速机损坏。

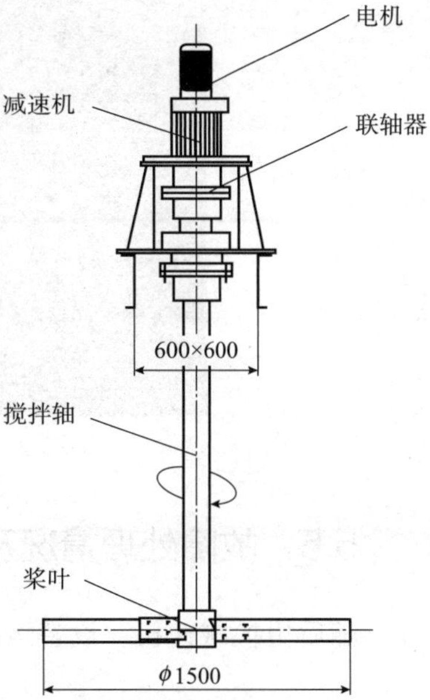

图4-13　A31002 搅拌器

5.2　故障发现过程

2012年10月9日，维修人员巡检时发现A31002A地下槽搅拌浆异响，初步判断异响部位在模块化减速机中。为不影响工艺生产，通知工艺启用A31002B地下槽搅拌浆，随后对A31002A地下槽搅拌浆进行检修。

5.3　故障分析诊断过程

A31002A/B于2012年4月投产使用，设计一用一备。地下槽搅拌浆减速机设计为TL模块化组合齿轮减速机，由江苏泰隆减速机股份有限公司生产，主要由电机、减速机、联轴器及搅拌浆组成。2012年10月9日，巡检发现该搅拌浆发出金属撞击声音，由于搅拌浆与减速机通过刚性联轴器（凸缘联轴器）连接，搅拌浆叶片至减速机联轴器之间没有轴承，发出金属撞击声，声音可能从减速机、电机中传出来，由于搅拌浆在运行，电机运行平稳，初步判断金属撞击声在减速机中。

5.4 故障验证情况

A31002A/B于2012年4月投产使用，使用时间6个月左右，随后对地下槽搅拌浆减速机进行检修，检查发现减速机中缺油，轴承滚珠损坏、齿轮面磨损，放出的润滑油中肉眼可见金属粉末，手感如细小沙粒，见图4-14。

图4-14

5.5 故障处理情况及效果

随后更换减速机，设备运行平稳。

5.6 故障警示

（1）通过检修发现减速机严重缺油，查润滑记录，润滑人员定期对该设备进行补油。

（2）发现减速机缺油原因是该减速机油视镜设计在减速机1/2下方。

（3）对同类减速机排查，发现由江苏泰隆减速机股份有限公司生产的TL模块化组合齿轮减速机，都存在油视镜设计问题，随后联系生产厂家，对其进行优化设计。

（4）对现有TL模块化组合齿轮减速机上方大于2/3位置打孔并安装油视镜，避免在加油过程中出现误判。

（本案例撰写人：樊帆）

6　斗式提升机联轴器运行异响故障分析案例

6.1　故障概况

6.1.1　工艺概况

大颗粒尿素造粒系统根据产能设计斗式提升机1台，主要组成部件包括电机、联轴器、齿轮箱、驱动辊、皮带、料斗、从动辊、皮带拉紧装置、壳体等组成。斗式提升机的工作原理为：由电机作为驱动力，带动驱动辊转动，驱动辊带有人字形花纹的胶面，通过摩擦力带动皮带机料斗进行连续向上的提升工作；经安全筛筛分后的尿素颗粒，经过进料口进入斗式提升机，大部分尿素会被料斗直接接住，少部分尿素会被料斗舀起，随着连续运行的输送带向上提升至顶部，绕过顶部驱动辊后向下翻转，产生离心力，将物料抛出料斗，经出料口后进入振动筛，完成筛分。

在生产过程中，斗式提升机在驱动单元的驱动下，始终做着周期性连续提升的运料状态，尿素颗粒在料斗内被运送至造粒6楼，然后在离心力的作用下，将料抛送至振动筛给料器，完成提升物料任务，斗式提升机结构见图4-15。

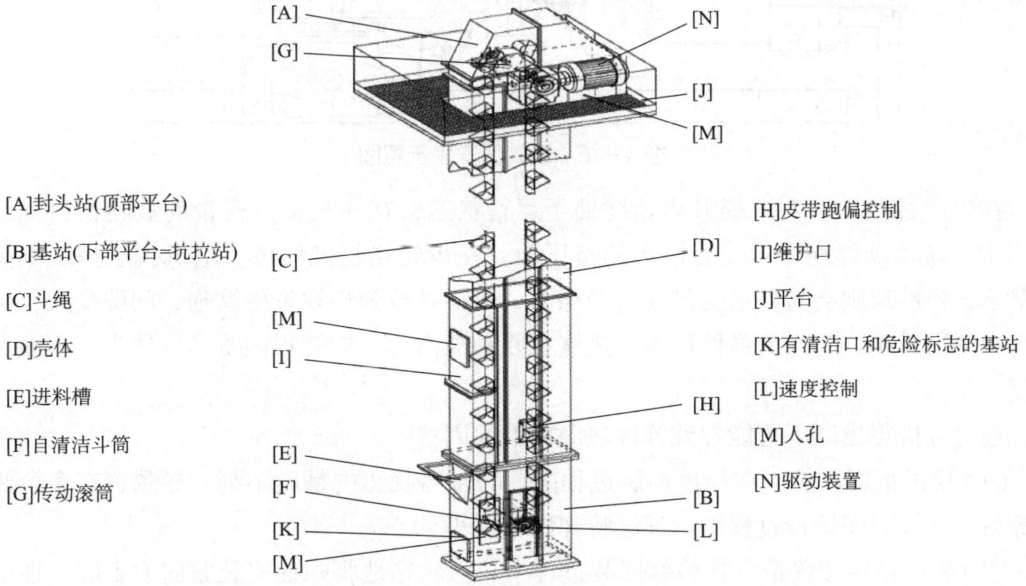

图4-15　斗式提升机结构简图

6.1.2 故障情况

在实际生产中，大颗粒尿素造粒系统每隔30天左右就需要对造粒系统进行清洗工作，此时斗式提升机将进行例行检查及维护。正常维护检查项为清理底部积料、张紧装置加脂、检查从动滚筒等工作。由于顶部联轴器护罩为全封闭式护罩、且拆卸困难，拆卸后若不挪动电机，也不方便检查，但若挪动电机则增加设备故障的风险。

6.2 故障发现过程

2022年10月1日晚上，现场人员在巡检过程中听到斗式提升机顶部存在异响，立即进行汇报，同时联系值班领导及保运人员进行检查，初步判断为联轴器处发出的异响，经过评估，决定停运斗式提升机进行拆卸检查，处理隐患。因斗式提升机停运，造粒系统停车保料约3h。

6.3 故障分析诊断过程

斗式提升机的驱动装置由电机、联轴器、齿轮箱等组成，联轴器内装有8个弹性块，用于联轴器运转时的缓冲，见图4–16。

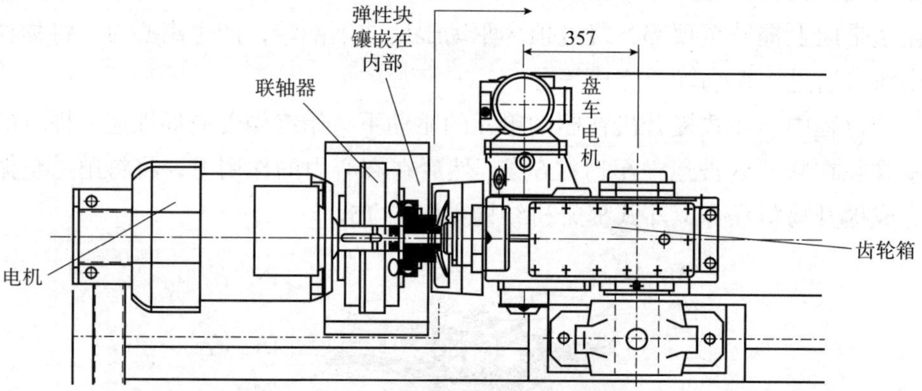

图4–16 联轴器安装示意图

在生产过程中，斗式提升机始终处于运行状态，在斗式提升机带动数吨物料提升的过程中，联轴器弹性块承受着巨大的挤压力，在齿轮箱轻微移位、电机找正精度不高的情况下，弹性块则会另外承受侧向的摩擦力，最终导致弹性块发生磨损，间隙变大，导致运行中发出异响。磨损的弹性块由于镶嵌在联轴器内部，拆卸很困难，导致生产不能及时恢复。

通过分析得出以下可能导致弹性块磨损的原因：

（1）找正精度不够。在检修回装过程中，联轴器找正的精度不高，导致存在多余侧向摩擦力，在长时间运行过程中，逐渐将弹性块磨小。

（2）齿轮箱轻微移位。在检修回装过程中，齿轮箱地脚螺栓安装紧固力不够，在运行过程中发生齿轮箱移动现象，导致联轴器不在对中位置发生弹性块磨损。

（3）带负荷启动。在系统存在紧急情况时，存在料斗内余料未排净或满料斗的情况下，需要启动斗式提升机，这种情况下会给驱动装置带来很大的荷载压力，有可能造成弹性块损坏，在后续的运行中发展成严重磨损情况。

另外，由于联轴器在全封闭的护罩内部，洗造粒检查时无法进行观察，而要进行测量检查时，就必须进行费时费力的护罩拆卸工作。而在斗式提升机运行中，则更无法观察，只能根据斗式提升机的运行情况来判断弹性块是否有磨损现象。然而，一旦发现磨损，就需要立即停机进行处理，不仅影响产量任务的同时也影响造粒周期安全运行。

6.4 故障验证情况

当拆卸联轴器护罩后，发现底部存在黑色的橡胶粉末，初步判定为联轴器弹性块磨损，脱开联轴器后，对弹性块进行检查，判定为弹性块磨损严重导致的异响。弹性块的磨损原因包括弹性块老化、环境影响导致腐蚀、找正不好导致磨损。由于弹性块在2018年进行更换，且与本次更换为同一批次备件，经过后续运行观察，排除因老化原因导致的磨损情况发生。环境原因为粉尘和高温情况，经过往年的运行情况对比，运行环境未发生明显变化，且大修后运行不到2个月弹性块发生磨损；同时，大修中对斗式提升机的驱动滚筒进行了更换，联轴器处进行过拆装工作，排除其他可能，判定为找正精度不够，导致联轴器与弹性块发生磨损。

6.5 故障处理情况及效果

通过拆检，确认为弹性块磨损导致的异响，现场对弹性块进行更换，同时对找正数据进行复查，更换后启动斗式提升机，异响消除。通过本故障的教训，在造粒系统内对弹性块连接的联轴器进行了全面排查。同时，严格把控找正数据，避免同类事故再次发生。

6.6 故障警示

本事故案例，提醒了我们在检修技术管理过程中要严格把控各数据在技术要求范围内，注意数据的复查及记录，对检修设备负责。

（本案例撰写人：李星、孙云龙）

7 振动筛驱动头紧固螺栓断裂故障分析案例

7.1 故障概况

7.1.1 工艺概况

大颗粒尿素造粒系统共有振动筛2台，主要由电机、驱动头、框架、筛体、吊挂等部件组成。振动筛的工作原理为：利用安装在框架基座上的驱动头作为转摆筛分的驱动源；驱动头的转动轴上装有偏心配重，在轴承的支撑下，电机通过PV活络带传动动力使驱动器顶部的偏心轴及配重块旋转，驱动振动筛做圆周性往复移动筛分；振动筛筛网上装有可以自由振动的小橡胶球，当物料进入筛网后，在橡胶小球的振动下，不断敲打筛网，增强尿素颗粒的透筛性，提高振动筛的筛分效率。

生产过程中，振动筛在驱动头的驱动作用下，始终处于圆周性往复移动的筛分状态，尿素颗粒在筛面前端进入随着筛分运动至尾端，在行进过程中完成尿素颗粒的筛分任务。振动筛结构见图4-17。

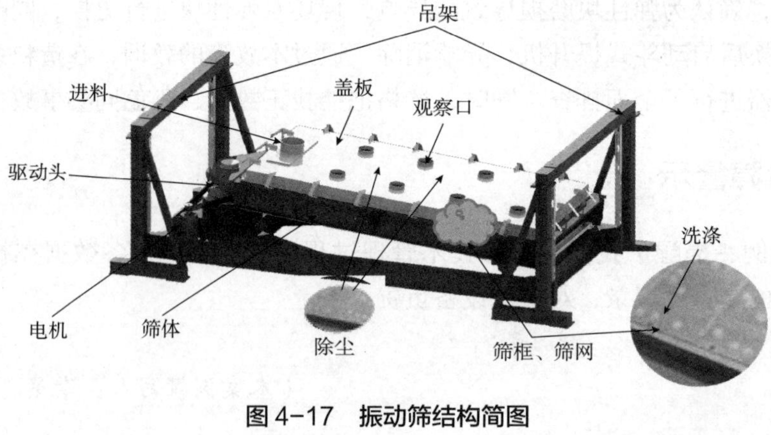

图4-17 振动筛结构简图

7.1.2 故障情况

大颗粒尿素造粒系统在实际生产中，每隔30天左右就需要对造粒系统进行清洗工作，此时振动筛将进行停机检查及维护。在检查过程中发现驱动头护罩、驱动头底座等螺栓连接部件存在松动的情况时，就会更换重要部位的螺栓，并完成紧固工作。但在系统正常运行中，有时会出现驱动头底座连接螺栓全部被剪断的故障，此时就需要将振动筛筛体吊起，拆出驱动头，然后将剪切断的螺栓一一拔出，且此类事故易出现在深夜，影响系统正常运行，并且大大增加了检修维护人员的工作量，制约了整个系统的正常稳定运行。

7.2 故障发现过程

班组在正常操作过程中，发现尿素成品量下降，检查出料器、出料量正常，现场人员上楼的过程中，听到楼上存在异响，检查振动筛A发现驱动头底部螺栓全部断裂，导致运行异常。当即蒸发造粒进行减负荷至50%处理，停运振动筛A台，拆下驱动头，取出断裂螺栓，安装新驱动头。

7.3 故障分析诊断过程

振动筛驱动头由轴、轴承、带轮、偏心配重、底座等组成，驱动头通过8套8.8级M20 × 85螺栓固定在框架基座上，见图4–18。

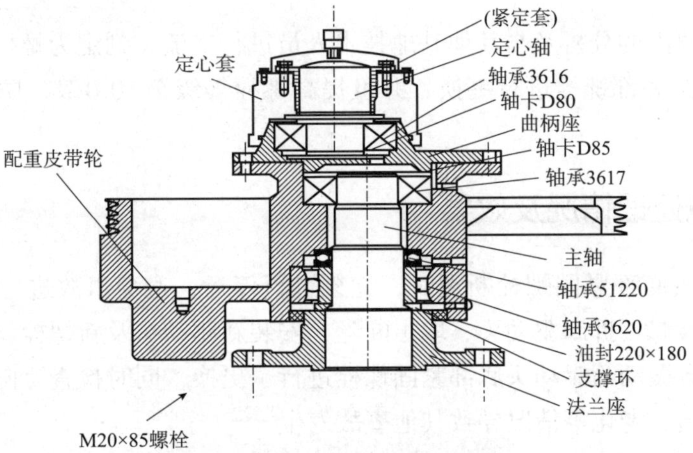

图4–18 驱动头安装示意图

生产过程中，振动筛始终处于筛分状态，因此振动筛上的各安装部件易发生松动，如驱动头、防护罩的紧固螺栓。其中，驱动器作为振动筛的动力传递和运动形式变更源，在设计上驱动头底座与基座之间属于平面连接，没有止口、键、销等结构，完全依靠8套8.8级M20 的螺栓紧固连接。而在驱动头偏心轴旋转带动数吨重的筛体做圆周性往复运动的过程中，螺栓承受着巨大的滑动交变剪切力，较长时间的往复运动使得驱动头底座上的8套紧固螺栓极易发生松动，最终螺栓在交变冲击载荷和平滑剪切力的双重作用下被剪断。这些疲劳性剪断的螺栓，在框架基座里被剪切成两段，抢修时极难被取出，费时费力，不仅延长了抢修时间，导致生产不能及时恢复，并且增大了作业人员的劳动强度。

通过分析得出以下可能导致螺栓断裂的原因：

（1）驱动器底座与框架基座之间属于平面连接，没有止口、键、销等起固定定位和增强受剪载荷的结构，不能很好地分解滑移交变剪切力，且驱动器在振动筛运转过程中，始终处于往复交变的滑移振动状态，尤其是在筛分机启、停时，瞬时驱动力矩和振幅的增大使得驱动器紧固螺栓的承载负荷明显增大。

（2）螺栓强度不够。检查现场所用螺栓均为8.8级螺栓，与原始设计安装螺栓一致。

（3）当振动筛下料不畅时，筛体上堆积过多的尿素，负荷过重使得驱动器螺栓周期性疲劳断裂。

（4）安装问题。当个别螺栓安装力矩不够时，在启动后有可能会在往复运动中松动，导致紧固螺栓承受的力变大，从而断裂。

另外，由于驱动头底座的紧固螺栓位于驱动头防护罩内部，振动筛停机检查时，单凭肉眼无法判断螺栓是否存在松动现象，而要进行接触检查时就必须费时费力地进行护罩拆装工作；而在振动筛运转时，更无法观察，只能根据振动筛的运行情况来判断螺栓是否松动。然而，一旦发生松动现象，就需要立即停机进行紧固处理，影响产量任务；若驱动头底座螺栓及框架基座螺纹孔受损严重，就很难再修复。

7.4 故障验证情况

通过对上述原因的分析及与其他基地技术人员进行交流，判定为螺栓疲劳断裂。下一步将定期对驱动头底部螺栓进行更换，并且提高螺栓等级至10.0级，防止此类事故再次发生。

7.5 故障处理情况及效果

当发现驱动头底部紧固螺栓断裂时，立刻进行停运，避免事故进一步扩大，同时联系保运人员进行检修。拆卸驱动头、取出断丝，安装新驱动头及新螺栓。通过这一故障现象，现场对另一台振动筛驱动头底部紧固螺栓进行了更换，同时检查万向轴、吊挂等连接部件，防止因磨损、老化等情况导致其他事故发生。

7.6 故障警示

本事故案例，提醒我们在做现场设备技术管理时，要注意细节管理，细致的进行统计，大到一台设备、小到一颗螺丝都有可能导致一场事故的发生。

（本案例撰写人：李星、孙云龙）

8　磷肥装置干燥机液力耦合器叶片及齿轮故障分析案例

8.1　故障概况

8.1.1　概述

干燥机担负着将湿的化肥颗粒进行干燥处理的任务，是化肥生产车间的关键设备，其运行质量以及稳定性对于整个装置的连续生产起着至关重要的作用。因此，在日常生产中应谨慎操作、密切注意其各项运行参数；同时，应借助现代化的状态检测仪器进行精密分析，为接下来的设备检修提供有力的指导。

8.1.2　结构型式

干燥机结构示意见图4-19。

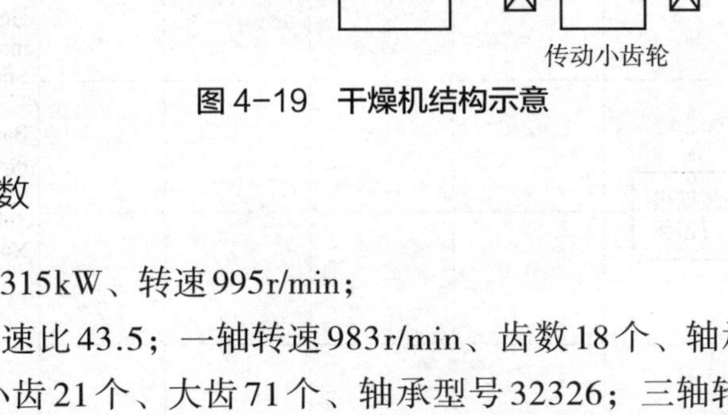

图4-19　干燥机结构示意

8.1.3　主要参数

（1）电机：功率315kW、转速995r/min；

（2）减速箱：减速比43.5；一轴转速983r/min、齿数18个、轴承型号SKF32320；二轴转速250r/min、小齿21个、大齿71个、轴承型号32326；三轴转速69r/min、小齿22个、大齿76个、轴承型号ZWZ 4053740；四轴转速22.5r/min、齿数68个、轴承型号ZWZ22356；

（3）传动小齿轮与大齿圈：小齿轮转速22.5r/min、齿数18个、轴承型号ZWZ22356；大齿圈转速2.5r/min、齿数160个；啮合频率405r/min。

8.2 故障分析诊断过程

8.2.1 液力耦合器叶片断裂故障

2006年7月17日，对干燥机减速箱一轴轴承座部位进行例行检测，发现振动频谱图中出现比较明显的电机转速频率995r/min及其谐频，其中1倍频的幅值为3.4mm/s，成为谱图中最高的峰值。频谱图见图4-20。

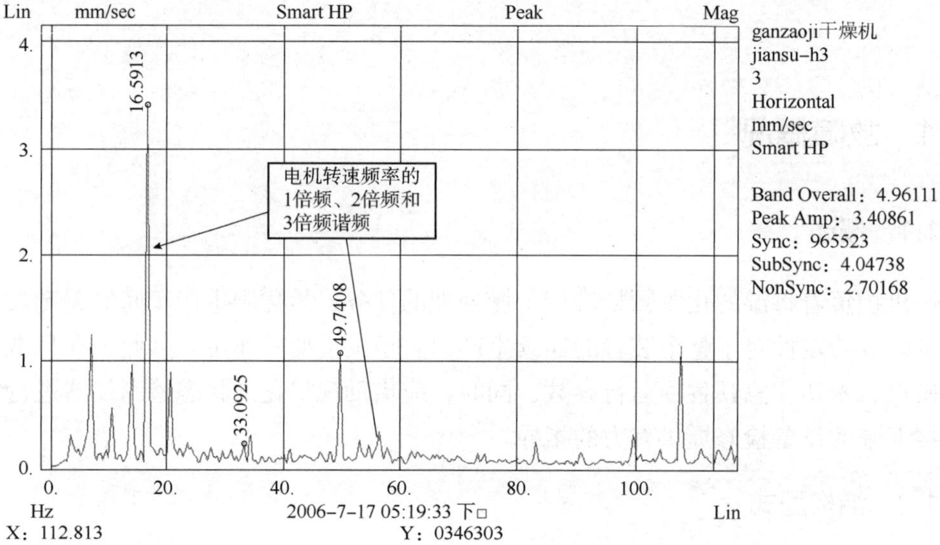

图4-20　2006年7月17日减速箱一轴振动频谱图（横轴单位Hz）

而这之前同一测点2006年6月5日的频谱中，却只有传动小齿轮和大齿圈的齿轮啮合频率及谐频峰值（对于大型滚筒型设备，这些峰值的存在是正常的），见图4-21。

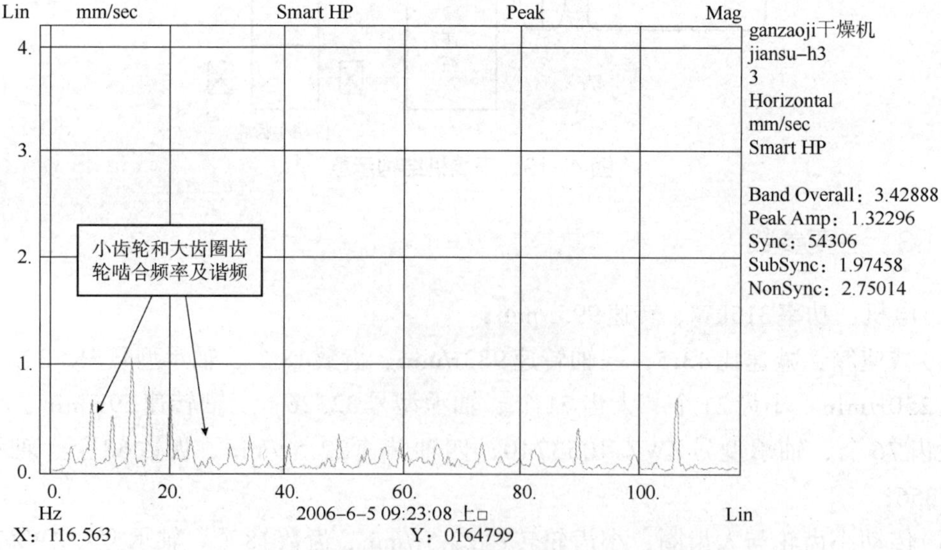

图4-21　2006年6月5日减速箱一轴振动频谱图（横轴单位Hz）

另外，用频闪仪观察液力耦合器输入输出轴的转速时，发现输入输出转速完全一致，都是995r/min。液力耦合器属于柔性传动，减速箱上怎么会出现电机轴转速频率及谐频峰值呢？经查找该液力耦合器相关资料发现，其工作原理如下：输入轴与液力耦合器壳体相连，壳体上分布着主动叶轮，并通过轴承与输出轴相连，而从动叶轮和输出轴通过键连接在一起。主动叶轮被电机直接驱动，并通过耦合器内部液体带动从动叶轮，最后将动力传递给输出轴。在正常负载情况下液力耦合器应该有1%~5%的“丢转”，也就是输出轴转速应低于输入轴转速。而出现输入输出转速完全一致的情况，可能的原因有两个：一是轴承卡死造成整个液力耦合器输入和输出轴刚性连接；二是液力耦合器叶片卡在主、从动叶轮之间使之同步旋转。然而，出现以上任何一种故障，虽不会造成很大、很明显的振动及噪声，但会造成干燥机滚筒转速上升，对化肥的干燥效果产生影响；另外，在启停车阶段由于瞬间加、卸载，可能会使电机电流突然上升而损坏电机。而如果因此造成非计划停产，很可能会对公司全年生产任务的达标产生不利影响。于是在对该故障进行结论性诊断之后及时通知工艺车间组织停车检修。

将液力耦合器解体之后，发现主动叶轮和从动叶轮共断裂了10片以上的叶片，而且有的叶片卡在主动和从动叶轮之间。这正是造成液力耦合器输入和输出转速一致的根本原因所在。如果部分叶片随内部液体介质一起旋转而没得到及时处理，长期下去将会打碎大部分叶片，并进而发生液力耦合器的彻底失效，造成设备的突然停止运行。于是，对液力耦合器整体进行了更换，更换之后重新开车后振动完全恢复正常。

8.2.2 减速箱齿轮损伤故障

2007年1月10日，在减速箱I轴测点振动频谱的低频段发现间隔约70r/min的峰值群，见图4-22。经查询减速箱相关参数得知，三轴转速为69r/min，考虑到采集数据的分辨率影响，认为该峰值群峰值之间的间隔很可能就是三轴转速频率。为进一步证实三轴是否存在故障，又对三轴轴承位进行了振动信号采集，同时适当增加了采样的分辨率，得出图4-23所示的频谱图。

从图4-23所示三轴轴承位振动频谱图中可以看出，低频段也有间隔为三轴转速频率的峰值群，出现这样的情况说明三轴以及三轴上的齿轮出现故障，如齿轮打齿、齿轮松动、齿轮严重磨损、支撑轴承松动或损坏等。

为了进一步区分以上三种推测，又采集了一次三轴轴承位的时域波形，见图4-24。

在图4-24所示的时域波形中，可以明显地看到有间隔约0.87s的冲击，经计算这正好对应三轴转速频率69r/min。出现这样的冲击尖峰大多是由于齿轮断齿引起的，考虑到小齿轮比大齿轮参与啮合的机会多，所以推测很可能是三轴上的小齿轮出现局部打齿情况。于是通知机修车间等待机会对事故原因进行检查确认。

2007年1月15日，工艺车间计划停车检修。维修人员将干燥机减速箱上部观察盖打开，发现三轴小齿轮齐根掉下一个齿，旁边一个齿也掉落全长的1/3，齿轮照片见图4-25。如果继续使用，断齿造成的冲击力将会进一步影响到三轴小齿轮的其他齿以及四轴上与之啮合的大齿轮；同时，掉落的金属碎屑会伴随润滑油进入轴承以及其他齿轮的啮合面，造成整个减速箱的灾难性损伤，于是立即安排更换整个三轴。2007年1月18日，重新开车后，对干燥机各个测点进行了仔细的检测。减速箱一轴轴承座振动频谱图见图4-26。

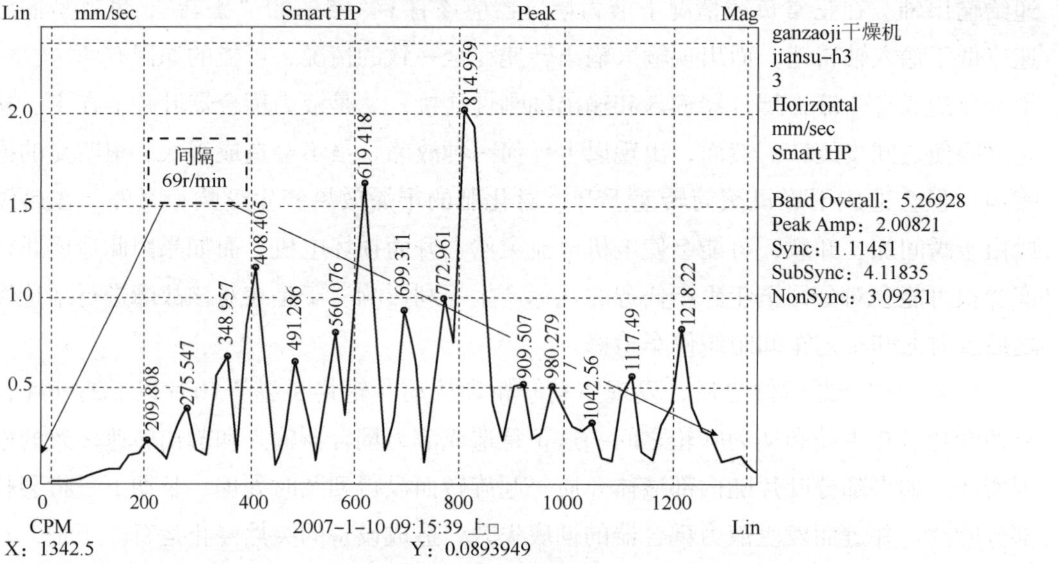

图4-22 2006年1月10日减速箱一轴振动频谱图（图中间隔频率约等于69r/min）

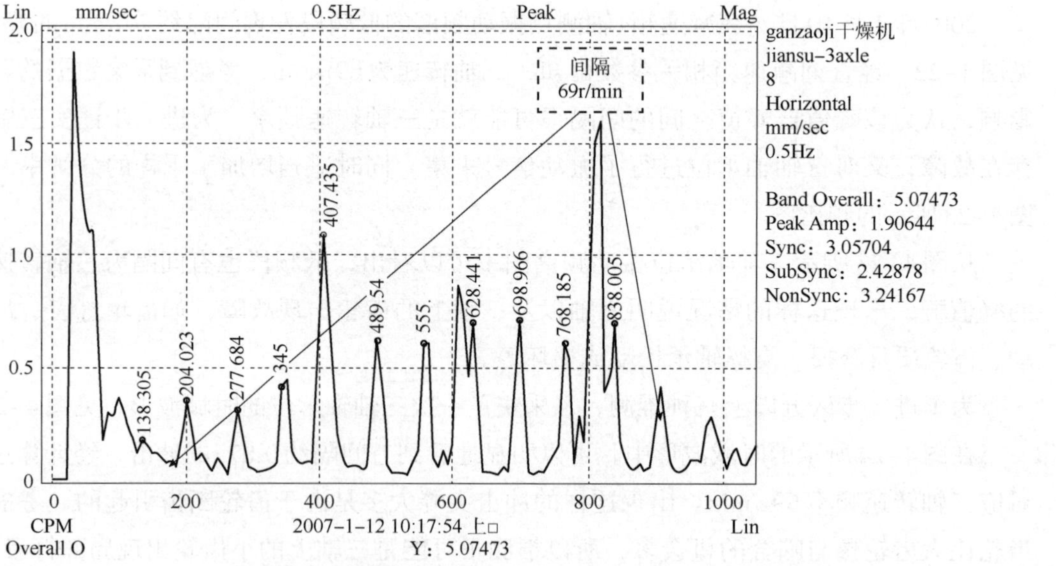

图4-23 2007年1月12日减速箱三轴轴承位振动频谱（图中峰值间隔约等于69r/min）

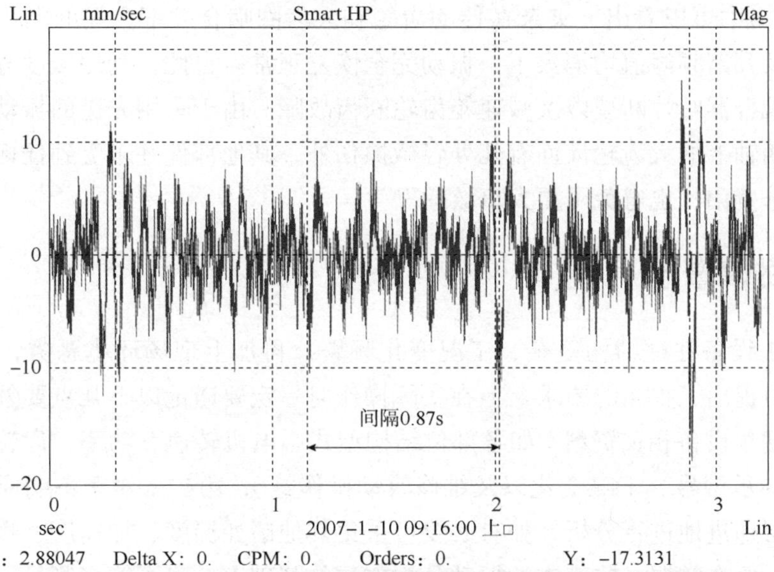

图 4-24 减速箱三轴振动时域波形

图 4-25 三轴小齿轮齿面损伤后照片

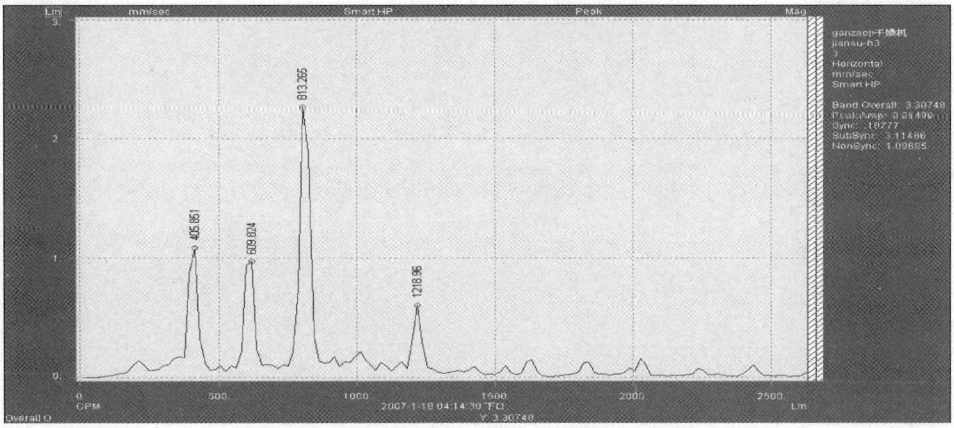

图 4-26 减速箱一轴轴承座振动频谱图

从图4-26中可以看出，夹杂在传动齿轮和大齿圈啮合频率之间的电机轴、减速箱三轴转速频率及其谐频峰值均消失了，振动完全恢复正常。自此，利用振动分析技术及时诊断出了液力耦合器叶片断裂以及减速箱齿轮断齿故障。由于采用先进的振动分析仪器发现及时，除了四轴上的大齿轮齿面有几处轻微擦伤外，其他部件并未受到任何不利影响，大大节约了维修费用，也避免了更大事故的发生。

8.3 故障警示

大型化工设备往往结构复杂、工况变化频繁，再加上现场环境恶劣，因此，对现场故障诊断人员提出了很高的要求。但在实际操作时一定要谨记以下几点要领：第一，要尽可能详尽地搜集设备相关资料（如各部位结构型式、电机转速、功率、齿轮齿数转速、叶轮叶片数、轴承型号、工况变化以及维修改动操作等）；第二，对于不明原因的振动要多方取证、层层递进地进行分析，如有必要可采集其他诸如温度、加速度、噪声等参数辅助诊断；第三，要在掌握一些基本的振动分析方法的基础上，尽可能多测量、多分析、多比较、多总结、多交流，以此来逐渐积累现场诊断经验；第四，也是最重要的一点，做到理论和实践相结合，理论指导实践，在实践中不断进行积累、总结，对理论进行消化和必要的修正，使之进一步升华，然后再去指导下一步的实践工作。只有如此循环往复多次之后，才能真正提高故障诊断水平。

（本案例已在《设备管理与维修》杂志2008年第4期发表，并有局部修改；本案例撰写人：闫志勇）

9 斗式提升机液力耦合器故障分析案例

9.1 故障概况

（1）21Q211斗式提升机的输送形式为垂直输送，重力卸料。该斗提机采用板式套筒辊子链作为牵引机件，T型料斗固定在两根链条上。主要部件有：底部壳体、中间壳体、头部壳体、传动装置、张紧装置、电器控制柜等。

（2）该斗提机型号为4148-04M；额定能力最大为460t/h；提升高度25.1m。

（3）驱动装置：电机Y250-4 功率55kW；减速箱：弗兰德 H3SH11；耦合器：广东中兴YOXF500型。

（4）21Q211耦合器在2021年3月11日和3月12日连续两次发生易熔塞熔化泄漏事故，造成两次故障停车共9.32h。

（5）每台耦合器一般安装2个易熔塞，在设备过载时，耦合器内部油温升高，在油温达到140℃时，易熔金属熔化，耦合器内部液压油排出后，减速箱失去动力，起到保护作用。

9.2 故障发现过程

9.2.1 故障情况

斗式提升机液力耦合器的故障情况见表4-2。

表4-2 斗式提升机液力耦合器的故障情况

时间	3月11日	时间	3月12日
13:55	耦合器喷油	8:06	耦合器喷油
13:55~16:05	更换易熔塞，加机油15L	8:06~11:55	加油盘车排料；更换耦合器和电机
16:05	开启环路，升温	11:55	机修检修完毕
16:55	投料45t	11:55~12:53	工艺蒸气吹扫链条
		12:53	开启环路，升温
		14:25	投料40t
停车时长	3h	停车时长	6.32h

9.2.2 3月11日故障

21Q211在13:50以前电流平稳，一直在70A左右运行。从13:50开始电流持续上升，到13:52电流达到86.16.A（图4-27），耦合器保护易熔塞喷射，电机空转。由于21Q211在耦合器易熔塞喷射后，电机继续运行，21Q209继续运行，造成21Q211尾部有大料物料堆积。无法判断故障是否因为过载造成。停车后检查头轮及链条内侧未发现异常（链条外侧无法看到），机修检查耦合器，外观无异常，内部机油颜色正常，两个易熔塞失效。机修更换易熔塞，加注15L DT24液压油后开车。

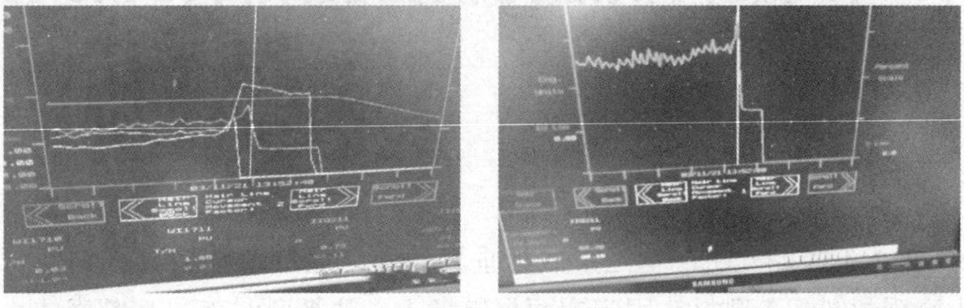

图4-27

9.2.3　3月12日故障

在运行了15h后，耦合器保护易熔塞再次喷射。

21Q211在8:03以前电流平稳，一直在67.96A左右运行。从8:03开始电流持续上升，到8:05电流达到86.66.A（图4-28），耦合器保护易熔塞喷射。8:20到达现场检查，外观无异常，耦合器本体89℃，内部机油略黑，有少量杂质。因无法判断具体原因，为防止再次出现故障，决定更换耦合器（2019年大修拆下的，多次维修件）。

在排料过程中，机修B班班长发现211斗提机链条不打弯，有剐蹭现象，随后通知工艺用蒸汽吹扫大链条，14:55正常投料。

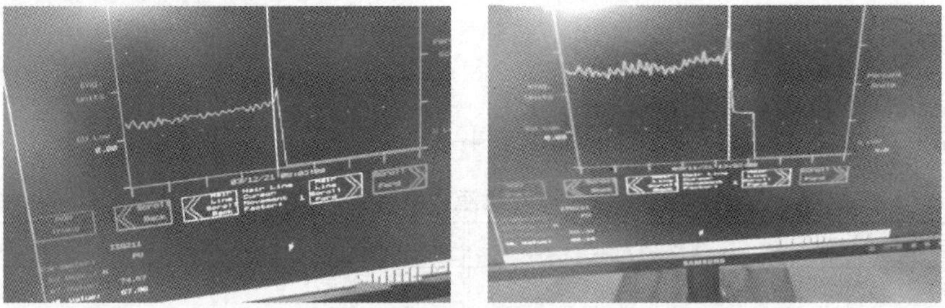

图4-28

9.3　故障分析诊断过程

通过现场情况对故障进行初步分析：

（1）耦合器易熔塞泄漏，耦合器自身存在故障，例如轴承损坏、涡轮泵轮磨损、轴磨损、耦合器缺油等原因。

（2）输出端过载导致耦合器油温上升，易熔塞泄漏。过载主要原因：机械传动部件发生故障造成过载；载荷过大或堵料造成过载；箱体内部结疤与链条料斗剐蹭造成过载。

9.4 故障验证情况

（1）对更换下来的耦合器进行拆解，内部轴承完好、泵轮、涡轮、叶片完好、轴及连接部件完好，最终确定，本次耦合器易熔塞故障不是耦合器本身问题，见图4-29。

图4-29

（2）电机电流两次从正常到最高历时2min，电流升高必定因为过载，否则电流不会提高。

出现过载的原因有：减速箱故障，头轮轮轴承故障，物料堆积过载，链条、料斗卡阻过载等原因。

结合现场情况，逐项排除，认为链条、料斗卡阻为主要原因。

链条、料斗结疤，关节位置不能活动，链条在箱体内摆动，料斗与箱体壁及箱体上的结疤剐蹭，造成过载现象。

9.5 故障处理情况及效果

（1）更换新耦合器；

（2）清理尾轮处积料；

（3）用蒸汽吹扫主料条后加油处理；

（4）清除斗提机内部箱体上的结疤。

处理后，耦合器一直正常运行，未再发生故障。

9.6 故障警示

（1）斗提机在运行一段时间后，内部空间会产生结疤，影响设备正常运行。

措施：定期检查结疤情况，及时清理影响运行的物料及结疤等杂物。

（2）斗提机链条转动时，链条关节处结疤会造成链条在传动时不能正常弯曲，在箱体内部会出现摆动现象。摆动过大时就会与箱体壁剐蹭，造成料斗损坏、传动部件损坏。

措施：每次停车检修时，必须清理链条上的结疤、用蒸汽吹扫链条、在链条关节处加注机油。

（本案例撰写人：周羊）

10 扒料机主车架从动行走轮轴承损坏故障分析案例

10.1 故障概况

某装置扒料机是成品装置生产的核心设备，主要部件由德国蒂森克虏伯公司生产，安装在成品装置散装库内，型号为VP2-350/50，是具有双扒臂的门式重型扒料机，最大工作能力（供料量）为350t/h，由门架，主、副车架，行走机构，主、副扒臂等重要部位组成，扒料机横跨于散装料场东、西两侧的行走轨道上，两轨道中心跨距50m。

本次故障为扒料机主车架侧从动行走轮轴承损坏，扒料机无法行走不能正常工作，且损坏的轴承对行走轮轴造成一定损伤。由于设备整体重量大，缺少维修经验，维修较困难，故障造成成品装置生产停滞约60h。

10.2 故障发现过程

2022年1月27日9:30，成品扒料机操作人员反馈扒料机在行走过程中，主车架侧从动行走轮组有严重震动及异响。现场检查发现行走轨道上有少量润滑脂掉落，但并未再出现较严重的震动及异响，监护运行。2022年1月28日，夜班交班反馈监护运行过程中出现了严重震动及异响，判断该行走轮轴承损坏。立刻停运扒料机，联系机修人员现场确认，设备故障造成成品装置生产停滞。

10.3 故障分析诊断过程

因扒料机行走速度慢，轴承损坏前期很难发现，出现行走轮组震动及异响后才能比较明显地发现故障。在现场检查确认中，发现该轮组右侧行走轮轴承封盖边缘有润滑脂被压出、润滑脂颜色异常，是故障的明显征兆，之后通过扒料机行走过程中对行走轮缘进行标记，观察其震动和异响的出现存在规律性、周期性，可以确定轴承损坏。

10.4 故障验证情况

通过对该行走轮组进行拆解检修，确认该轴承已严重损坏，轴承外圈断裂、滚珠脱落，断裂的部分对行走轴及封盖也造成了磨损（图4-30）。

图 4-30 损坏部件

10.5 故障处理情况及效果

使用起重工具将扒料机主车架侧顶起，退出行走轮组后，分解检修，更换故障轴承，修复封盖及行走轴，测绘行走轴，完成后回装试车正常，确认故障排除。

10.6 故障警示

（1）装备管理人员应对故障现象重视，成品扒料机操作人员反馈扒料机在行走过程中，主车架侧从动行走轮组有严重震动及异响，装备管理人员现场检查发现行走轨道上有少量润滑脂掉落，但并未再出现较严重的震动及异响，要求监控运行，但当天没有跟踪故障设备的运行情况、及时发现问题并停车处理，造成故障扩大。

（2）对监控运行设备，操作人员应按设备监控运行要求，加强巡检，仔细检查，记录设备运行参数，发现异常逐级汇报，紧急情况可停车待处理。

（3）应落实相关人员安全生产责任，增强安全意识，装备管理人员应通过培训提升专业知识和技术能力，增强诊断设备故障的能力。

（4）对于该类转速慢的动设备检查，应该多次、长时间观察，才能容易发现周期性异响或者震动，及早发现故障，及时处理或计划检修。

（本案例撰写人：时光）

11 门机主钩钢丝绳非正常磨损故障分析案例

11.1 故障概况

第一装卸区11#门机（MQ25-33门座式起重机）为四连杆、四索门座式起重机，2008年投产。门机主要参数有：主钩钢丝绳型号18×7+IWS ϕ32；变幅幅度11~33m；额定起重量变幅半径25m内40t，变幅半径25~33m内25t；起升高度轨上25m，轨下15m。起重机可装25t四索双瓣抓斗，可装卸散装物料，如煤炭、粉矿、块矿、石灰石、水泥熟料等，也可装40t吊钩装卸大件物料，如集装箱、袋装尿素等。

由于门机主钩钢丝绳是动索钢丝绳，在使用过程会不断受到载荷的拉力和与卷筒、滑轮的摩擦作用而产生正常的磨损，但也会因为某些原因发生非正常的磨损故障。

11.2 故障发现过程

2021年11月18日，夜班司机下班前对11#门机进行巡检，发现右外主钩钢丝绳绳芯挤出（见图4-31），变形严重，司机立即报告班长及技术员。经技术员上机检查确认，本条钢丝绳是2021年11月3日新更换的钢丝绳，使用才15天，作业量才2.5万t左右，而同品牌同批次的钢丝绳正常使用可达8~10个月，作业量可达58万t左右。这是非正常的磨损变形。但经过检查询问，没有发现可疑的地方，便认为这是偶发事件，为了不耽误生产，先组织人员重新更换同品牌同批次的钢丝绳，在使用中进行观察。

图4-31 钢丝绳外层绳股脱节，绳芯挤出

可没过几天，11月22日，夜班司机上机作业前检查发现，11#门机左外主钩钢丝绳绳芯也是挤出变形，不能使用。经检查确认，本条钢丝绳与右外绳同时是11月3日更换的同品牌不同批次的钢丝绳，使用才19天，作业量才4万多t，也是非正常的磨损变形。左、右外绳同用一个卷筒，而且这两条绳几乎在同一个位置出现绳芯挤出变形，都是在钢丝绳收到卷筒上第17圈后的位置，故障很有共性。

11.3 故障分析诊断过程

两条外绳差不多同时、同位置出现同一故障现象，而同批次的、装在内绳卷筒上的钢丝绳却没有出现异常，这就与钢丝绳的质量无关。为了解决这一问题，防止再次出现此类故障，技术员连续两天守在门机上观察门机作业情况，终于发现了一些问题：11#门机左右内绳安装在机房内前端的同个卷筒上，左右外绳安装在机房内后端的同个卷筒上，四条钢丝绳分别固定在卷筒的两端外沿，起升时内外钢丝绳分别沿着卷筒螺旋槽向卷筒中间收绳，下降时则相反。四条绳分别从机房顶四个出绳口穿出，分别绕到机房顶立柱上并排着的四个滑轮槽内，内绳绕中间两个滑轮，外绳绕外侧两个滑轮。内绳与滑轮槽、卷筒槽基本垂直，而外绳因绕外侧滑轮，就形成了上宽下窄的倒“八”字形，与滑轮槽、卷筒槽产生了一个斜角。作业时，内绳从最低点到最高点或从最高点到最低点，两条钢丝绳的平行度变化不大。而外绳则不同，当起升收绳时，两条绳相对滑轮槽及卷筒槽就逐渐形成斜角，与卷筒槽槽沿的压力也逐渐变大，摩擦也越大，卷筒槽沿在第17道后夹角过大，当收至第18圈时，钢丝绳活动端与相邻槽内的钢丝绳就开始相互摩擦、卡滞，并发出“啪啪”的响声，收得越多，摩擦越严重，响声也越大。而左右外绳同是在第17圈后发生挤出变形，因此判断这就是造成11#门机左右外绳外层脱节、绳芯挤出的原因。

11.4 故障验证情况

为了解决这个问题，经过现场测量，结合码头作业条件，车间向技术部门提出了两个整改方案。一个方案是改变两条外绳卷筒与立柱滑轮的垂直度，但这个方案受限于门机结构的设计而不能实施。另一个方案是将钢丝绳长度改短，使外绳起升收至最高时，卷筒上的钢丝绳刚好达到第17圈半，此时钢丝绳与卷筒槽的角度还未造成槽内钢丝绳与槽外钢丝绳相互摩擦、卡滞。但这个方案必须保证钢丝绳下降至最低时，卷筒上必须留有足够的安全圈数，技术要求6圈以上。通过现场确认，两条外绳原圈数是：最低点时12圈，最高点时22圈，显然原安装长度过长了。如果改短4圈半长度，则最低点时7圈半，最高点17圈半，既达到安全要求，又避免了摩擦、卡滞，因此这个方案是可行的，也是最方便、成本最低的。

经过技术部门的再次现场确认，同意了将钢丝绳改短的方案，于是就将两条新绳改短使用。两条绳经改短后，使用了9个多月，装卸量达到50万多t才正常更换。新更换的钢丝绳也使用3个多月了，也未再出现绳芯挤出故障，验证了整改措施是有效的。

11.5 故障处理情况及效果

通过对11#门机左右外钢丝绳非正常磨损故障的整改，同时对另一台同型号的12#门机也进行了检查，同样也发现了一样的故障隐患，并立即进行了整改，效果同样良好。以一条钢丝绳计算，125m × 50元/m=6250元，9个月至少为公司节约成本10万元以上。通过这次故障整改的经验，公司对其他8台不同型号的门机进行了专项检查整改，为公司的设备管理提供更多的经验。

11.6 故障警示

通过这次故障原因的查找、判断及故障整改，总结积累了一些经验：

（1）设备故障或隐患的产生是有一定的规律或特点的，需要多下现场，通过多询问作业人员、多观察设备运行状况，多了解作业条件的方式，查找规律或原因。

（2）故障或隐患整改措施的制定，要结合实际，综合考虑，确定既符合港口生产条件又符合安全要求的整改措施。

（3）通过一台门机的故障隐患整改，举一反三，对其他同类设备检查处理，杜绝此类故障隐患的发生。

（本案例撰写人：符必明、林海波）

12 干燥机敲击锤平台脱落故障分析案例

12.1 故障概况

（1）21X233敲击锤由驱动机构、锤杆、摆臂、支架及直线轴承组成。工作原理：驱动电机带动摆臂旋转，摆臂将锤杆提起200mm，锤杆在最上方脱落，自然降落敲击在下方21N230干燥机筒体上，将筒壁上粘接的物料振落。

（2）该设备驱动装置：WB150-WD-87-1.1KW-6p；锤杆直径40mm，长度3m。

（3）21X233共有5台设备，敲击锤平台位于车间4楼楼板下方，由槽钢焊接构成，通过预埋铁固定在4楼楼板。其中21X233.2-4为一个大平台，1号和5号为单独的平台，中间间隔600mm的水泥梁。

（4）21X233.5平台为2m×2m，平台由槽钢焊接框架上方铺设有5mm钢板，平台四个角用4根1.8m16#槽钢焊接在上方楼板的预埋铁上。

（5）平台脱落事故发生在2016年2月10日（正月初三）6:33。现场进行简单处理，造成故障停车4.13h。

12.2 故障发现过程

2016年2月10日7:00，技术人员接到机修夜班人员通知，21X233.5平台脱落搭在21N230滚筒上，与滚筒摩擦；7:30到达现场，此时已停车。现场发现：

（1）21X233.5平台已整体脱落，东侧搭在托辊吊装梁上，西侧搭在21N230滚筒上，见图4-32。

（2）固定平台的四根槽钢弯曲变形。

（3）21X233.5北侧21N230筒体部分保温及保温用的角钢脱落。

（4）21X233.5锤杆弯曲严重，平台上的梯子被刮弯。

（5）敲击锤驱动电机电线已断。

图4-32 掉落的平台

12.3 故障分析诊断过程

通过现场平台脱落后的位置分析：

应该是平台西侧立柱与楼板预埋铁之间焊口开焊（东侧立柱槽钢弯曲，西侧没有弯曲），造成平台西侧搭在21N230滚筒上，由于21N230滚筒顺时针旋转（从入口看向出口，也就是滚筒上方是向东运动），带动21X233.5平台向东运动，东侧立柱拉弯后，焊口开焊。21N230干燥机将21X233.5平台沿着切线方向抛出，平台搭落在东侧吊装梁上，西边靠在21N230滚筒上。

12.4 故障验证情况

（1）对现场进行勘察，槽钢立柱与预埋铁之间是通过两块80mm的角铁焊接，槽钢与预埋铁之间没有焊接。

（2）连接的角钢腐蚀减薄，其他平台同结构的角钢也有腐蚀减薄现象。

（3）西侧两块角钢撕裂变形比东侧两块轻。可以看出，西侧首先自然断裂后，平台与干燥机剐蹭造成东侧立柱变形后，连接角钢撕扯断裂，平台脱落。

12.5 故障处理情况及效果

由于在春节假期期间，而且平台恢复需要大量时间，通过与机修主任协商，后经工程师确认后决定，将平台吊离21N230滚筒，保证正常生产，减少故障停车。

图4-33 临时处理的平台

用两个2t手拉葫芦将平台吊起后，向北移动躲过东侧车间立柱，然后向东移动将平台落在东侧吊装梁上，用手拉葫芦及铁丝将平台固定住，与21N230干燥机筒体保持400mm距离，然后送电试车。没有剐蹭现象，正常开车生产，见图4-33。

12.6 故障警示

（1）平台已使用10多年，整体有腐蚀。而且连接位置设计强度不够。

（2）由于敲击锤锤杆被筒体刮弯过，平台也应受过剐蹭。

（3）由于敲击锤下方横梁坐落在平台上，敲击锤每敲击一次都要对平台产生一次冲击，冲击能量不大，但是次数多达16550次/天。

预防措施：

（1）重新制作平台，将槽钢与预埋铁之间焊接后再加角板加固。

（2）改造敲击锤，减少锤杆剐蹭现象。

（3）对另外两个敲击锤平台进行加固处理，连接位置用角板加固。

（4）加强日常检查，对多年未检修过的设备重点检查。

（本案例撰写人：周羊）

13 叉车内燃机水箱漂油渍故障分析案例

13.1 故障概况

（1）39#叉车结构型式：平衡重式内燃叉车，主要由动力装置（柴油机）、传动装置、操纵装置、工作装置、液压系统、电气系统6大部分组成。

（2）39#叉车主要参数见表4-3。

表4-3 39#叉式主要参数

型号规格		CPCD60
额定起质量 /kg		6000
载荷中心距 /mm		600
最大起升高度 /mm		3000
门架倾角 /（°）		6/12（前 / 后）
起升速度 /（mm/s）		460
行走速度 /（km/h）		26/17（进 / 退）
最大外形尺寸长宽高 /m		4765 × 2000 × 2720
机械自重 /kg		8600
内燃机	型号	6102BG4
	功率 /kW	72.8
	转速 /（r/min）	2200
	最大扭矩 / 转速 /［（N·m）/（r/min）］	353/1600

（3）39#叉车主要功能：水平搬运、堆垛/取货、装货/卸货、协助维护保养等。

（4）故障基本情况：2021年3月，发现39#叉车水箱有油渍，经过现场检查分析诊断，初步断定发动机机体窜油到水箱。

13.2 故障发现过程

2021年3月22日7:30，39#叉车司机接到班长的装货任务后，在做设备的启动前检查时，发现柴油机水箱的水面上漂浮着一层薄薄的油渍，检查机油尺油面刻度在最低处，该司机立刻向班长和技术监督报告。技术监督收到信息后，要求司机不要启动，并赶往现场作检查。

临时采取的措施：结合当时的设备情况，避免设备故障的扩大、加剧，决定把39#叉车用其他车拖回维修车间作检查。

对生产造成的影响：没有影响，及时调换40#叉车代替装货。

13.3 故障分析诊断过程

第一步，观察法：到现场检查39#叉车的故障迹象，水箱里面的油从何而来（是加水带进的油渍还是内燃机体窜过来的油渍）？内燃机体油面刻度是否降低或增高（油变乳白）？机体油压是否正常？通过这几方面观察分析，发现机体的油略少、油品未变质，初步判定是机油窜水箱。

第二步，观察+听诊法：把39#叉车拖回修理车间后，清理掉水箱面上的油渍，加上干净的水。将机油加到正常油位后，起动发动机观察听诊。刚开始水箱中无油渍，待水温升到70℃后，开始出现油渍，且水温越高油花越多。发动机排烟略黑，声音略沉闷，机油压力在正常范围内偏低（0.2MPa），机体壳油质正常。

由此得出结论：机体里面的油窜进水箱，是由于两边压力平衡因起动后机油的压力高水的压力低，机油在压力差的作用下，流向循环水中。从发动机的排烟黑（燃油燃烧不完全）和机油压力低（摩擦副配合间隙大）等情况，判断发动机机体已有磨损。根据该机的作业总台时和设备排烟、机油压力等状况，建议对该机进行拆检并提前进行发动机大修。

13.4 故障验证情况

对39#叉车进行拆检（从简到繁）：检查了气缸垫、机油散热器、变矩器散热器，均无问题。检查各个缸盖表面均无任何异常，将钢板尺立起检查缸盖平面，并无变形，试水压并无泄漏。对发动机气缸体进行水压试验，从水道反吹8MPa压力，从曲轴的主轴颈油道处有水渗出，最终找出该机的故障点（漏水原因）。且发动机的气门、活塞连杆、曲轴及座孔等，都有不同程度的磨损，见图4-34。

图4-34 从气缸体图片看，缸套有拉缸迹象和曲轴座孔有磨损情况

对因果逻辑进行总结分析：该故障的检查从易到难，从高频次故障到低频次故障查找，一一对故障进行排除。尽管通过拆检验证了最初分析诊断意见的正确性，但是检查出具体漏水点难度较大，费了不少工夫，这是事先没有想到的。发动机情况根据排烟和机油压力低状态已做好预估，机损情况跟判断偏差不大。

13.5 故障处理情况及效果

故障的处理情况：提前对发动机进行大修，把“油水窜通”的气缸体进行更换，按照常规更换易损件和磨损件，并测量安装、磨合试机。该机故障得以排除，各项技术指标正常。

由此举一反三，对一些工作状态差的发动机（排烟异常、机油压力低、工作无力等）及时进行修理。如对40#叉车、42#叉车、43#叉车发动机的大修，有力地保障了生产的顺利进行。

13.6 故障警示

（1）当设备发现异常情况时，要及时汇报，采取正确有效的措施，科学诊断和分析。

（2）故障的诊断最好在萌芽状态进行，这样所需的成本是最低的。

（本案例撰写人：丁成华）

14 带式过滤机尾轮轴头断裂故障分析案例

14.1 故障概况

14.1.1 设备结构型式

带式真空过滤机由机架、排料皮带、滤布、驱动轮、尾轮、滤带辊、滤布托辊、给料箱、真空箱、尾气收集罩、电机驱动装置等组成。过滤机结构见图4-35，过滤机尾轮结构见图4-36。

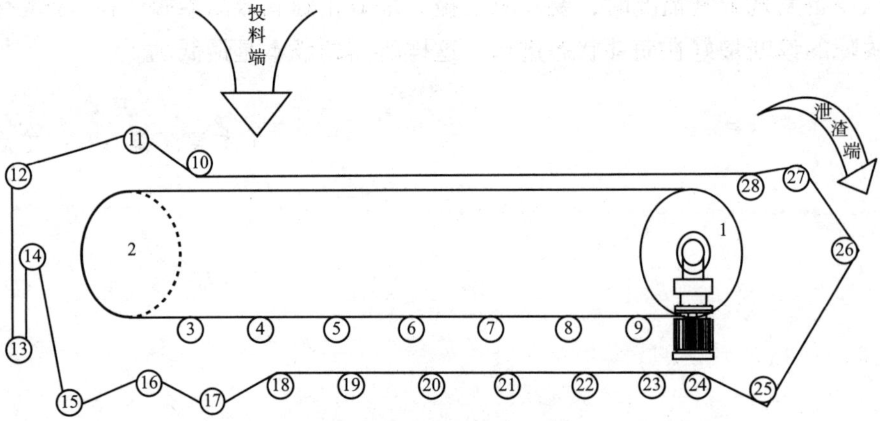

图4-35 过滤机结构示意图

注：各部件名称和规格见表4-4

表4-4 过滤机部件名称和规格

标号	部件名称	规格型号 / 材质	数量
1	驱动轮	图号：151606M 钢衬胶	1
2	尾轮	图号：151607M1-1 钢衬胶	1
3~9	滤布托辊	图号：252244M1-1 钢衬胶	7
10	碾平辊	钢衬胶	1
11	弓形辊	316L	1
13	重力辊	图号：151609M1-1 316L	1
其他	滤布支承辊	图号：252241M1-5 316L	4
其他	滤布支承辊	图号：252243M1-5 316L	12

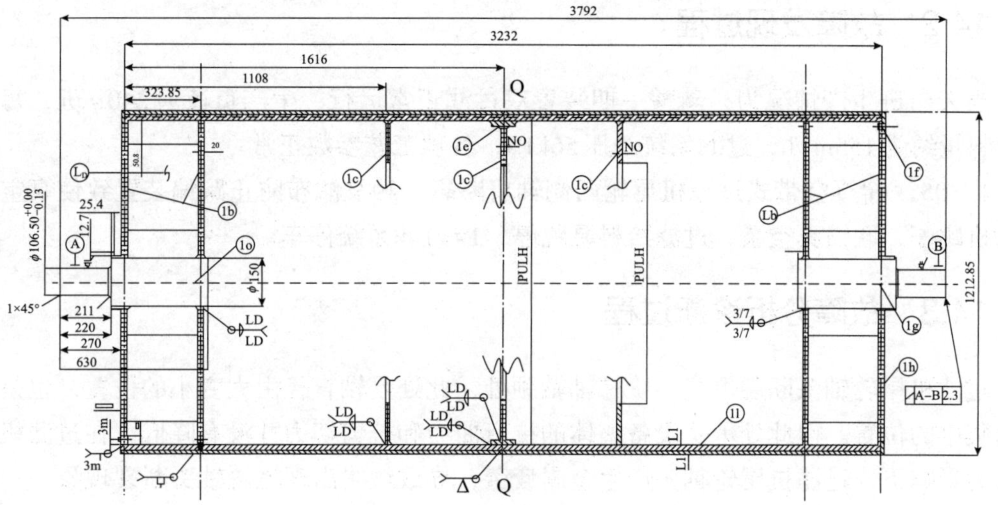

图 4-36　过滤机尾轮结构图

14.1.2　主要参数

电动机：外壳类型为TEFC-XEX，机座型号为326TC，A-C调频，绝缘等级F，额定电压380V，额定电流86.7A，功率37kW，额定转速1480r/min,变频调速；

过滤机：3.2m×72.4m²，水平滤带，过滤面积：70m²，有效过滤面积72.4m²；

滤带：带宽：3.2m，长58.0m，厚38mm，带速0.4m/s；

驱动轮转速：6~24m/min；

数量：2套。

14.1.3　主要功能

来自磷酸一期反应槽的料浆经过滤机加料箱均匀地分布在水平带式真空过滤机上，真空泵抽吸形成适当负压，在真空带式过滤机料浆上、下形成压力差。在此作用下，各区中的滤液穿过滤饼和滤布流至由橡胶带肋条形成的沟槽中，这些沟槽将滤液引流至沿着滤带中心线上的许多开孔处，滤液由此流至滤带下部真空箱的5个格，每格排放至相应的滤液分离器。然后，通过大气腿注入第一或第二滤液密封槽，合格产品酸由泵送至酸储存岗位，滤饼经三次逆流洗涤后得到的洗液作为返酸被送回反应槽。同时，洗涤后的滤饼用来自尾气洗涤器地槽水和来自渣场的池水再次调浆后注入石膏浆槽中，再经池水调浆到18%以上含固量送至石膏渣场。

14.1.4　故障基本情况

真空带式过滤机尾轮西侧轴肩断裂，导致整个尾轮一端掉落，整体由水平状态变成大角度倾斜状态，尾轮西侧轴承座破碎，真空锅升降气缸被砸坏一个，ϕ130×3639滤布托辊被砸弯一根，设备整机停车待修。

14.2 故障发现过程

当天白班生产情况为，磷酸一期装置双过滤正常运行，生产负荷为240t/班，每套过滤给料量约为155m^3/h，过滤系统绝压56kPa，各项工艺参数正常。

13:05，1#真空带式过滤机尾轮西侧轴肩断裂，触发滤布防止跑偏装置致使真空带式过滤机跳停，联锁真空泵、过滤给料泵跳停，1#过滤系统停车。

14.3 故障分析诊断过程

过滤机尾轮轴头断裂位置为阶梯轴轴颈处，此处是轴直径由大变小的位置，也是应力最为集中的位置。但此处承受设备整体的抗弯曲力和抗剪切力并没有降低，在过滤机皮带的张力影响下，过滤机尾轮轴头产生金属疲劳，导致最终出现尾轮轴头断裂现象。

14.4 故障验证情况

14.4.1 尾轮外形尺寸验证

该轴头断裂的尾轮是首次尾轮国产化备件，安装使用刚好满1年时间。经由技术人员现场测绘，发现该国产化尾轮的外形尺寸与原厂原机的尾轮尺寸一致，并无异常问题。

14.4.2 尾轮轴头材质验证

利用光谱分析仪对尾轮断裂轴头进行了材质检测，结果显示为316L不锈钢材质，与原设计材质一致；不一样的是原厂备件为美国316L不锈钢材质，国产化尾轮为国产316L不锈钢材质。

14.4.3 尾轮轴头断口检查

经观察尾轮轴头断口截面发现，尾轮轴头断口截面平整，轴心断裂痕迹很新，明显是断裂新痕迹；而断口截面外环断裂痕迹偏旧，初步判断为旧痕迹。由此可以判断，尾轮轴头断裂不是一次性突发故障，而是轴头表面先出现裂纹，而后逐步劣化断裂。尾轮轴头断裂情况见图4-37。

综上所述，尾轮轴头断裂故障的主要原因，是由于备件国产化过程中完全依照原厂备件的尺寸和材质，没有考虑到国产材质与进口材质在力学性能和实际使用效果上的差距。由于国产316L不锈钢轴的力学性能略差于美国316L不锈钢轴，尾轮轴阶梯轴轴颈处直径由大变小的，是应力最为集中的位置，但此处承受设备整体的抗弯曲力和抗剪切力并没有降低，过滤机运行过程中尾轮轴阶梯轴轴颈在皮带张力影响下，极易产生金属疲劳，最终发生尾轮轴头断裂故障。

图 4-37　尾轮轴头断裂

14.5　故障处理情况及效果

（1）重新选用2205锻打不锈钢材质作为制造尾轮轴的材料，其抗拉强度、屈服强度和材料硬度优于316L不锈钢材质，更能适用于过滤现场要求的耐腐蚀情况；

（2）在国产化外委制造过程中，安排专人做好设备备件制造过程的监造，关注设备备件关键隐蔽部位制造；

（3）制定过滤机年度设备专业检查制度，定期外请有资质的专业队伍进行在线探伤检测。

14.6　故障警示

（1）完善“三定一巡”制度和要求，针对设备薄弱部位开展专项的检查，并按要求定人、定点、定时、定检查标准，力争做到设备隐患及缺陷早发现早处理。

（2）在设备及备件国产化过程中，技术工作者必须熟悉进口与国产材质之间的差距，了解制造技术要点和难点，理顺各部件之间的相互作用关系。

（本案例撰写人：胡文武）